AF544520

Anke Hafner

Mobile Assistenzsysteme in der Intralogistikplanung der Automobilindustrie – Gestaltung, Nutzen und Akzeptanz Augmented Reality-basierter Mensch-Maschine-Schnittstellen

Mobile Assistenzsysteme in der Intralogistikplanung der Automobilindustrie – Gestaltung, Nutzen und Akzeptanz Augmented Reality-basierter Mensch-Maschine-Schnittstellen

Anke Hafner

Universitätsverlag Ilmenau
2022

Impressum

Bibliografische Information der Deutschen Nationalbibliothek
Die Deutsche Nationalbibliothek verzeichnet diese Publikation in der Deutschen Nationalbibliografie; detaillierte bibliografische Angaben sind im Internet über http://dnb.d-nb.de abrufbar.

Diese Arbeit hat der Fakultät für Wirtschaftswissenschaften und Medien der Technischen Universität Ilmenau als Dissertation vorgelegen.

Tag der Einreichung:	13. Juli 2021
1. Gutachter:	Univ.-Prof. Dr.-Ing. Steffen Straßburger (Technische Universität Ilmenau)
2. Gutachter:	Univ.-Prof. Dr.-Ing. Stephan Husung (Technische Universität Ilmenau)
3. Gutachter:	Dr.-Ing. Oliver Geissel (Mercedes Benz AG)
Tag der Verteidigung:	8. Februar 2022

Technische Universität Ilmenau/Universitätsbibliothek
Universitätsverlag Ilmenau
Postfach 10 05 65
98684 Ilmenau
https://www.tu-ilmenau.de/universitaetsverlag

ISBN 978-3-86360-260-4 (Druckausgabe)
DOI 10.22032/dbt.53078
URN urn:nbn:de:gbv:ilm1-2022000283

Vorwort

Die vorliegende Arbeit entstand während meiner Tätigkeit als Doktorandin in der Intralogistikplanung der Mercedes-Benz AG im Werk Sindelfingen. Zum Gelingen dieser Dissertation haben viele Menschen beigetragen, bei denen ich mich an dieser Stelle bedanken möchte.

Ein besonderer Dank gilt meinem Doktorvater Herrn Prof. Dr. Steffen Straßburger für die hervorragende Unterstützung und Betreuung dieser Arbeit sowie für das in mich gesetzte Vertrauen. Mein herzlicher Dank gilt außerdem Herrn Prof. Dr. Husung und Herrn Dr. Oliver Geißel für die Übernahme des Zweit – und Drittgutachtens.

Ein großer Dank gebührt meinen Kolleginnen und Kollegen der Mercedes-Benz AG, welche mich in den letzten Jahren unterstützt haben. Insbesondere danke ich Herrn Dr. Hannes Müller-Sommer für das Ermöglichen dieser Arbeit sowie für das persönliche und fachliche Engagement in jeglicher Hinsicht. Herrn Markus Pfender danke ich für die fachliche Unterstützung und das allgegenwärtige Vertrauen. Bei Herrn Daniel Pohlandt möchte ich mich für die vertrauensvolle Zusammenarbeit sowie für den nicht selbstverständlichen persönlichen Einsatz bedanken. Zudem danke ich den Studentinnen Alexandra Hanf, Kathrin Barthel, Jasmin Reisbeck und dem Studenten Stefan Weißenfels, welche mich während dieser Arbeit tatkräftig unterstützt haben.

Der größte Dank gilt meiner Familie, Ingrid und Sebastian Rohacz, sowie meinem Ehemann Daniel Hafner. Ich danke euch für den liebevollen Rückhalt und die umfassende Unterstützung während meiner gesamten Ausbildung. Diese Arbeit sei euch gewidmet.

Inhaltsverzeichnis

Abkürzungsverzeichnis

ACM	-	Association for Computing Machinery
AGV	-	Automated Guided Vehicle
AR	-	Augmented Reality
ASU	-	Actual System Use
BI	-	Behavioral Intention to Use
BWL	-	Betriebswirtschaftslehre
CAD	-	Computer-Aided Design
DOF	-	Degrees of Freedom
GLT	-	Großladungsträger
GPS	-	Global Positioning System
HMD	-	Head-Mounted Displays
IEEE	-	Institute of Electrical and Electronics Engineers
KLT	-	Kleinladungsträger
LT	-	Ladungsträger
MMS	-	Mensch-Maschine Schnittstelle
MR	-	Mixed Reality
MRTK	-	Mixed Reality Toolkit
NFT	-	Natural Featuretracking
OST	-	Optical See-Through
PEU	-	Perceived Ease of Use
PKW	-	Personenkraftwagen
PU	-	Perceived Usefulness
SBP	-	Standardbelieferungsprozess
SC	-	Supply Chain
SDK	-	Software Development Kits
SLAM	-	Simultaneous Localization and Mapping
SLT	-	Sonderladungsträger
SOP	-	Start of Production
SUV	-	Sports Utility Vehicles

TAM	-	Technology Acceptance Model
UST	-	Universalladungsträger
VDA	-	Verband der Automobilindustrie
VDI	-	Verein Deutscher Ingenieure
VR	-	Virtual Reality
VST	-	Video See-Through
WI	-	Wirtschaftsinformatik

Abbildungsverzeichnis

Tabellenverzeichnis

1 Einleitung

1.1 Motivation und Problemstellung

Die Automobilindustrie befindet sich derzeit in einem enormen Wandel, welcher beispielhaft durch die Faktoren Elektromobilität sowie autonomes Fahren geprägt wird. Ein weiterer wichtiger Faktor ist die Digitalisierung. In den Fahrzeugen zeigt sich eine zunehmende Digitalisierung durch die Nutzung umfassender IT-Systeme zur Steuerung, Überwachung und Vernetzung des Automobils. Dabei steigt nicht nur in den Automobilen der Anteil der Digitalisierung und Vernetzung, sondern ebenso innerhalb der Produktion findet vermehrt die digitale Transformation Einzug [Gä2018; Wi2019].

Neben der Digitalisierung steht die Automobilbranche großen Herausforderungen gegenüber. Zum einen existieren steigende Kundenerwartungen im Hinblick auf innovative und individualisierte Produkte unter Verwendung neuester Technologien. Zum anderen führen der intensive Wettbewerbsdruck und die steigende Internationalisierung zu höherer Fahrzeugprogrammtiefe und -breite. Neben verschiedenen Baureihen und Derivaten, steigt ebenso der Umfang an Serien- und Sonderausstattungen. Die Kombination der Faktoren veranlasst einen Anstieg der Komplexität in der Fahrzeugherstellung sowie einen Anstieg der Komplexität des Produktionssystems [BSG2007; Kl2018, S.45f.]. Folglich steht die Automobilindustrie vor Herausforderungen in der Bereitstellung eines umfassenden Produktportfolios und in der Bewältigung der Komplexität in der Produktion [Hu2016, S.118].

Zur Bewältigung der Komplexität innerhalb des Produktionssystems sind verschiedene Subsysteme von Bedeutung. Eine wichtige Rolle in der Automobilindustrie wird hier der *Intralogistik* zugeschrieben. Diese wird als ein Kernelement der Supply Chain (SC) angesehen. Die Performance der Intralogistik beeinflusst die Performance angrenzender Bereiche entlang der SC [MM2006, S.22].

Die Intralogistik, als Teil der Produktionslogistik, betrachtet jegliche innerbetrieblichen Materialflüsse sowie das Ausmaß sämtlicher Logistikstationen und Betriebsmittel, wie z. B. Ladungsträger (LT) [Ar2006, S.1; Mü2013, S.13]. Dabei ermöglicht die Intralogistik die interne Materialbereitstellung und folglich die Sicherstellung eines reibungslosen Produktionsprozesses [Pf2010, S.180f.]. Die Auswirkungen der bestehenden Herausforderungen in der Automobilindustrie spiegeln sich u. a. in dem Anstieg der Komplexität in außer- und innerbetrieblichen Logistiksystemen wieder [BSG2007; Kl2018, S.45]. Aufgrund der steigenden Variantenvielfalt steht die Intralogistik vor der Herausforderung, die Teilevielfalt zur Gewährleistung der Produktion zu bewältigen. Zeitgleich führen immer kürzer werdende Produktlebenszyklen sowie Modellpflegen zu Anpassungen und Neuplanungen in der Intralogistik. Beispielhaft ist hier zu erwähnen, dass pro Fahrzeug ca. 15.000 bis 20.000 Bauteile benötigt werden und ca. 1200 Fahrzeuge pro Tag in einer Produktionshalle gefertigt werden können. Dabei ist zu beachten, dass dies einen enormen Flächenbedarf mit sich bringt und zu einem erhöhten Informationsaufkommen führt [Ih2006, S.9; Kl2018, S.45f.]. Im Vergleich zu den anderen Gewerken liegt in der Endmontage der Automobilfertigung aufgrund der großen Teilevielfalt der größte Leistungsbedarf des händischen Aufwands [Mü2013, S.13f.]. Um einen reibungslosen Ablauf in der Endmontage zu gewährleisten, wird auf die Funktionen der operativen Logistik zurückgegriffen und zwar Transport, Umschlag, Lagerung sowie Kommissionierung [Ih2006; Pf2010, S.10; Ar2008, S.6f.]. Neben den operativen Funktionen der Intralogistik spielt die Intralogistikplanung ebenso eine bedeutsame Rolle. Diese definiert und legt die Koordination für die darauffolgende operative Logistik fest. Zu den Aufgaben der Logistikplanung zählt u. a. die Ladungsträgerplanung, Materialflussplanung sowie die Planung von Einsatzfaktoren. Dabei ist stets die Zusammenarbeit mit weiteren Akteuren, wie z. B. der Montage, wichtig [Mü2013, S.14–16; Kl2018, S.165].

Um all diesen Anforderungen gerecht zu werden und der steigenden Komplexität entgegen zu wirken, bedarf es innovativer Lösungen seitens der Logistikplanung sowie produktivitätssteigernde und flexibilitätsfördernde Maßnahmen in der Automobilproduktion [RW2008; Hu2016, S.118]. Eine durchdachte und neuartige Logistikplanung führt zu einem reibungslosen Ablauf in der operativen Logistik.

Der Einsatz von innovativen Mensch-Maschine Schnittstelle (MMS) in Form von mobilen Assistenzsystemen mit *Augmented Reality* (AR) kann eine Chance in der Logistikplanung sein [Jo+2017, S.153; GSL2014, S.528; Bl+2009,S.241 f.]. Mobile Assistenzsysteme mit der Basistechnologie AR sollen in Zukunft durch die zielgerichtete Darstellung von Informationen der steigenden Komplexität in der Logistik entgegenwirken [Hu2016, S.78].

Unter AR wird die Erweiterung der realen Welt durch virtuell computergenerierte Objekte, welche scheinbar realistisch in die reale Welt eingefügt werden, verstanden [Dö+2019, S.20f.]. In der vorhandenen Literatur werden der Technologie zahlreiche positive Eigenschaften zugesagt, wie z. B. das Potenzial zur Verbesserung von Fertigungsprozessen in Bezug auf Produktivität, Bildung und Sicherheit [Ed+2020]. Darüber hinaus wird darauf verwiesen, dass AR zu einer Verbesserung von Arbeitsprozessen führt, indem die Darstellung und die Generierung von Informationen vor Ort erleichtert wird [KV2019]. Der Einsatz von AR in der Planung kann demnach vorteilhaft sein. Beispielhaft kann AR das Vorstellungsvermögen eines Planers[1] während einer Layoutplanung unterstützen [NO2013]. Ferner wird in der Literatur aufgezeigt, dass Planungsfehler [He+2018] oder laufende Betriebskosten durch eine durchdachte Planung reduziert werden [JN2013].

---

[1] Aus Gründen der Lesbarkeit wird in folgender Arbeit auf die gleichzeitige Verwendung männlicher und weiblicher Sprachformen verzichtet und das generische Maskulinum verwendet. Sämtliche Bezeichnungen gelten gleichermaßen für beide Geschlechter.

Durch den Einsatz von AR im produktiven Umfeld können Nutzer durch klar definierte Anweisungen bei komplexen Prozessen unterstützt werden. Darüber hinaus ermöglichen eine visuelle Dokumentation der einzelnen Arbeitsschritte sowie die informationsbasierte Steuerung eine Verbesserung der Arbeitsqualität und die Reduktion von Fehlern [Bü+2017]. Dadurch wird einem Planer die geforderte Flexibilität im produktiven Umfeld gewährleistet und dieser kann besser auf die zunehmenden Veränderungen in der Produktion reagieren [RW2008].

Ausgehend von den positiven Eigenschaften kann AR als Basistechnologie für mobile Assistenzsysteme eine Möglichkeit sein, um der Komplexität in der Intralogistik entgegenzuwirken sowie die vorhandene Planung in diesem Umfeld zu unterstützen. Trotz den vorteilhaften Eigenschaften von AR lässt sich in der Intralogistikplanung der Automobilindustrie der Einsatz von AR nicht nachweisen. Im Bereich der Intralogistik, bezogen auf AR, wird vermehrt die operative Intralogistik, wie z. B. die Kommissionierung und das Picken, betrachtet. Obwohl auf dem Markt zahlreiche Technologien bestehen und diese in verschiedenen Anwendungsbereichen eingesetzt werden, existieren in der Intralogistikplanung keine flächendeckenden Anwendungen in einer Fabrikhalle. Basierend auf einer durchgeführten Literaturanalyse konnte eine Lücke von mobilen AR-Anwendungen im Bereich der Intralogistikplanung identifiziert werden. Insbesondere in großflächigen Produktionshallen gibt es derzeit noch keine AR-gestützten Assistenzsysteme für die Intralogistikplanung. Ausgehend davon besteht hier Forschungsbedarf, um AR-gestützte Assistenzsysteme in der Intralogistikplanung zu ermöglichen. Dabei liegt der Fokus auf der Schaffung eines mobilen Assistenzsystems mit AR als Basistechnologie, welches zur Verbesserung bestehender Planung führen sollen.

1.2 Zielsetzung

Ausgehend von der Problemstellung, besteht das *übergeordnete Ziel dieser Arbeit* in der Entwicklung eines Use Cases und darauf basierende Prototypen für eine AR-basierte Intralogistikplanung in der Automobilindustrie. Dabei liegt der Fokus auf der Schaffung eines mobilen Assistenzsystems, welches eine durchgängige AR-basierte Intralogistikplanung in der Endmontage der Automobilindustrie unterstützt. Für die Zielerreichung untergliedert sich die Arbeit in weitere Teilziele. Wie bereits im vorherigen Unterkapitel aufgezeigt, existieren in der Intralogistikplanung keine durchgängigen AR-Anwendungen und damit auch keine Nachweise in der vorhandenen wissenschaftlichen Literatur. Für die Ableitung des Use Cases und die Entwicklung der Prototypen, besteht zunächst der Bedarf einer Analyse des vorhandenen Stands der Wissenschaft. Damit besteht das *erste Teilziel* dieser Arbeit in der Sammlung und der Sichtung der vorhandenen wissenschaftlichen Literatur sowie der bestehenden Ergebnisse zu dem Thema AR in der Intralogistikplanung. Ferner soll ein Beitrag zur vorhandenen Lücke eines AR-basierter Assistenzsystems in der Intralogistikplanung geliefert sowie der weitere Forschungsbedarf offengelegt werden. Dabei sollen bereits vorhandene Kenntnisse und Annahmen sowohl aus der Planung als auch von angrenzenden Bereichen übertragen werden.

Bevor diese übertragen werden, besteht eine wichtige Teilaufgabe darin, vorhandene intralogistische Planungsprozesse zu analysieren und die Anforderungen an die Planungsprozesse festzulegen. Wesentlich hierbei ist, einen Prozess zu wählen, welcher den Einsatz eines mobilen Assistenzsystems für eine AR-gestützte Intralogistikplanung ermöglicht. Eine weitere Aufgabe besteht darin, die Anforderungen an eine AR-gestützte Intralogistikplanung auf Basis der vorhandenen Ergebnisse zu bestimmen. Zeitgleich werden die Voraussetzungen für eine mögliche Implementierung festgelegt und damit die Rahmenbedingungen für die Use Case-Erstellung geschaffen. Innerhalb der Erstellung besteht das *nächste Teilziel* darin, eine mögliche AR-basierte MMS abzubilden. Diese soll den Einsatz von AR-basierten Assistenzsystemen der Intralogistikplanung umfassen, um dadurch verbesserte Planungsprozesse zu ermöglichen. Dabei wird eine durchgängige und mobile Unterstützung durch den Einsatz von AR für den Logistikplaner angestrebt.

Ausgehend davon besteht ein *weiteres Teilziel* in der technischen Umsetzung der Prototypen. Hier soll insbesondere die Realisierbarkeit des zuvor ausgearbeiteten Use Cases anhand der Implementierung eines Prototyps demonstriert werden. Für die Umsetzung des mobilen AR-Assistenzsystems werden vorab die technischen Anforderungen und Restriktionen bestimmt. Die Aufgabe liegt in der Identifikation einer passenden Trackingmethode sowie passender mobiler Endgeräte.

Das *letzte Teilziel* umfasst die Evaluation der gewonnenen Ergebnisse. Für die Zielerreichung erfolgt sowohl eine Analyse als auch eine empirische Überprüfung des Use Cases und der Prototypen. Ferner besteht die Hauptaufgabe in der optimalen Gestaltung eines AR-Assistenzsystems und darin aufzuzeigen, inwieweit vorhandene Prozesse in der Intralogistikplanung verbessert werden können. Basierend auf der Fokussierung des Menschen werden Faktoren festgelegt, welche einen signifikanten Einfluss auf die Akzeptanz der AR-basierten Assistenzsysteme ausüben.

1.3 Methodik und Vorgehen

Für die Zielerreichung der vorliegenden Arbeit besteht der Bedarf an wissenschaftlichen Methoden der *Wirtschaftsinformatik* (WI). Die WI „befasst sich mit Informationssystemen und Informationsinfrastrukturen von Organisationen in Wirtschaft und Verwaltung. Sie versucht, diese Systeme zu erklären (Erklärungsaufgabe) [.....]. Ferner entwickelt sie Methoden, mit deren Hilfe Informationssysteme so konstruiert und verwendet werden können, dass die Erfüllung der Organisationsziele wirksam und wirtschaftlich unterstützt wird (Gestaltungsaufgabe)" [HS2002, S.1037]. Hier sind vor allem Informationssysteme als Erkenntnisgegenstand von Bedeutung, da diese ein Mensch-Maschine-System umfassen. Ferner dienen diese u. a. zur Bereitstellung und Verwendung von Informationen. Ausgehend von diesem Verständnis kann die Nutzung von AR zur Gestaltung eines möglichen Informationssystems betrachtet werden, da die Technologie MMS ermöglicht. Ferner werden dem Menschen basierend auf der AR-Technologie Informationen zur Verfügung gestellt, welche zielgerichtet auf die Bedürfnisse des Menschen ausgerichtet sind [PN2004].

Innerhalb der WI lässt sich der Methodenbegriff in zwei verschiedene Ausgestaltungsarten darstellen. Zum einen dient die Forschungsmethode zur Gestaltung von Informationssystemen und zum anderen als Instrument zur Gewinnung von Erkenntnissen [WH2007]. Forschungsmethoden dienen als eine Sammlung von Regeln, welche von den Nutzern zielgerichtet als Vorlage eingesetzt werden können [He1999; WH2007]. Die Umsetzung der Forschungsmethoden unter Einbeziehung der Regeln lassen sich in der WI nach zwei unterschiedlichen erkenntnistheoretischen Paradigmen anwenden. Das gestaltungs- und konstruktionswissenschaftliche Paradigma, Design Science, umfasst Anleitungen zur Entwicklung von Informationssystemen sowie nützliche IT-Lösungen. Dabei werden diese durch die Bildung und Evaluation von Prototypen näher untersucht. Dahingegen zielt das behavioristische oder verhaltenswissenschaftliche Paradigma, Behavioral Science, auf die Aufklärung von Ursache-Wirkungs-Zusammenhängen ab. In Abhängigkeit des ausgewählten Paradigmas lassen sich unterschiedliche wissenschaftliche Methoden ableiten [WH2007; Ös+2010].

Diese Arbeit wird dem *Design Science* Paradigma zugeordnet. Bei dieser Methode liegt das Ziel in der Gestaltung eines Informationssystems durch die Nutzung von AR, welches durch die Entwicklung von einem Prototyp näher untersucht wird. Das Vorgehen der Methode orientiert sich an den Phasen des Erkenntnisprozesses der gestaltungsorientierten Wirtschaftsinformatik. In der ersten Phase erfolgt die Analyse. Diese umfasst u. a. eine nähere Betrachtung der vorliegenden Problemstellung sowie dem Ableiten der Forschungsfragen und -lücke. Dabei wird insbesondere auf bereits vorhandene Ansätze in der Praxis und Wissenschaft aufgesetzt [Ös+2010]. In dieser Phase wird vor allem auf die Forschungsmethode Deduktion, bzw. die konzeptionell-deduktive und argumentativ-deduktive Analyse zurückgegriffen. Durch eine Strukturierung und eine Einbettung bestehender Ergebnisse können Rückschlüsse gezogen werden, wodurch der wissenschaftliche Beitrag erzeugt wird [WH2006; WH2007]. In der zweiten Phase wird auf Basis der gewonnenen Erkenntnisse und unter Einbeziehung vorhandener Methoden der Prototyp entwickelt [Ös+2010]. Innerhalb dieser Phase wird auf die Forschungsmethode Prototyping zurückgegriffen. Der erste Schritt dieser Forschungsmethode beinhaltet die Entwicklung eines Proof of Concepts und umfasst eine erste Version des entwickelten Anwendersystems [WH2006; WH2007]. Dieses wird in der darauffolgenden Phase evaluiert [Ös+2010]. Für die Zielerreichung sowie insb. für die Evaluation des Prototyps werden u. a. auf Forschungsmethoden des Behavioral Science Paradigma angewendet. Hierzu zählen bspw. ein Experiment sowie der Einsatz von Befragungen [WH2006; WH2007].

1.4 Aufbau der Arbeit

Die vorliegende Arbeit untergliedert sich in insgesamt sieben Kapitel, welche sukzessiv aufeinander aufbauen. In Abbildung 1 ist der Aufbau zusammengefasst. In Kapitel 2 werden die grundlegenden Begriffe für diese Arbeit definiert. Dazu zählen die Begrifflichkeiten Intralogistik, insbesondere die Intralogistikplanung, mobile Assistenzsysteme, MMS sowie AR.

Im darauffolgenden dritten Kapitel wird eine systematische Literatursuche mit anschließender Literaturanalyse durchgeführt. Hier wird der Stand der Wissenschaft zu der Thematik AR-gestützte Intralogistikplanung wiedergegeben. Dazu wird in Kapitel 3.1 zunächst das Vorgehen aufgezeigt sowie die Zielsetzung für die Suche erarbeitet. Basierend auf der Zielsetzung werden in Kapitel 3.2 die erfassten Ergebnisse in einer Konzeptmatrix nach Schwerpunkten eingeordnet und analysiert. In Kapitel 3.3 werden die Ergebnisse der Literaturanalyse im Hinblick auf den vorliegenden Forschungsbedarf zusammengefasst. Anschließend werden die Forschungsfragen für die Arbeit abgeleitet.

Auf Basis der gewonnenen Erkenntnisse erfolgt in Kapitel 4 die Gestaltung des mobilen Assistenzsystems mit der Basistechnologie AR in der Intralogistikplanung anhand eines Use Cases. Bevor die Ausgestaltung und die Anwendung in Kapitel 4.4 realisiert werden, werden vorab die einzelnen Teilbereiche erarbeitet. Hierfür wird in Kapitel 4.1 die Ausgangssituation der Automobilindustrie als Grundlage analysiert. In Kapitel 4.2 werden die Anforderungen an die Intralogistikplanung betrachtet und eine Status Quo-Analyse intralogistischer Planungsprozesse am Beispiel des Mercedes-Benz Werkes in Sindelfingen durchgeführt. Die Analyse der einzelnen Prozessschritte der Planung verfolgt das Ziel, die relevanten Planungsprozesse für den Einsatz des mobilen Assistenzsystems zu definieren.

Dabei werden mögliche Handlungsfelder des mobilen Assistenzsystems zur Unterstützung der Intralogistikplanung identifiziert. In einem weiteren Schritt werden ausgehend von den vorhandenen Gegebenheiten sowohl funktionale als auch nicht-funktionale Anforderungen an ein mobiles Assistenzsystem mit AR in Kapitel 4.3 dargestellt.

In Kapitel 5 erfolgt die Implementierung des mobilen Assistenzsystems in einem produktiven Umfeld auf Basis von Prototypen. Bevor die Umsetzung der Prototypen durchgeführt wird, werden in Kapitel 5.1 die vorhandenen Trackingtechnologien näher betrachtet. Dafür werden zunächst die Anforderungen an die AR-Trackingmethode im intralogistischen Umfeld bestimmt. Darauf aufbauend erfolgt eine Bewertung mit anschließender Diskussion zur Auswahl einer geeigneten Trackingmethode für die Erstellung der Prototypen.

In einem weiteren Schritt werden die AR-Endgeräte als mobile Assistenzsysteme näher betrachtet und im Hinblick auf die Umsetzung der Prototypen ausgewählt. Für die Auswahl der Trackingtechnologie sowie des mobilen Endgeräts wird auf die zuvor aufgestellten Anforderungen eines mobilen Assistenzsystems zurückgegriffen. Das Kapitel 5.3 umfasst die Beschreibung sowie den Versuchsaufbau der Prototypen.

Im Anschluss werden in Kapitel 6 der ausgearbeitete Use Case sowie die Prototypen validiert. Unter Einbeziehung der zuvor erstellten Anforderungen an die Intralogistikplanung und an das AR-System erfolgt in Kapitel 6.1 eine erste Evaluation der Prototypen. In Kapitel 6.2 wird ein Feldexperiment durchgeführt und anschließend ausgewertet. Mit Hilfe des Experiments soll aufgezeigt werden, dass sich durch den Einsatz mobiler Assistenzsysteme die Layoutplanung verbessern kann.

Abschließend werden relevante Faktoren aufgezeigt, welche einen Einfluss auf die Akzeptanz von AR in der Intralogistikplanung ausüben. Für die Evaluation der Akzeptanz wird das Technology Acceptance Model (TAM) empirisch ausgewertet.

Im letzten Kapitel werden die Ergebnisse zusammengefasst und im Hinblick auf die aufgestellten Forschungsfragen kritisch betrachtet. Zeitgleich wird ein Ausblick gegeben und weitere Forschungsbedarfe abgeleitet.

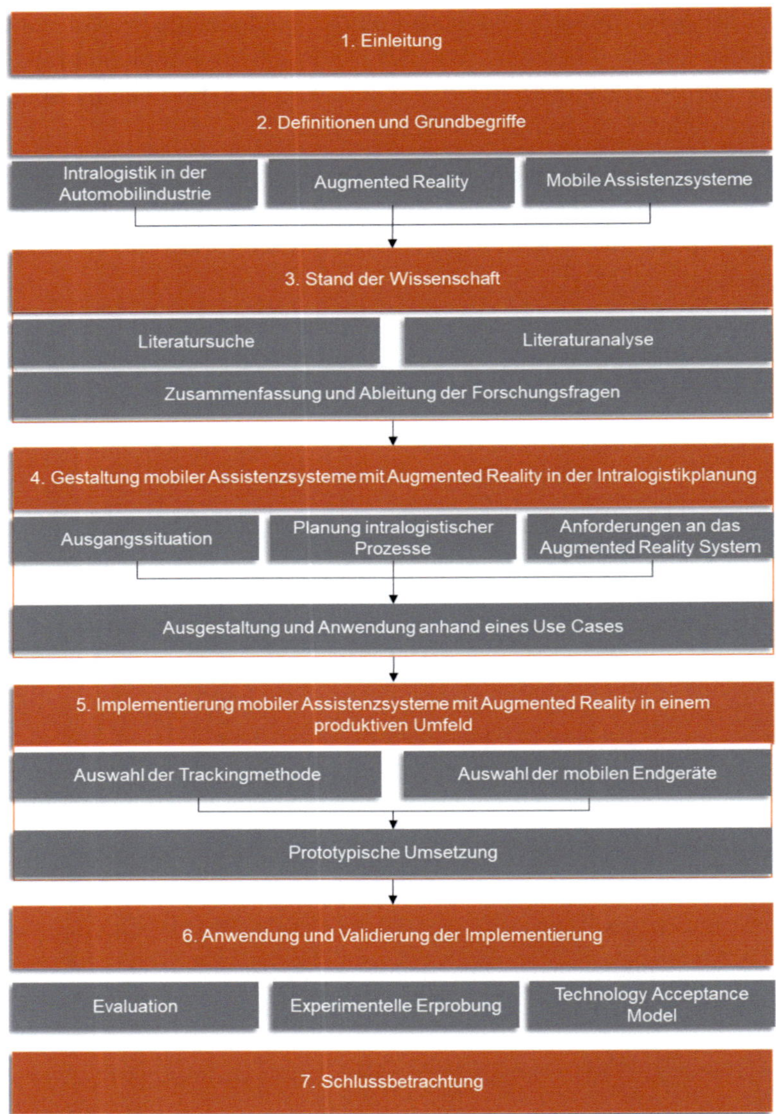

Abbildung 1: Aufbau der Arbeit (eigene Darstellung)

2 Definitionen und Grundbegriffe

2.1 Die Intralogistik in der Automobilindustrie

Das folgende Kapitel betrachtet zunächst die Bedeutung der Automobilindustrie in Deutschland und die darin enthaltene Rolle der Intralogistik. Darauf aufbauend erfolgt eine umfassende Betrachtung des Begriffes Intralogistik sowie Abgrenzung des Begriffes von der Logistik. In Kapitel 2.1.3 wird auf die Intralogistikplanung in der Endmontage eingegangen.

Die Automobilindustrie ist einer der umsatzstärksten Branchen in Deutschland. Mit einem Gesamtumsatz im Jahr 2019 von 435 Milliarden Euro und mehr als 833.000 beschäftigten Personen, trägt die Branche einen wichtigen Beitrag zum Bruttoinlandsprodukt bei. Somit ist die Branche einer der wichtigsten für Deutschland [Bu2020]. Neben der PKW-Produktion umfasst die Automobilindustrie u. a. Nutzfahrzeuge, wie LKW, Busse oder Vans, und die dazugehörigen Zulieferer. Dieser Einfluss spiegelt sich in den täglichen Produktionszahlen wieder. In dem Automobilbereich werden ca. 3000 Fahrzeuge der unteren Mittelklasse, 1200 der Mitteklasse, 800 der oberen Mittelklasse und ca. 50-80 Sportwägen sowie die der Oberklasse produziert [Ih2006, S.9f.]. Hierbei ist anzumerken, dass zeitgleich verschiedene Derivate eines Automobils existieren, welche durch eine hohe Auswahlmöglichkeit an Ausstattungen geprägt sind. Neben den verschiedenen Modellen, wie z. B. E- oder C- Klasse der Firma Mercedes-Benz AG, existieren weitere Derivate, wie der Kombi, das Coupé, das Cabriolet sowie die Limousine. Zusätzlich zu den klassischen Verbrennungsmotoren steigt das Angebot an Automobilen mit Elektromotoren sowie die Nachfrage nach SUVs. Innerhalb der Modellreihe mit den jeweiligen Derivaten hat der Kunde die Wahl, ein Automobil in unzähligen Varianten zu konfigurieren.

Beispielhaft umfasst die A-Klasse der Mercedes-Benz AG 10^{19} Möglichkeiten an Kombinationen [Kl2018, S.53; Me2020a].

Während des Herstellprozesses durchläuft ein Automobil verschiedene Stationen. Zunächst werden im Presswerk die Bauteile für die Karosserie erstellt, welche im Karosseriebau (Rohbau) mit weiteren Bauteilen von Lieferanten zu einer Karosserie zusammengeschweißt werden. In der Lackiererei erfolgt der Grund- und Decklack. In der letzten Station erfolgt die Endmontage des Automobils. Die Montagelinie wird zur Fertigstellung eines Automobils aus verschiedenen Lagern sowie den Vormontagebereichen mit Bauteilen, Baugruppen und Modulen versorgt [Ih2006, S. 11]. Für die Endmontage eines Autos werden ca. 15.000-20.000 Positionen benötigt [Kl2018, S.45]. Aufgrund dieser hohen Teilevielfalt weist die Endmontage im Vergleich zu den anderen Stationen den größten Leistungsbedarf des händischen Aufwands auf [Mü2013, S.13f.].

Eine bedeutsame Rolle wird hier der Intralogistik zugeschrieben, da diese eine interne Materialbereitstellung ermöglicht und somit einen reibungslosen Produktionsprozesses gewährleistet [Pf2010, S.180f.]. Aufgrund einer steigenden Variantenvielfalt steht die Intralogistik in der Endmontage vor der Herausforderung, die Teilevielfalt zur Gewährleistung der Produktion zu bewältigen [Kl2018, S.45f.]. Ausgehend von der Rolle der Intralogistik wird im Folgenden der Begriff näher betrachtet. Dabei liegt aufgrund des Leistungsbedarfs in der Endmontage der Fokus auf der Intralogistik in der Endmontage der Automobilindustrie.

2.1.1 Definition und Abgrenzung

Der Begriff *Logistik* wird in der vorhandenen Literatur nach unterschiedlichen Gesichtspunkten unterteilt. Hierzu zählen bspw. der flussorientierte, der lebenszyklusorientierte sowie der dienstleistungsorientierte Ansatz. In der Praxis und Wissenschaft findet vermehrt der flussorientierte Definitionsansatz Anwendung [Pf2010, S.12–14].[2] Eine mögliche Begriffsdefinition der Logistik ist die „marktorientierte, integrierte Planung, Gestaltung, Abwicklung und Kontrolle des gesamten Material- und dazugehörigen Informationsflusses zwischen einem Unternehmen und seinen Lieferanten, innerhalb des Unternehmens sowie zwischen dem Unternehmen und seinem Kunden“ [Sc2013, S.1].

Bereits 1989 definierte *Jünemann* den Logistikbegriff als „die wissenschaftliche Lehre der Planung, Steuerung und Überwachung der Material-, Personen-, Energie-, und Informationsflüsse in Systemen“ [JP1989, S.17]. Ausgehend davon besteht das Ziel der Logistik „die richtige Menge, der richtigen Objekte als Gegenstände der Logistik (Güter, Personen, Energie, Informationen), am richtigen Ort (Quelle, Senke) im System, zum richtigen Zeitpunkt in der richtigen Qualität zu den richtigen Kosten zur Verfügung zu stellen“ [JP1989, S.18]. Davon abgeleitet lassen sich die Aufgaben der Logistik mit den sogenannten sechs R´s beschreiben. Dabei charakterisieren die Aufgaben mit den sechs R´s die zentralen Leistungen der Logistik. Im Zuge der Digitalisierung wurden die sechs R´s um die richtigen Informationen ergänzt [Ih2006, S.16].

---

[2] Nähere Informationen zu den einzelnen Definitionsansätzen in [Pf2010, S.12-14].

Für eine umfassende Gestaltung eines Logistiksystems besteht die Notwendigkeit, dieses in Subsysteme zu untergliedern.

Hier kann nach *Pfohl* eine institutionelle und eine funktionelle Abgrenzung erfolgen. Bei der *institutionellen Abgrenzung* erfolgt die Untergliederung in Makro-, Mikro und Metalogistik [Pf2010, S.14] (siehe Abbildung 2). Die Makrologistik umfasst das gesamtwirtschaftliche System. Hierzu zählt z. B. der Güterverkehr mit Straßen, Autobahnen sowie Eisenbahnstrecken. Dahingegen zählen zu der Mikrologistik einzelwirtschaftliche Systeme öffentlicher oder privater Unternehmen und umfassen dabei die Krankenhaus-, Militär-, Unternehmenslogistik und Logistik sonstiger Organisationen. Das Subsystem Unternehmenslogistik lässt sich wiederum weiter in die Industrie-, Handels- und Dienstleistungslogistik untergliedern. Innerhalb dieser Arbeit liegt der Fokus auf der *Industrielogistik,* welche sich in innerbetrieblich und zwischenbetriebliche Logistik unterscheiden lässt. Zwischen der Makro- und Mikrologistik ist die Metalogistik. Innerhalb der Metalogistik wird je nach Art der Kooperation für die zu erfüllende Aufgabe variiert [Ih2006, S.14f.; Pf2010, S.14–16].

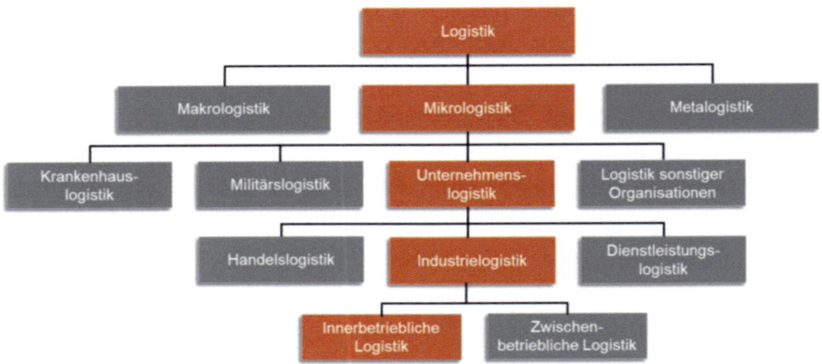

Abbildung 2: Institutionelle Abgrenzung von Logistiksystemen in Anlehnung an [Pf2010, S.15]

Dahingegen unterteilt sich die *funktionelle Abgrenzung* in die phasenspezifischen Subsysteme der Logistik eines produzierenden Unternehmens. Hier liegt der Fokus auf einem Güterfluss innerhalb eines Industrieunternehmen und ist damit Teil der Unternehmenslogistik [Pf2010, S.16–19]. Unter Unternehmenslogistik wird „die wissenschaftliche Lehre der Planung, Steuerung und Überwachung der Material-, Personen-, Energie- und Informationsflüsse in Unternehmen" verstanden [JP1989, S.11]. Zu den Subsystemen zählt die Beschaffungs-, Produktions-, Distribution- und Entsorgungslogistik. In Abbildung 3 sind die einzelnen Phasen und deren Beziehung zu einander abgebildet. In der ersten Phase, *Beschaffungslogistik*, wird der Güterfluss von Lieferanten am Beschaffungsmarkt bis den Wareneingang des Industrieunternehmens betrachtet. Die anschließende *Produktionslogistik* umfasst alle Aktivitäten zur Versorgung der Produktion. Dazu zähl der Materialfluss aus dem Lager in den Produktionsprozess sowie zu den Zwischenlagern. In der *Distributionslogistik* findet alles Rund um die Belieferung von der Produktionsstätte bis zum Kunden statt. Die letzte Phase, *Entsorgungslogistik,* fließt in umgekehrter Richtung und beinhaltet z. B. Güter, welche zurück an die Lieferanten befördert werden müssen [Ih2006, S.15–17; Pf2010, S.16–19].

Abbildung 3: Subsysteme der Unternehmenslogistik entlang der Supply Chain in Anlehnung an [Pf2010, S. 19]

Der gesamte Güterfluss wird als Logistikkette bzw. als Supply Chain (SC) bezeichnet. Die SC betrachtet den gesamten Prozess vom Lieferanten bis hin zu einem Unternehmen und abschließend zu den jeweiligen Kunden [Ar2008, S. 4f.; Pf2010, S.48]. Aufgrund des Zusammenspiels der einzelnen Subsysteme sowie die Vernetzung untereinander besteht der Bedarf, die Aktivitäten übergreifend zu koordinieren. In diesem Zusammenhang entstand das *Supply Chain Management*. Das SC-Management sieht eine Integration der einzelnen Logistiksysteme sowie Partner vor und umfasst die einheitliche Koordination aller Aktivitäten entlang der SC [Ar2008, S.19-22]. Die ganzheitliche Betrachtung über die Unternehmensgrenzen hinweg verfolgt das Ziel von Einsparungspotentialen [MM2006, S.20f.].

Entlang der SC sind eine Vielzahl an unterschiedlichen Akteuren vertreten, wie z. B. die *Intralogistik*. Die Intralogistik wird als eine Hauptkomponente der SC bezeichnet. Die angrenzenden Bereiche entlang der SC sind von der Performance der Intralogistik abhängig. Damit nimmt die Intralogistik eine bedeutsame Rolle in der SC ein [MM2006, S.21f.]. Der Begriff Intralogistik wurde am 30. Juni 2003 von dem *Verband Deutscher Maschinen- und Anlagenbau* festgelegt und wie folgt definiert: „Die Intralogistik umfasst die Organisation, Steuerung, Durchführung und Optimierung des innerbetrieblichen Materialflusses, der Informationsströme sowie des Warenumschlags in Industrie, Handel und öffentlichen Einrichtungen“ [Ar2006, S.1]. Somit ist eine Eigenschaft der Intralogistik, dass sich alle Tätigkeiten auf den innerbetrieblichen Materiafluss von Wareneingang bis -ausgang in einem Unternehmen beziehen. Die jeweiligen Wareneingänge und –ausgänge bilden hierbei die Verbindungstelle zu der Beschaffungs– und Distributionslogistik [Ar2006, S.1–3; Ar2008, S.19; Pf2010, S.19].

Innerhalb des oben aufgezeigten Logistiksystems (vgl. hierzu Abbildung 2) lässt sich das Begriffsverständnis der Intralogistik für diese Arbeit der innerbetrieblichen Industrielogistik zuordnen und als Teil der Produktionslogistik ansehen. Die Ausgestaltung von Intralogistiksystemen lassen sich je nach Branche unterscheiden [Ar2008, S.18]. Der Fokus dieser Arbeit liegt auf einer innerbetrieblichen Produktionslogistik in der Automobilindustrie, wobei im Folgenden aufgrund der Einfachheit der Term Intralogistik angewandt wird. Das Ziel der *Intralogistik* besteht in der internen Materialbereitstellung und damit in der Sicherstellung eines reibungslosen Produktionsprozesses. Somit sind die vorhandenen Produktionsvorgänge und die intralogistischen Prozesse eng miteinander verbunden. Es werden alle Tätigkeiten von der Anlieferung am Wareneingang bis zur Auslieferung am Warenausgang betrachtet [Pf2010, S.180f.]. Neben den innerbetrieblichen Materialflüssen umfasst die Intralogistik ebenso alle Güterbewegungen und die dazugehörigen Arbeitsabläufe und Prinzipien [Mü2013, S.13f.]. Dazu zählt z. B. die Steuerung des Materialflusses mit der Auswahl der entsprechenden Materialbereitstellungsart [Pf2010, S.180–182].

Intralogistiksysteme lassen sich als Netzwerk darstellen, bestehend aus Knoten und Kanten. Dabei umfassen die Knoten wichtige materialflussbedingte Funktionen an Logistikstationen, wie z. B. das Lagern oder das Be- und Entladen. Dahingegen bilden die Kanten einzelne Linien zwischen den Knoten ab. Dies sind bspw. die benötigten Transportprozesse und die dazugehörigen Ressourcen. Das gesamte Netzwerk zeichnet sich durch einen hohen Informationsfluss aus [Ar2008, S.18f.].

Für eine nähere Betrachtung wird die Intralogistik in die operative Intralogistik und in die Intralogistikplanung unterteilt. Zu der *operativen Intralogistik* zählen die Funktionen des Lagerns, des Transportierens, des Umschlagens sowie des Kommissionierens [Ar2008, S.6; Kl2018, S.10].

Die Funktion *Lagern* dient insbesondere der zeitlichen Überbrückung von Gütern, indem diese vorrübergehend in den Knoten hinterlegt werden [Pf2010, S.9f. u. S.87ff.]. Die dazugehörigen Prozesse umfassen das Einlagern, die Lagerhaltung sowie das Auslagern [Ar2008, S.3 u. S.153ff.]. Damit sind Lager für die Aufbewahrung und die Bereitstellung von jeglichen Materialien, Halbfabrikaten und Endprodukten verantwortlich [Kl2018, S. 108u. S.234f.]. Es existieren unterschiedliche Arten von Lagern, welche sich in Abhängigkeit der auszuführenden Aufgabe, wie z. B. Bevorratung, Puffern oder Verteilen, unterscheiden [Pf2010, S. 112f.]. Der *innerbetriebliche Transport*, auch Fördern genannt, dient der räumlichen Überbrückung zwischen einzelnen Knoten im Netzwerk. Damit findet der Transport zwischen Produktionsstellen, Lagern, Wareneingängen und –ausgängen statt. Das jeweilige Transportsystem besteht aus dem zu transportierenden Gut, dem Transportmittel sowie dem Transportprozess [Ar2008, S.6; Pf2010, S.149f.]. Bei dem Transport in der Automobilindustrie werden vermehrt Flurförderfahrzeuge, wie z. B. Stapler, Schlepper und Automated Guided Vehicles (AGV) als Transportmittel eingesetzt [Kl2018, S.207–214]. Eine weitere Funktion der operativen Intralogistik ist der *Umschlag*. Umschlagsvorgänge kommen zum Einsatz, sobald ein Wechsel von Güter zwischen verschiedenen Arbeitsmitteln, wie z. B. Transportmittel, Ladungsträger (LT) oder Handhabungsmittel, stattfindet [Ih2006, S.19; Ar2008, S.7]. Dazu gehören die Be- und Entladung der jeweiligen Transportmittel, die Zuordnung von Gütern sowie Prozesse der Ein- und Auslagerung. Im Wareneingang kommen bspw. einheitliche LT zum Einsatz [Ar2008, S.7]. Wie bereits aufgezeigt, liegt eine enge Verbindung zwischen den Produktionsvorgängen und den intralogistischen Prozessen vor. Um die innerbetriebliche Materialversorgung sicherzustellen, ist die *Kommissionierung* essenziell. Hier werden vorhandene Logistikeinheiten aufgelöst und entsprechend den vorliegenden Aufträgen der Produktion in Anhängigkeit der Menge und der Artikel in weitere Einheiten zusammengeführt.

Dabei handelt es sich meist um kleinere Einheiten als bei den Umschlagsprozessen. Somit bildet die Kommissionierung die Schnittstelle zwischen der Lagerhaltung und den anschließenden Produktionsprozessen [Ar2008, S.7; Kl2018, S.216f.]. Innerhalb dieser Arbeit liegt der Fokus auf der Intralogistikplanung und nicht auf der operativen Intralogistik. Aufgrund dessen findet im nächsten Unterkapitel eine nähere Betrachtung der Intralogistikplanung statt.

2.1.2 Die Intralogistikplanung

Neben den operativen Funktionen in der Intralogistik spielt die Intralogistikplanung eine ebenso bedeutsame Rolle, um einen reibungslosen Ablauf in der Produktion zu ermöglichen. Unter Planung wird in Anlehnung an die Betriebswirtschaftslehre (BWL)[3] die Bestimmung zukünftiger Tätigkeiten, welche bei der Umsetzung des Unternehmensziels beitragen, verstanden. Darüber hinaus unterliegt die Planung, aufgrund der Abhängigkeit von einzelnen Tätigkeiten, einer Koordinationsfunktion [Ar2008, S.9]. Unter *Intralogistikplanung* im produktiven Umfeld wird „die Zusammenfassung aller Maßnahmen – beginnend mit dem Fahrzeugprojektstart bis hin zum Produktionsstart (SOP) – welche die Materialstrukturen und -prozesse inklusive der hierfür nötigen Informationsflüsse festlegen“ [Kl2018, S.165] verstanden. Die vorhandenen Planungsaufgaben lassen sich nach ihrem zeitlichen Horizont in Abhängigkeit des Start of Production (SOP) in die strategische, die taktische bzw. die mittelfristig operative und in die operative Planung unterscheiden.

---

[3] Die BWL umfasst zusammen mit der Volkswirtschaftslehre die Lehre der Wirtschaftswissenschaften. Diese befassen sich mit Wirtschaften. Dabei ermöglichen Wirtschaften die Erfüllung von Bedürfnissen. In der BWL lassen sich verschiedene Bedürfnisse ableiten, welche von der Wirtschaft als Anbieter erfüllt werden. Es werden u. a. Güter und Dienstleistungen angeboten. Sobald eine Kaufkraft vorliegt, ist die Rede einer gesamtwirtschaftlichen Nachfrage [WKB2018, S.2].

Die *strategische Planung* umfasst langfristige Planungsaufgaben, wie z. B. die Layoutplanung einer Produktionshalle, in einem Planungszeitraum von mehreren Jahren. Bei der *taktischen Planung* werden mittelfristig die Rahmenbedingungen für die Logistikprozesse festgelegt. Dazu zählt beispielhaft die Festlegung vorhandener Transportmittel und Fahrstraßen. Bei der taktischen Planung wird ca. sechs bis 18 Monate im Voraus geplant. Dahingegen ist die *operative Planung* kurzfristig und umfasst einen Planungszeitraum von mehreren Wochen bis drei Monate. Hier finden Planungen für die unmittelbar notwendigen Funktionen der operativen Intralogistik mit regelmäßig aufkommende Prozesse statt. Beispiele für die operative Planungsaufgabe sind Tourenplanungen von Fahrzeugen oder die Zuweisungen von Fahraufträgen. Somit werden hier exakte Vorgaben für die Umsetzung der Prozesse festgelegt. An dieser Stelle ist festzuhalten, dass die Planung und die operative Intralogistik voneinander abhängig sind und nicht getrennt voneinander betrachtet werden [Ar2008, S.9f.; SKH2016; Kl2018, S.94].

Wie bereits anhand der Definition für die Intralogistikplanung aufgezeigt, orientiert sich die Planung am zeitlichen Verlauf des Produktentstehungsprozesses. Bei der Automobilproduktion lässt sich die Planung in die Vorserienplanung und in die Serienplanung unterscheiden. Dabei ist der SOP einer neuen Baureihe ausschlaggebend. Die Vorserienplanung umfasst die strategische, taktische und die operative Planung und liegt je nach Phase mehrere Jahre, Monate oder Wochen vor dem SOP. Bei einer Annäherung der Planung an den SOP-Termin steigt der Detaillierungsgrad, da vorhandene Unsicherheiten in der Planung abnehmen. Der Übergang der drei Planungsphasen erfolgt fließend. Im Anschluss findet die Serienplanung statt, welche die Steuerung und die Planung während des Serienbetriebs übernimmt [Mü2013, S.16f.; Kl2018, S.94].

In Abbildung 4 wird die Einordung in Abhängigkeit des Produktentstehungsprozesses ersichtlich.

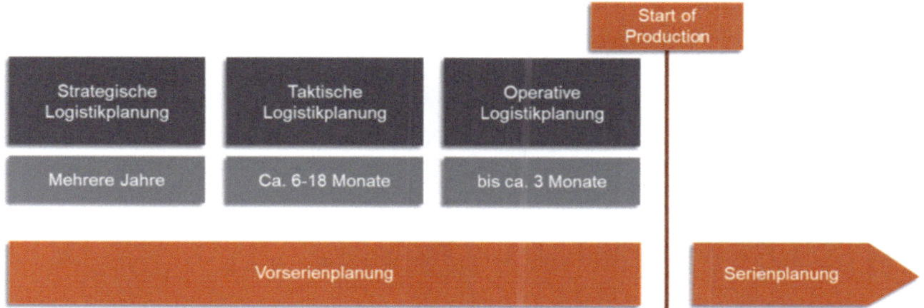

Abbildung 4: Phasen der Planung in Abhängigkeit des SOPs in Anlehnung an [Mü2013, S.16f.; Kl2018, S.94]

Aufgrund der Vielseitigkeit lässt sich die Intralogistikplanung in drei Hauptaufgaben unterteilen. Dazu zählen die Materialflussplanung, die Einsatzfaktorenplanung sowie die Ladungsträgerplanung [Mü2013, S.14–16; Kl2018, S.165ff.]. Die *Materialflussplanung* lässt sich in die Prozessplanung und in die Layoutplanung unterteilen. Im Fokus der Planung steht die Sicherstellung der Materialflüsse inklusive der Informationsflüsse sowie die Gewährleistung der Versorgungssicherheit der Produktion. Bei der *Prozessplanung* erfolgt die Erarbeitung von Transportketten für jedes Bauteil über die einzelnen Logistikstationen bis zum Verbauort. Dabei werden jegliche operative Logistikstationen, die von dem jeweiligen Material durchlaufen werden, ausgehend von dem Wareneingang über die Lager, bis zum Verbauort sowie die Leerguttransporte zum Warenausgang, betrachtet [Mü2013, S.14f.]. Hier wird nach dem sogenannten *Line-Back Planungsprinzip* vorgegangen. Ausgangspunkt für die Planung sind die Anforderungen direkt am Verbauort. Beispielhaft startet damit in der Automobilindustrie die Planung des Montagebandes, inklusive dem benötigten Material.

Somit wird sichergestellt, dass die Montagemitarbeiter das benötigte Material rechtzeitig zum Verbau vor Ort haben. Ausgehend von dem Montageband werden rückwärts die restlichen Prozesse bis zum Wareneingang geplant.

Durch diese Planung kann eine Verbesserung der logistischen Prozessfähigkeit unter Einbeziehung der Kosten erreicht und die logistischen Rahmenbedingungen für weitere Prozesse festgelegt werden [BSG2007, S.349f.; Kl2018, S.88]. Für die Umsetzung der Prozesse besteht die Notwendigkeit der Layoutplanung.

Die *Layoutplanung* dient der Beplanung von Logistikflächen und damit der Festlegung einer räumlichen Anordnung der Intralogistik in der Produktionshalle [Pf2010, S.184 u. S.190f.; Kl2018, S.106f.; Mü2013, S.15]. In der Automobilindustrie sind Logistikflächen knapp bemessen und bei Planungen von neuen Baureihen wird häufig auf vorhandene Flächen zugegriffen. Aufgrund der steigenden Variantenvielzahl besteht ebenso ein höherer Flächenbedarf. Problematisch hierbei ist, dass Logistikflächen nicht wertschöpfend sind. Somit wird die Wirtschaftlichkeitsbetrachtung bei der Planung immer mit einbezogen. Die vorhandenen Flächen können nach unterschiedlichen Prinzipien strukturiert werden. Eine Möglichkeit ist die Strukturierung der Flächen analog dem Line-Back Prinzip. Darüber hinaus können die Flächen nach der Art der Tätigkeit, wie z. B. Kommissionierung und Lagerung, nach verschiedenen LT aufgeteilt werden [Kl2018, S.106f.]. Die Strukturierung unterliegt dem Ziel eine logistikgerechte Produktionshalle zu planen, in welcher vorhandene Logistikkonzepte bereits integriert sind. Bspw. kann bei der optimalen Gestaltung die Findung des kürzesten Transportweges zwischen einer Logistikstation und dem Verbauort angewendet werden [Mü2013, S.15; Gr2018, S.204]. Damit es zu einer rechtzeitigen Einflussnahme auf die Gestaltung einer logistikgerechten Fabrik kommen kann, ist die Layoutplanung ein Teil der Fabrikplanung.

Aufgrund dessen werden die Phasen der Fabrikplanung an dieser Stelle umrissen [Ar2008, S.307ff.; Gr2018, S.53ff.]. Die *Fabrikplanung* untergliedert sich in fünf Phasen. In der ersten Phase erfolgt die Zieldefinition basierend auf den strategischen Unternehmenszielen für das zu planende Objekt. Darauf aufbauend erfolgen in der Vorplanung die Planungsgrundlage, wie z. B. erste Entwürfe von Logistikprinzipien [Gr2018, S.53–75]. In der Idealplanung entstehen erste Lösungskonzepte mit Funktionsbestimmungen. Innerhalb dieser Planung spielt der Materialfluss eine wichtige Rolle. Bei der Realplanung erfolgt die Anpassung des Ideallayouts an produktionsbedingte Rahmenbedingungen und Restriktionen. Hier erfolgt z. B. eine Betrachtung der Verkehrswege und der dazugehörigen Logistikelemente wie die Fördertechnik [Ar2008, S.317–321; Gr2018, S.76-83]. In der nächsten Phase, der Feinplanung, wird basierend auf dem Groblayout das Projekt für die fünfte Phase detailliert aufgezeigt. Daraufhin werden in der Ausführungsplanung alle Maßnahmen zur Veranlassung der Umsetzung des Projekts umgesetzt. Die letzte Phase, Ausführung, beschäftigt sich mit der Leitung und der Überwachung der Umsetzung inklusive der Inbetriebnahme [Gr2018, S.188-199].

Zusammengefasst umfasst die Materialflussplanung in der Intralogistik das Ziel effiziente Transportketten basierend auf der Prozess- und Layoutplanung zu erstellen. Dabei wird zeitgleich eine Einflussnahme bei der Gestaltung einer logistikgerechten Produktionshalle angestrebt.

Neben der Materialflussplanung ist die *Ladungsträgerplanung* eine weitere Hauptaufgabe der Intralogistikplanung. Für die Lagerung, den Transport oder den Umschlag werden logistische Einheiten benötigt. Unter logistischen Einheiten wird das Zusammenführen von Gütern und Produkten bestehend aus unterschiedlichen Elementen verstanden. Für die Bündelung logistischer Einheiten stehen verschiedene Möglichkeiten zur Verfügung [Ar2008, S.702; Pf2010, S.141–143]. Hierfür können u. a. verschiedene Behälter bzw. LT eingesetzt werden. Es handelt sich um Hilfsmittel, um den Transport, den Umschlag und die Lagerung zu ermöglichen und das entsprechende Material zu schützen. Derartige Hilfsmittel sind z. B. Paletten, Gitterboxen oder Kisten aus Kunststoff. Innerhalb der Intralogistik in der Automobilbranche wird nach Kleinladungsträger (KLT), Großladungsträger (GLT), Sonderladungsträger (SLT) und Universalladungsträger (UST) unterschieden. Vermehrt unterliegen KLTs, GLTs und USTs Standards nach den VDA- und VDI-Richtlinien sowie ISO-Normen. Gemeinsamkeiten der LT liegen in der Wiederverwendbarkeit [Ar2008, S.703–705; Kl2018, S.165-169]. Das Ziel der LT-Planung besteht in der Auswahl eines passenden LTs unter Beachtung vorhandener Rahmenbedingungen in der Produktionshalle. Das zu befördernde Material soll möglichst ökonomisch und unter Einbehaltung der vorhandenen Qualität an den Zielort transportiert werden [Mü2013, S.15]. Dabei beziehen sich diese Aufgaben zum einen auf den Voll- und zum anderen auf den Leergutprozess [Hu2016, S.29]. Für die Zielerreichung sind folgende Teilaufgaben notwendig. Zunächst besteht die Notwendigkeit, Anforderungen an den LT näher zu betrachten und den richtigen LT für das jeweilig zu befördernde Gut auszuwählen.

Dazu zählt z. B. die Analyse technischer Kriterien, wie die statische Belastbarkeit oder die Stapelfähigkeit. Ökonomische Kriterien betrachten einen möglichst kostensparenden Einsatz von LT bei höchster Logistikleistung, wie beispielhaft ein minimales Eigengewicht oder der LT-Befüllgrad. Ein weiterer wichtiger Punkt ist die Beachtung des

LTs in Abhängigkeit der operativen Logistikfunktionen. Während dem Transport oder des Umschlags soll der LT leicht aufgenommen und sicher gegriffen werden, um ein einfaches Handling zu ermöglichen. Neben der Beachtung von Anforderungskriterien muss das Material optimal und ohne Beschädigungen in dem jeweiligen LT transportiert werden. Bei Standard-LT werden sogenannte Packversuche, real oder virtuell, durchgeführt. Aufgrund der Vielfältigkeit des Materials können vorhandene Standard-LT für den Prozess nicht ausreichend sein. An dieser Stelle werden SLT basierend auf vorgegeben Kriterien speziell für das zu befördernde Gut entwickelt und angepasst [Kl2018, S.169–172]. Neben der Auswahl des passenden LT´s beschäftigt sich die LT-Planung mit der optimalen Auslastung von Lagerflächen und Transportvolumen. Die zuvor festgelegten Kriterien, wie die Stapelfähigkeit oder Klappbarkeit, haben Auswirkungen auf die Auslastung der Lagerkapazität und damit auf die vorhandenen Kosten [Mü2013, S.15; Kl2018, S.172f.].

Für die Belieferung der LT werden entsprechende Transportkonzepte benötigt, welche in der *Einsatzfaktorenplanung* bestimmt werden [Mü2013, S.16]. Für den Transport können entsprechende Transportmittel eingesetzt werden. In der Automobilindustrie kommen vermehrt Stapler, Schleppzug (Trailer-, Dolly- und Routenzug) oder AGVs[4] zum Einsatz [Kl2018, S.207-216]. Das Ziel der Einsatzfaktorenplanung besteht in der Festlegung der benötigten Transportmittel, um die Versorgung am Verbauort sicherzustellen. Dabei basiert die Festlegung auf Vergangenheitsdaten unter Einbezug statistischer und dynamischer Verfahren und in Abhängigkeit der Produktionsauslastung. Ferner wird sichergestellt, dass vor dem SOP ausreichend Transportmittel einsatzfähig sind.

---

[4] Nähere Informationen zu den einzelnen Transportmitteln in [Kl2018, S 207-216].

Aufgrund der geforderten Kompatibilität zwischen Transportmittel und Layout ist es notwendig die Layoutplanung frühzeitig miteinzubeziehen [Mü2013, S.16].

Die Intralogistikplanung umfasst ein weites Spektrum an Aufgaben, wobei die Auslöser für eine neue Planungsaufgabe unterschiedlich sein können. Dies können z. B. die Einführung einer neuen Baureihe oder Derivate, strukturelle Maßnahmen mit einhergehenden baulichen Änderungen, Veränderungen in der Lieferantenstruktur oder die Einführung neuer Technologien sein. Dabei besteht die Besonderheit darin, dass für eine effiziente Planung stets ein umfängliches Wissen über den zu planenden Gegenstand vorliegen muss sowie die Einbeziehung vor- und nachgelagerter Bereiche. Ein Einflussfaktor auf die Planung kann das Produkt an sich sein. Durch die steigende Anzahl an Varianten und Modularitäten steigt ebenso die Produktkomplexität. Dies beeinflusst wiederum vorhandene Prozesse, wie z. B. die Just-in-Time Lieferungen oder die Auswahl von passenden LT. Bei der Beplanung des Materialflusses spielen die Verbaureihe sowie die Verbauorte eine wichtige Rolle und umfassen einen weiteren Einflussfaktor. Des Weiteren sind bei der Gestaltung der innerbetrieblichen Logistikprozesse die Leistungsfähigkeit und die Kapazitäten der Lieferanten ausschlaggebend [SS2007].

Zusammengefasst besteht das Ziel der Logistikplanung darin, einen durchgängigen Logistikprozess in einem produktiven Umfeld zu gewährleisten. Dabei spielt die Stellung und die Wichtigkeit der Intralogistik entlang der SC eine bedeutsame Rolle. Auftretende Verzögerungen oder Unterbrechungen können Auswirkungen auf die Produktion sowie auf die vor- und nachgelagerten Bereiche entlang der SC haben [MM2006, S.21f.]. Die Intralogistikplanung umfasst eine Vielzahl an Aufgaben, wobei die Koordination mit unterschiedlichen Partnern unabdingbar ist. Dabei sieht eine optimierte Logistikplanung ein einheitliches Prozessdenken sowie die Auflösung vorhandener Bereichsgrenzen vor. Neben der Koordination innerhalb der Planungsprozesse, besteht ein hoher Abstimmungsbedarf zwischen der operativen Logistik und der Logistikplanung. Um der vorhandenen Komplexität gerecht zu werden, werden vermehrt standardisierte Verfahren und Konzepte der Belieferung eingesetzt [BSG2007].

Nur eine durchdachte und innovative Logistikplanung gewährleistet reibungslose Abläufe in der operativen Intralogistik. Somit besteht hier der Bedarf neuartiger Intralogistiklösungen für die Planung, um produktivitätssteigernde und flexibilitätssteigernde Maßnahmen in der Automobilproduktion zu ermöglichen [RW2008; Hu2016, S.3; Kl2018, S.3f. u. S.45f.]. Eine Möglichkeit bietet hier der Einsatz von innovativen Mensch-Maschine Schnittstelle (MMS) in Form von *mobilen Assistenzsystemen* in der Intralogistik, welche im folgenden Teil näher betrachtet werden [Bl+2009, S.241f.].

2.2 Mensch-Maschine Schnittstelle und mobile Assistenzsysteme im produktiven Umfeld

Wie bereits in den vorherigen Kapiteln aufgezeigt, unterliegt die Automobilbranche einem Wandel und die Intralogistik steht vor der Herausforderung, eine steigende Komplexität in der Produktion zu bewältigen. In diesem Zusammenhang sind Flexibilität sowie eine hohe Adaptivität heutiger Logistiksysteme unabdingbar, welche u. a. durch die Arbeit des Menschen gewährleitstet werden [GKT2014, S.309]. Trotz zunehmender Digitalisierung und dem steigenden Automatisierungsgrad in der Produktion und der Logistik, geht aus der vorhandenen Literatur hervor, dass dem Mitarbeiter in produzierenden Unternehmen weiterhin eine zentrale Rolle zugeschrieben wird. Dabei ist festzuhalten, dass sich durch den Einzug neuer Technologien die Rolle des Mitarbeiters in der Logistik verändert und dieser als steuernder, überwachender Akteur in vorhandene Prozesse eingebunden werden muss [De2017, S.139f.; Jo+2017, S.153]. Hierbei sind vor allem Mitarbeiter mit planerischen Tätigkeiten und klassischer Wissensarbeit betroffen, welche die Logistik von morgen gezielt planen. Im Gegensatz zu Maschinen werden dem Menschen im digitalen Umfeld überlegene kognitive und sensomotorische Kompetenzen zugeschrieben [GKT2014, S.309; GSL2014, S.525f.]. Diese sowie weitere Fähigkeiten stellen ein wichtiges Argument für den Menschen im industriellen Umfeld dar. Davon ausgehend ist von Interesse, wie der Mensch in Zukunft in vorhandene moderne Prozesse eingebunden und unterstützt werden kann. Dabei spielt vor allem die Umsetzung von Konzepten zur Unterstützung und Assistenz eine bedeutsame Rolle. Eine Möglichkeit bietet hier die Gestaltung innovativer MMS durch den Einsatz mobiler Assistenzsysteme in der Intralogistik [Bl+2009,S.241 f.; GSL2014, S.528 u. S.535; Jo+2017, S.153].

Eine nähere Betrachtung des Begriffs MMS zeigt auf, dass hier das Zusammenwirken von Menschen mit einem technischen System maßgeblich ist. Dabei fungiert die Schnittstelle zwischen dem Menschen und der Maschine als Kommunikationsbrücke zwischen dem Nutzer und dem technischen System. MMS umfassen damit die Interaktion zwischen Mensch und Maschine. Hier wird vor allem das Ziel verfolgt, dass basierend auf der Interaktion oder auch der Wechselwirkung zwischen Mensch und Maschine ein bestmöglichstes Ergebnis im Gesamtsystem Mensch-Maschine erreicht wird [Jo1993, S.1; SR2019, S.202]. Die grundlegenden Ziele können z. B. Sicherheit, Wirtschaftlichkeit, Beherrschbarkeit sowie die optimale Gestaltung der Arbeitstätigkeit sein [Jo1993, S.2].

Der Begriff Maschine lässt sich mit technischen Systemen jeglicher Art gleichsetzen. Dementsprechend existiert eine Anzahl an diversen MMS. Neben Schnittstellen zu technischen Systemen, fallen unter den Begriff ebenso rein grafische Benutzerschnittstelle zur Interaktion mit einer vorhandenen Software [Jo1993, S.1; WB2016]. Beispielhaft ist eine Interaktion des Menschen mit fertigungstechnischen Anlagesystemen, mit Pilotsystemen in Flugzeugen sowie mit Robotersystemen zu nennen. Darüber hinaus existieren Interaktionen mit Computersystemen, welche mit dem Begriff Mensch-Rechner-Interaktion (human-computer interaction) als Teilbereich der MMS bezeichnet werden. Hier wird das gesamtheitliche Maschinensystem auf Computer- bzw. Recheneinheiten reduziert und zeichnet sich vor allem durch einen Informationsprozess aus [Jo1993, S.1 u. S.6]. Neben der Art der Maschine lassen sich MMS in dem Ausmaß der Interaktion unterscheiden. Die Interaktion kann z. B. die reine Bedienung einer Maschine oder Rechners sein oder eine agentenbasierten Ausführung der zugrundliegenden Aufgabe umfassen [Bl+2009, S.242f.].

Zusammenfassend können MMS zum einen eine rein grafische Schnittstelle zur Interaktion des Menschen mit einer vorhandenen Software sein und zum anderen eine Schnittstelle zur Interaktion mit einem technischen System.

Dahingegen bestehen Gemeinsamkeiten in dem Aufbau einer MMS. Eine MMS zeichnet sich durch ein Element zur Eingabe von Informationen bzw. zur Bedienung der Maschine sowie ein Element zur Ausgabe und damit dem Anzeigen relevanter Informationen aus [Jo1993, S.2; SR2019, S.202]. Dabei existieren verschiedene Möglichkeiten die Ein- und Ausgabeelemente von Informationen zu gestalten. Ferner können die möglichen Schnittstellen die fünf Wahrnehmungssinne des Menschen ansprechen. Folglich ist eine auditive, taktile, olfaktorische, gustatorische oder visuelle Interaktion möglich. Im Arbeitsumfeld findet vermehrt eine Kommunikation mittels dem Seh-, Hör- oder dem taktilen Reiz statt. Beispielhaft kann die Eingabe mittels touch und die Ausgabe auf einem Bildschirm erfolgen sowie zusätzlich durch einen Warnton unterstützt werden [SR2019, S.203].

Im Zusammenhang von MMS spielen Assistenzsysteme eine bedeutsame Rolle. In einem digitalen Umfeld können Assistenzsysteme mit dem Nutzer zielgerichtet in einer MMS arbeiten. Dabei ist die Schnittstelle zwischen Mensch und Maschine und die dazugehörige Interaktion von Bedeutung, da Assistenzsysteme diese Interaktion unterstützen [SR2019, S.198 u. S.203]. MMS in Form von Assistenzsystemen sind vor allem durch eine informationelle Verkopplung von Nutzer und Mensch gekennzeichnet [TJ2002, S.345; Bl+2009, S.242].

Unter *Assistenzsysteme* werden jegliche Systeme zusammengefasst, welche den „Nutzer bei der Durchführung einer zielgerichteten Tätigkeit durch Übernahme von Teilaufgaben der Tätigkeit unterstützen" [Lu2015, S.1]. Damit unterstützen bzw. assistieren rechenbasierte Systeme den Menschen in vorhandenen Situationen und dienen bei der Ausführung einer Tätigkeit [Lu2015, S.5; Te+2017].

Bevor näher auf die Eigenschaften eines Assistenzsystems eingegangen wird, besteht die Notwendigkeit den Begriff Assistenz in diesem Zusammenhang näher einzugrenzen. Wird der Begriff Assistenz mit der Zunahme von externen Fähigkeiten zur Aufgabenlösung gleichgesetzt, könnte nach *Ludwig* jegliche Maschine sowie auch Softwaresysteme als Assistenzsysteme fungieren. Als Beispiel nennt der Autor den Einsatz von einem Schraubenzieher, einem Telefaxgerät sowie einer Rakete. All diese Beispiele ermöglichen dem Menschen weitere Funktionalitäten bei der Umsetzung einer Aufgabe [Lu2015, S.5]. Für eine nähere Klassifikation, lassen sich verschiedene Stufen von Assistenzsystemen in Abhängigkeit des Autonomiegrads unterschieden [Wa2005; Lu2015, S.6].

Die erste Klasse der Assistenz in Systemen zeichnen sich durch vollautomatisierte Funktionalitäten aus. Dabei werden diese Funktionalitäten ohne das Eingreifen des Menschen ausgelöst. Der Nutzer hat hier keine Möglichkeit die Funktionen des Assistenzsystems zu beeinflussen. Zu dieser Art von Assistenzsysteme zählen z. B. Autopiloten oder Antiblockiersysteme. In der zweiten Stufe findet eine Assistenz mit einem fixierten Ziel statt, indem mehrere Funktionen gleichzeitig zur Verfügung gestellt werden. Dabei wird der Nutzer bei der Durchführung einer vorab festgelegten Aufgabe durch das Zusammenspiel mehrerer Funktionen umfassend unterstützt. Beispielhaft sind hier Installationsassistenten von Software oder die Bündelung von Funktionen bei Smartphones zu nennen. Die komplexeste Klasse von Assistenz bietet dem Nutzer zielgerichtete Unterstützung bei der Durchführung der durchzuführenden Aufgabe. Das System versucht auf Basis bereits erledigter Handlungen geeignete Schritte zur Lösung der Aufgabe vorzuschlagen. Hier werden als Beispiel Onlinehilfen für Softwaresysteme genannt [Wa2005; Lu2015, S.6-10].

Neben den verschiedenen Stufen in Abhängigkeit des Autonomiegrads, lassen sich diverse Eigenschaften eines Assistenzsystems ableiten. Eine wichtige Eigenschaft umfasst die Interaktivität. Dadurch kann der Nutzer mit dem Assistenzsystem durch eine Eingabe in Interaktion treten. Hierbei ist bei der Umsetzung eines Assistenzsystems eine möglichst intuitive Interaktion zwischen Mensch und Maschine notwendig [Lu2015, S.16-24; Te+2017]. Darüber hinaus können Assistenzsystem auftretende Fehler während der Nutzung identifizieren und bei Bedarf den Fehler beheben. Somit können Assistenzsysteme Diagnose- sowie Korrekturfähigkeit umfassen [Lu2015, S.24–30.; SR2019, S.202]. Folglich besteht das Ziel den Nutzer, auch in selten auftretenden Situationen, umfassend zu unterstützen. Dafür besteht die Notwendigkeit, dass sich ein Assistenzsystem auf veränderte Situationen flexibel anpassen kann. Eine Möglichkeit zur Assistenz kann hier z. B. durch eine kamerabasierte Erkennung von Objekten und sowie relevanten Arbeitsschritte ermöglicht werden [GSL2014, S.535].

All die Eigenschaften eines Assistenzsystems haben gemeinsam, dass das System dem Menschen die relevanten Informationen zur Ausführung der Tätigkeit in einer gewissen Art und Weise verständlich erklärt. Neben dem Aufzeigen und dem Erklären von Informationen, können Assistenzsysteme dem Nutzer Unterstützung bei dem Treffen von Entscheidungen mit Hilfe von Handlungsalternativen bieten. Für den Entscheidungsprozess umfasst das Assistenzsystem drei Aufgaben. Zunächst wird die Entscheidung vorbereitet, indem die Gegebenheiten identifiziert werden und Alternativen zur Auswahl bereitgestellt werden. Darauf aufbauend wird die Entscheidung durch die Auswahl einer Alternative getroffen. Abschließend erfolgt die Entscheidungsausführung [Bl+2009, S.242]. Zusammenfassend können die Systeme aufgrund vorhandener Techniken eine Untersuchung der Gegebenheiten sowie eine mögliche Voraussage veranlassen.

In der Literatur lassen sich eine Vielzahl an Assistenzsystemen auffinden. Möglichkeiten der Differenzierung können z. B. nach dem Einsatzzweck mit diversen Nutzern oder das Ausmaß der Arbeitsverteilung zwischen Mensch und Maschine sein. Im Bereich der Entscheidungsunterstützung existieren verschiedene Assistenzsysteme. Hier unterscheiden sich die Assistenzsysteme vor allem in der Art der Entscheidungsunterstützung. Beispielhaft kann das Assistenzsystem dem Nutzer verschiedene Alternativen zur Verfügung stellen, indem die vorliegenden Daten in Entscheidungsalternativen umgewandelt werden. Weitere Arten von Systemen ermöglichen die Bewertung sowie die Auswahl von Handlungsalternativen, die Überwachung im Hinblick auf die Zieleinhaltung oder das Kontrollieren der Ausführungen. Innerhalb der verschiedenen Stufen lassen sich unterschiedliche Ausmaße der Arbeitsverteilung zwischen Mensch und Maschine ableiten. Hier ergeben sich verschiedene Kombinationsmöglichkeiten mit einer steigenden Zunahme der maschinellen Unterstützung. Auf den niedrigen Stufen überwiegt der menschliche Anteil im Vergleich zu den Aufgaben der Maschine. So kann z. B. die Maschine nur im geringen Ausmaß unterstützen und der Mensch übernimmt den Hauptanteil der auszuführenden Tätigkeit. Bis zu dem Erreichen der letzten Stufe, nimmt der Anteil der Maschine kontinuierlich zu und der Anteil der menschlichen Aufgabenausführung kontinuierlich ab. Hier existiert eine vollständige Automatisierung [HT2002, S.48; Bl+2009, S.243–245].

Eine weitere Möglichkeit der Klassifizierung ist nach den eingesetzten Endgeräten, wie bei mobilen Assistenzsystemen. *Mobile Assistenzsysteme* zeichnen sich vor allem durch den Einsatz mobiler informationstechnischer Geräte aus [Te+2017, S.582]. Somit umfasst das System als eine Einheit alle benötigten Software- und Hardwarekomponenten, um eine mobile Assistenz und damit mobile Anwendungen zu ermöglichen [Tü2009, S.12].

Somit umfassen die Systeme mobile oder am Körper getragene Endgeräte, um mittels der dazugehörigen Software die vorab festgelegte Anwendung im industriellen Umfeld zu ermöglichen. Die Kombination von sowohl Hardware als auch Software in einem Assistenzsystem ist die zentrale Unterscheidung zu reinen Softwareassistenzen. Die möglichen Ausführungen zu Softwareassistenzen wurden u. a. anhand den verschiedenen Stufen von Assistenz in Abhängigkeit des Autonomiegrads aufgezeigt und werden im Folgenden nicht näher betrachtet. Mobile Assistenzsysteme können die oben aufgezeigten Funktionalitäten herbeiführen. Somit können die Systeme u. a. dem Nutzer relevante Informationen echtzeitnah aufbereiten, Unterstützung bei Entscheidungen ermöglichen sowie Anweisungen für die auszuführende Tätigkeit veranlassen [Ni2017, S.5f.; Bl+2009, S.6f.].

Dabei liegt der Fokus stets darauf, dass die Funktionalitäten mobil und nicht an einen spezifischen Ort gebunden angewendet werden können. Dies wird vor allem durch den Einsatz mobiler Endgeräte herbeigeführt. Ein Vorteil mobiler Endgeräte liegt somit darin, dass sie aufgrund der Bauform und der Maße von dem Nutzer einfach transportiert oder am Körper getragen werden können. Dies führt dazu, dass der Nutzer die Geräte nahezu an jedem Anwendungsort einsetzen kann. Es existiert eine große Vielzahl an unterschiedlichen, mobilen Endgeräten, welche bei mobilen Assistenzsysteme eingesetzt werden können. Zu den Geräten zählen z. B. Smartphones, Tablets, sogenannte Handhelds, Smartwatches oder auch am Kopf getragene Geräte, wie z. B. Head-Mounted Displays (HMD). Alle Geräte haben die Gemeinsamkeit, dass sie klein, leicht, universell einsetzbar sind und sich inzwischen durch eine hohe Leistungsfähigkeit und Rechnerkapazität auszeichnen, um als mobiles Assistenzsystem zu dienen [CKW2013; Te+2017, S.582]. Auch hier können die zugrundeliegenden Informationen so aufbereitet und angezeigt werden, dass die Kommunikation mittels dem Seh-, Hör- oder dem taktilen Reiz stattfindet [Ni2017, S.5].

Für einen erfolgreichen Einsatz von mobilen Assistenzsystemen im produktiven Umfeld bestehen diverse Anforderungen. Zunächst sollen die Bereitstellung und die Nutzung vorhandener Informationen durch das Assistenzsystem intuitiv gestaltet sein. Dabei kann eine Interaktion selbsterklärend sein, wenn die Verwendung des Assistenzsystems analog der bereits erlernten Nutzung von realen Objekten ist [GSL2014, S.529; Hu2016]. In diesem Zusammenhang ist von Bedeutung, dass aufgrund der steigenden Informationsflut eine leicht verständliche Visualisierung der vorhandenen Daten stattfindet und dadurch in vereinfachter Form dem Mitarbeiter zur Verfügung gestellt werden kann [GSL2014, S.528f.; Jo+2017]. In diesem Zusammenhang ist es wichtig, dass eine zeitnahe Übermittlung der Echtzeitinformationen der realen Fabrik auf mobilen Endgeräten stattfindet, d. h. die richtigen Informationen müssen zum richtigen Zeitpunkt den verantwortlichen Personen zur Verfügung gestellt werden [Hu2016, S.70 u. S.78]. Trotz des Einsatzes von mobilen Endgeräten und damit die universelle Unterstützung des Assistenzsystems, ist bei der Entwicklung darauf zu achten, dass produktionsrelevante Gegebenheiten, wie z. B. die Arbeitssicherheit, mit einbezogen werden [GSL2014, S.529].

Um innerhalb der Intralogistik die Interaktion von Mensch und Maschine herbeizuführen und damit eine Schnittstelle zu bilden, können mobile Assistenzsysteme mit mobilen Endgeräten in Verbindung mit AR als Basistechnologie sein [GSL2014, S.528; Jo+2017, S.153]. Dabei werden im Folgenden ausschließlich mobile Assistenzsysteme, welche in einem sowohl Hardware als auch die Software umfassen, betrachtet. Die Kombination der mobilen Hardware mit der dazugehörigen Software soll den Nutzer umfassend bei seiner Tätigkeit assistieren. Solche Assistenzsysteme mit der Basistechnologie AR sollen in Zukunft durch die zielgerechte Darstellung von Informationen der steigenden Komplexität in der Logistik entgegenwirken [Hu2016, S.78f.]. Ausgehend davon wird im nächsten Kapitel näher das Themenfeld Mixed Reality (MR), insbesondere AR, betrachtet.

2.3 Augmented Reality

In diesem Unterkapitel erfolgt eine nähere Betrachtung der Technologie Augmented Reality (AR), bzw. der erweiterten Realität. Im Folgenden wird zunächst der Begriff MR näher definiert und von Formen der virtuellen Realität abgegrenzt. Basierend darauf werden die Komponenten eines AR-Systems aufgezeigt und die Begrifflichkeiten Tracking, Registrierung und Darstellung erläutert.

2.3.1 Grundverständnis und Einordnung der Mixed Reality

Für ein umfassendes Verständnis von AR sowie eine begriffliche Abgrenzung zu weiteren virtuellen Technologien, wird zunächst das *Realitäts-Virtualitäts-Kontinuum* näher betrachtet [Mi+1994; MK1994]. Das Kontinuum, welches in Abbildung 5 dargestellt ist, wird durch die beiden Extreme Realität und Virtualität begrenzt. Das Extrem auf der linken Seite beschreibt die vollkommene Realität, in welcher keine virtuellen Inhalte vorhanden sind. Dahingegen befindet sich auf der rechten Seite das gegenteilige Extrem, die vollkommene Virtualität. Zwischen diesen beiden Extremen lassen sich jegliche Kombinationen der realen und der virtuellen Welt unter dem Oberbegriff *Mixed Reality* einordnen. Ausgehend von dem Extrem der Realität steigt der Anteil an Virtualität mit abnehmender Realität. Eine mögliche Kombination ist AR. AR befindet sich auf dem Kontinuum näher bei der Realität, wobei die reale Welt durch dreidimensionale virtuelle Elemente erweitert wird. Dahingegen überwiegt bei Augmented Virtuality der Anteil an Virtualität bei gleichzeitigem Vorhandensein einzelner realer Elemente. Bei einer vollkommen Virtualität ist die Ausprägung Virtual Reality vorhanden [Mi+1994; MK1994; Dö+2019, S.13f. u. S. 21-24].

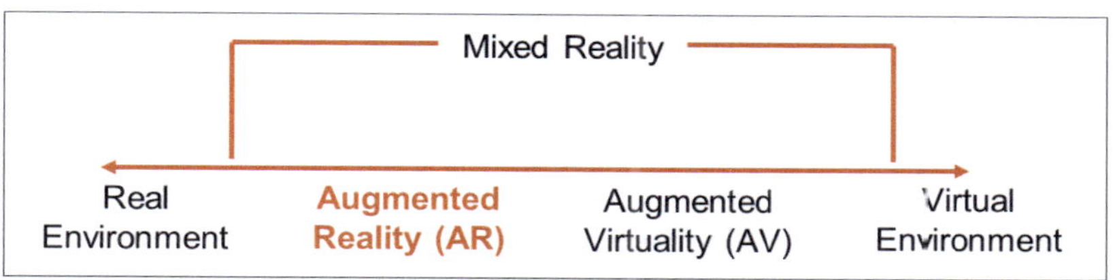

Abbildung 5 Realitäts-Virtualitäts Kontinuum in Anlehnung an [Mi+1994; MK1994]

Virtual Reality (VR) unterliegt einer steigenden Bekanntheit. Neben dem Einsatz in der Gaming-Szene findet die Technologie aufgrund ihrer Vielfältigkeit auch in dem industriellen Umfeld vermehrt Anwendung. Auf dem Markt lässt sich auf Basis des rasanten Entwicklungsfortschritts zunehmend entsprechende Hardware für die breite Bevölkerung auffinden. Aufgrund der Neuartigkeit und der rasanten Entwicklung lässt sich in der vorhandenen Wissenschaft noch keine übereinstimmende Definition von VR auffinden [Dö+2019, S 13]. Bei VR wird eine 3D-computergenerierte Echtzeitumgebung und damit eine umfassende Simulation erzeugt. Dabei kann die virtuell generierte Welt so umfassend sein, dass sich diese nicht mehr von der Realität unterscheiden lässt. Der Nutzer taucht in eine nachgebildete virtuelle Umgebung ein und wird dabei von der realen Welt abgeschirmt. Dies bedeutet, dass bei VR u. a. die reale Umwelt nicht mehr wahrgenommen wird. Ein zentrales Merkmal von VR ist die Immersion [Dö+2019, S.13–15]. Das Ziel besteht darin, die Sinneseindrücke durch eine computergenierte Umgebung zu beeinflussen und damit eine Isolation der realen Außenwelt zu schaffen. Dabei kann neben der visuellen Wahrnehmung auch die auditive und taktile Wahrnehmung angesprochen werden. Um ein immersives Erlebnis zu ermöglichen, kann z. B. am Kopf getragene Hardware eingesetzt werden. Die Hardware umfasst dabei das komplette Sichtfeld des Anwenders [SW1997; Dö+2019, S.15].

Für die Generierung einer virtuellen Welt kommen VR-Systeme zum Einsatz, welche eine Kombination aus erforderlichen Hardware- und Softwarekomponenten umfassen. Bei VR-Systemen liegt die Besonderheit bei den Ein- und Ausgaberäten. Diese Geräte trägt der Anwender wie eine Brille am Kopf. Beispielhaft zählen hierzu die HMDs und die dazu entsprechenden Datenhandschuhe oder Controller [Dö+2019, S.13–15 u. S.29f.]. Die Geburtsstunde der HMDs lässt sich auf das Jahr 1968 zurückführen. *Sutherland* entwickelte damals das erste HMD. Er ermöglichte damit dem Anwender erstmalig das Eintauchen in eine virtuelle 3D-Welt in Abhängigkeit des eigenen Blickwickels [Su1968; Tö2010, S.3]. Aufgrund der Visualisierung von Echtzeit-Computergraphiken und dem Vorhandensein von 3D-Inhalten, sind an dieser Stelle 3D-Displays notwendig. Für eine mögliche Interaktion mit den 3D-Inhalten im virtuellen Raum und der damit einhergehenden sensorischen Rückmeldung, besteht der Bedarf an entsprechenden Eingabegeräten. Dabei können die Position und die Orientierung der Geräte in Echtzeit verfolgt werden. Dies wird als Tracking bezeichnet. Ein weiteres charakteristisches Merkmal von VR ist die blickpunktabhängige Bildgenerierung. Unabhängig davon in welche Richtung der Anwender sich dreht oder bewegt, passt sich die 3D-Welt automatisch an die neue Perspektive an [Dö+2019, S.14–16].

Neben der vollkommenen Virtualität ist eine weitere, mögliche Kombination der MR die erweiterte Virtualität, *Augmented Virtuality*. Der Nutzer befindet sich in einer überwiegend virtuellen Welt, wobei einzelne Elemente aus der Realität vorhanden sind [Mi+1994; Tö2010, S.2].

Eine weitere Ausprägung der MR ist *Augmented Reality*. Hier ist ein hoher Anteil der Realität vorhanden, wobei diese durch dreidimensionale virtuelle Elemente erweitert wird. In der wissenschaftlichen Literatur liegt eine Vielzahl an unterschiedlichen Definitionen zu dem Begriffsverständnis von AR vor. Vermehrt beziehen sich die Definitionen auf einen vorgegeben Systemaufbau oder auf die Nutzung bestimmter Hardware [MC1999].

In der Wissenschaft hat sich die Definition nach *Azuma* aus dem Jahr 1997 weitestgehend durchgesetzt: „Augmented Reality (AR) is a variation of Virtual Environments (VE), or Virtual Reality as it is more commonly called. VE technologies completely immerse a user inside a synthetic environment. While immersed, the user cannot see the real world around him. In contrast, AR allows the user to see the real world, with virtual objects superimposed upon or composited with the real world. Therefore, AR supplements reality, rather than completely replacing it“ [Az1997, S.2]. Dabei lässt sich AR nach den drei folgenden Kriterien charakterisieren:

- AR kombiniert reale und virtuelle Objekte in einer realen Umgebung,
- AR ermöglicht eine Interaktion in Echtzeit,
- AR richtet reale und virtuelle Objekte zueinander aus [Az+2001; Az1997].

Unter AR wird die Erweiterung der realen Welt durch virtuell computergenerierte Objekte verstanden, welche scheinbar realistisch in die reale Welt eingefügt werden [Dö+2019, S.21]. Dabei ist das Verständnis nach *Azuma* unabhängig von der genutzten Technologie zu verstehen und beschränkt sich auf keine bestimmten Ausgabegeräte, wie z. B. HMDs, Smartphones oder Tablets [Az+2001]. Darüber hinaus sind die drei Kriterien für alle sensorischen Wahrnehmungssinne, wie der auditiven, taktilen, olfaktorischen, gustatorischen oder visuellen Wahrnehmung, gültig [Dö+2019, S.21].

In der Populärwissenschaft lassen sich vermehrt AR-Anwendungen auffinden, welche lediglich das erste Kriterium nach *Azuma* aufweisen. Hier wird ausschließlich die Realität durch virtuelle Objekte angereichert. Die Interaktion in Echtzeit sowie die Ausrichtung der virtuellen und realen Objekte zueinander werden nicht betrachtet. Dabei wird in diesem Verständnis unter AR das Einblenden von virtuellen, statischen Inhalten in das Blickfeld des Nutzers, wie z. B. reine Textinformationen, Bilder- oder Videosequenzen ohne Bezug zur Realität, verstanden. Dazu zählt u. a. auch der Einsatz von Smart Glasses, welche keinen räumlichen Bezug zur Realität darstellen [MSR2014,S.9-11; Dö+2019, S.21].

Für die Realisierung von AR wird auf ein AR-System zurückgegriffen, welches das Zusammenspiel der einzelnen Komponenten Darstellung, Tracking und Interaktion umfasst [Tö2010, S.4f.]. In Abbildung 6 ist das für diese Arbeit gültige AR-System abgebildet. Laut *Dörner et al.* ist „ein AR-System [...] ein Computersystem, das aus geeigneter Hardware und Software besteht, um die Wahrnehmung der realen Welt möglichst nahtlos und für den Nutzer möglichst ununterscheidbar um virtuelle Inhalte anzureichern“ [Dö+2019, S.32]. An dieser Stelle erfolgt exemplarisch das Zusammenspiel der Komponenten, worauf aufbauend in den folgenden Teilen näher auf das Tracking und die Darstellung eingegangen wird. In einem ersten Schritt wird zunächst mit Hilfe einer Kamera eine Videoaufnahme der zu augmentierenden Umgebung durchgeführt. Dazu können diverse Kameras eingesetzt werden. Auf Basis einer räumlichen Transformation erfolgt das *Tracking* und *die Registrierung*. Hierbei wird die genaue Bestimmung der Position und der Orientierung von Objekten im Raum definiert. Ein wichtiger Punkt dabei ist, dass virtuelle Elemente in der realen Welt so verankert sind, dass diese als Teil der Realität erscheinen. Nach der Berechnung der Position und der Orientierung folgt die perspektivisch korrekte *Darstellung.* Hier werden die 3D-Objekte auf eine 2D-Bildebene projiziert. Dieser Prozess wird als Rendering bezeichnet. Die neue Szene, d. h. ein Bild der realen Welt angereichert mit digitalen Elementen, wird auf einem Display ausgegeben [Br2019b, S.317 u. S.325-329]. Die letzte Komponente *Interaktion* bezieht sich auf das Begriffsverständnis von *Azuma* [Az+2001] und zwar, dass mittels AR eine Interaktion in Echtzeit notwendig ist. Hierzu zählen z. B. die Selektion und die Manipulation der virtuellen Objekte.

Damit ein Nutzer die virtuellen Elemente auswählen oder verändern kann, existieren diverse Möglichkeiten zur Eingabe [Tö2010, S.95f. u. S.106-114]. Dabei sind diese von der ausführenden Interaktion abhängig und lassen sich in verschiedene Geräte unterteilen [Az+2001]. Beispielhaft ist es möglich, auf einem Smartphone mittels eines Touchscreens mit der augmentierten Realität zu interagieren. Es kommen u. a. Tipp- und Wischbewegungen zum Einsatz. Darüber hinaus besteht die Möglichkeit der Eingabe, bei dem Vorhandensein von Mikrofonen, mittels Sprache. Die auf dem Markt vorhandenen Geräte, wie z. B. Smartphones oder Datenbrillen, beinhalten in einem die Ein- sowie Ausgabe oder umfassen ein ganzes AR-System [Tö2010, S.96–106; Dö+2019, S.33].

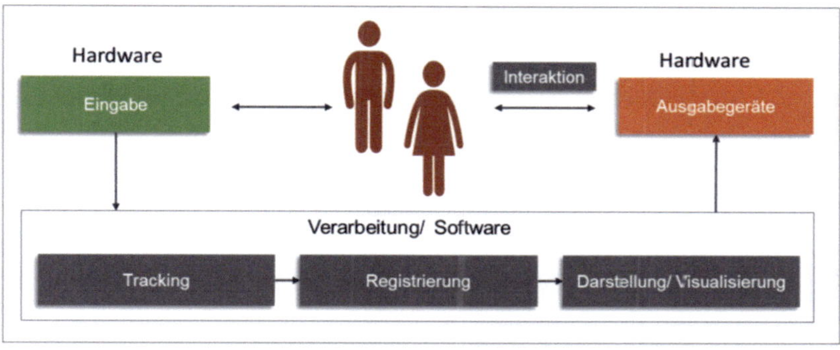

Abbildung 6: Aufbau eines AR-Systems in Anlehnung an [Dö+2019, S. 34]

Diese Arbeit beschränkt sich auf das visuelle AR-Verständnis. Weitere Sinneswahrnehmungen werden hier nicht näher weitererfolgt. Dabei werden ausschließlich AR-Anwendungen betrachtet, welche sich an der Definition von *Azuma* orientieren. Somit wird unter AR die Kombination von realen und virtuellen Objekten und eine 3D-Registrierung bei einer gleichzeitigen Interaktion in Echtzeit verstanden. Jegliche Ausgabegeräte, welche AR nach diesem Verständnis nicht realisieren können, werden nicht näher betrachtet.

2.3.2 Tracking und Registrierung

Für die Vollständigkeit des AR-Systems spielen neben der Darstellung und der Interaktion das Tracking und die Registrierung eine bedeutsame Rolle, welche im folgenden Teil näher betrachtet werden. Tracking wird benötigt, um die Position und die Orientierung eines Objektes im realen Raum jederzeit zu bestimmen [Tö2010, S.4f. u. S.43; RDB2001]. Dabei kann die Bewegung des Objektes in eine Position (translatorisch) und eine Orientierung (rotatorische) auf Basis von 6 Freiheitsgraden (Degrees of Freedom (DOF)) spezifiziert werden. Das Ziel eines Trackingsystems besteht darin, die Position und die Orientierung des Nutzers in Bezug auf die virtuellen Elemente in allen sechs DOF zu bestimmen [Gr+2019a, S.119f.]. Die Kombination von Position und Orientierung wird als *Pose* bezeichnet [Tö2010, S.46].

Nachdem durch das Tracking die Pose festlegt wird, findet die Registrierung Anwendung. Wie bereits in Kapitel 2.3.1 beschrieben, beinhaltet das Begriffsverständnis von AR nach *Azuma* das Kriterium, dass AR reale und virtuelle Objekte zueinander ausgerichtet sind. Damit wird unter Registrierung das perspektivisch korrekte Einblenden virtueller Elemente in die reale Welt, unabhängig der Blickrichtung des Nutzers, verstanden. Die virtuellen Inhalte sollen so in der Realität verankert werden, dass sie als Teil der realen Umwelt erscheinen. Für die Umsetzung müssen die jeweiligen Koordinatensysteme[5] in Beziehung zueinander gesetzt werden. So wird eine korrekte Überlagerung der virtuellen Elemente in der Realität ermöglicht [Tö2010, S.13f. u. S.60; Br2019b, S.317 u. S.325-329; Bl2019, S.24–26].

---

[5] Nähere Informationen dazu in: [Bl2019, S.24 ff.].

Die vorhandenen Trackingsysteme lassen sich in die zwei Prinzipien *Inside-Out-Tracking* und *Outside-In-Tracking* unterscheiden. Das *Outside-In-Tracking* generiert die Trackingdaten durch ein aktives System, welches in der Umgebung angebracht ist. Dabei kann das Objekt die Pose nicht eigenverantwortlich bestimmen, sondern die Pose wird von außen durch Sensoren ermittelt. Beispielhaft wird hier ein Raum mit festinstallierten Kameras ausgestattet, welche ein passives Objekt von außen tracken [Tö2010, S.58f.; Gr+2019a, S.124 u. S.130f.]. Bei AR findet vermehrt das Prinzip *Inside-Out-Tracking* Anwendung. Hier kommen passive Tracker zum Einsatz, welche im Vergleich zu aktiven Systemen kostengünstiger sind.

Bei Inside-Out Tracking ermittelt das bewegende Objekt die Trackinginformationen selbst, indem z. B. Sender oder Marker im Raum installiert werden. Beispielhaft ist hier das Markertracking zu nennen. Hier wird durch eine Bewegung der Kamera im Raum auf Basis der zuvor platzierten Marker die Pose generiert [Tö2010, S.58f.; MSR2014, S.26f.]. Aus Basis der Trackingprinzipien lassen sich nicht-optische und optische Verfahren ableiten, welche in Abbildung 7 zusammengefasst sind und im Folgenden näher betrachtet werden [Tö2010, S.44–60; MSR2014, S.26-36]. In der vorhandenen Literatur gibt es eine Vielzahl an unterschiedlichen Methoden, wobei dieser Teil lediglich einen Einblick in die bestehenden Methoden gewährt und nicht die Vollständigkeit aller Trackingmethoden anstrebt.

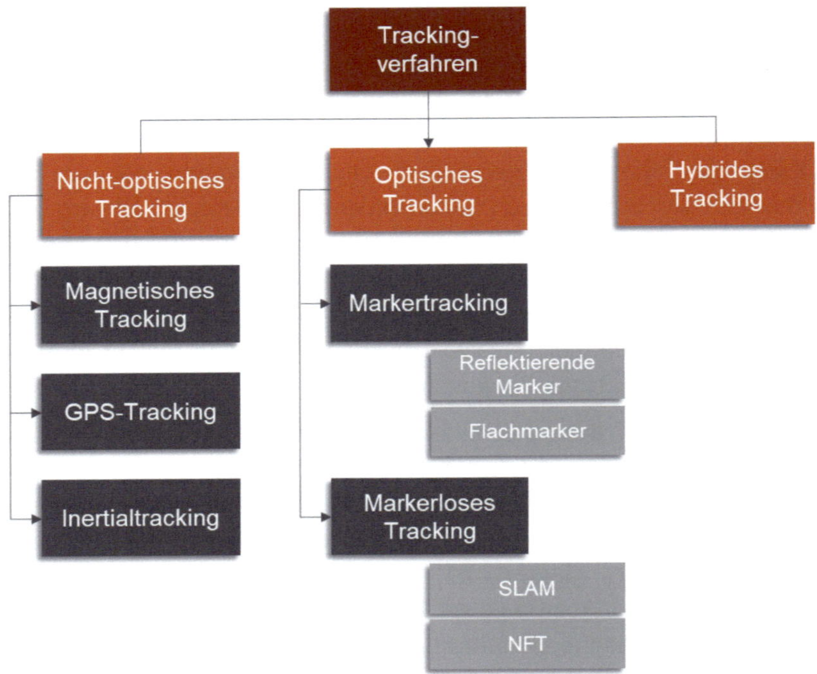

Abbildung 7: Übersicht Trackingverfahren (eigene Darstellung)

Nicht-optisches Tracking

Eine Möglichkeit um das Tracking zu ermöglichen, stellen Magnetfelder bei dem *magnetischen Tracking* dar. Mit den dazugehörigen Richtungsvektoren kann auf Basis von Magnettrackern die Pose des Nutzers bestimmt werden [RDB2001; Tö2010, S.53f.]. Die Magnetfelder lassen sich zum einen in das Erdmagnetfeld und zum anderen in künstliche Magnetfelder unterteilen. Bei dem Erdmagnetfeld lassen sich durch vorhandene Sensoren zwei DOF bestimmen. Problematisch dabei ist, dass diese Sensoren durch äußere Einflüsse, wie z. B. elektromagnetische Felder in Innenräumen, leicht gestört werden [Gr+2019a, S.125f.].

Für eine mögliche Anwendung im Innenbereich können künstliche Magnetfelder mit verschiedenen Messverfahren aufgebaut werden. Dadurch lassen sich mehrere DOF und folglich eine exakte Position bestimmen. Der Vorteil des magnetischen Trackings liegt vor allem darin, dass bestehende Einschränkungen im Sichtfeld, bzw. Verdeckungen des Senders oder Empfängers, keinen Einfluss auf die Performance des Systems haben. Dahingegen besteht ein Nachteil darin, dass das Trackingsystem anfällig gegenüber elektromagnetischen Feldern und magnetischen Materialien ist [Tö2010, S.53f.; Gr+2019a, S.125f.]. Ein weiterer Nachteil ist, dass die Stärke des Magnetfelds mit zunehmender Entfernung des Empfängers abnimmt. Dadurch wird der vorhandene Nutzungsraum von AR flächenmäßig eingeschränkt [RDB2001].

Global Positioning System (GPS) ist eines der bekanntesten laufzeitbasierten Trackingverfahren. Bei laufzeitbasiertem Tracking erhalten Empfängergeräte Signale von mehreren Sendern. Auf Basis der bestehenden Laufzeit zwischen dem jeweiligen Sender und dem Empfänger wird die jeweilige Position berechnet. Darauf basiert ebenso das satellitengestützte Trackingsystem mit GPS. Durch den Empfang von mindestens drei Satelliten und die Berechnung der jeweiligen Ankunftszeit, kann die Position des Nutzers bestimmt werden. Durch den Empfang eines weiteren vierten Satelliten kann u. a. auch die Bewegungsrichtung des Nutzers berechnet werden. Hierbei handelt es sich um ein grobes Trackingverfahren, da die erzielte Genauigkeit in der Größenordnung von mehreren Metern liegen kann [RDB2001; Tö2010, S.54f.].

Aufgrund der Fähigkeit von Smartphones und Tablets GPS zu empfangen, ermöglicht diese Trackingmethode mobile AR Anwendungen im Außenbereich. Dennoch kann die Nutzung z. B. in Innenstädten problematisch sein. Hochhäuser oder enge Straßen können eine freie Sicht auf die Satelliten verhindern. Die Einschränkung der Sicht auf die Satelliten besteht ebenso innerhalb von Gebäuden.

Damit ist es meist nicht möglich das Trackingverfahren für Indoor-Anwendungen zu nutzen. Um die Genauigkeit mittels GPS zu erhöhen, gibt es verschiedene Differenzierungsmethoden, wie z. B. der Einsatz von zusätzlichen Messstationen auf der Erde [Tö2010, S.54f.; Gr+2019a, S.130f.].

Auch das *Inertialtracking* basiert auf Sensoren und zwar auf Trägheitssensoren, auf welches das *Inertial Navigation System* aufgebaut wird. Ausgehend von den Sensoren wird die dazugehörige Geschwindigkeit und Beschleunigung gemessen, wodurch die Position und die Orientierung relativ zum Ausgangspunkt bestimmt werden. Die Trägheitssensoren lassen sich zum einen in die Inertialsensoren und zum anderen in die Gyrosensoren unterscheiden. Neben den Sensoren kann bei Bedarf die bauliche Integration von Magnetometern erfolgen. Alle Sensoren zusammen bilden eine *Inertial Measurement Unit* [MSR2014, S.26; Gr+2019a, S.126f.]. Die Inertialsensoren dienen der Bestimmung der relativen Position und die Gyrosensoren der zur Winkelberechnung. Ein Nachteil des Inertialtrackings besteht darin, dass im Laufe der Zeit ein Drift der zugrundeliegenden Daten entsteht, da kein fester Ausgangspunkt existiert [Tö2010, S.53]. Ein Vorteil ist, dass heutzutage die meisten Smartphones und Tablets mit den Sensoren ausgestattet sind und diese dadurch eine gute Lageschätzung ermöglichen [Br2019b, S.317]. Darüber hinaus ist ein weiterer Vorteil, dass kein freies Blickfeld in die Umgebung gegeben sein muss [Tü2009, S.14].

Weitere nicht-optische Trackingmethoden auf Basis von Sensoren können z. B. Ultraschallsensoren oder optoelektronische Sensoren sein. Bei Ultraschallsensoren wird die Position auf Basis der Laufzeit von Ultraschallwellen bestimmt. Nichtsichtbares Licht, wie z. B. Infrarot, kommen bei einer Messung mit optoelektronische Sensoren zum Einsatz [MSR2014, S.26].

Optisches Tracking

Aufgrund vorteilhafter Eigenschaften und einfacher Verfügbarkeit wird das optische Tracking im Vergleich zu den anderen Trackingverfahren vermehrt eingesetzt. Geringe Anforderungen an die Hardware, eine verbesserte Rechenleistung sowie Allgegenwärtigkeit von Smartphones und Tablets, führen dazu, dass diese flexible Trackingmethode vermehrt Einsatz findet [Gr+2019a, S.130; Dö+2019, S.33]. Das optische Tracking basiert auf dem Prinzip der Bildverarbeitung von Kameramodellen. Durch eine Videoaufnahme und anschließender Extraktion relevanter Bildinformationen kann die Position und die Orientierung der Objekte bestimmt werden. Dabei kommen unterschiedliche Verfahren zum Einsatz. Hierzu zählt zum einen das markerbasierte Tracking und zum anderen das markerlose Tracking [MSR2014, S.27; Gr+2019a, S.130].

Markertracking ist ein beliebtes Instrument des Trackings und findet bei vielen AR-Anwendungen Einsatz [Gr+2019a, S.131 u. S.135; SMZ2020]. Dabei werden die künstlichen Marker, 2D oder 3D, in der realen Welt an das zu trackende Objekt fest platziert. Die Position und die Orientierung der Objekte werden relativ zur Kamera bestimmt. Zeitgleich ist es möglich, die Marker auf bewegende Objekte oder Personen zu platzieren, so dass eine Position relativ zu einer festen oder sich bewegenden Kamera berechnet wird [OXM2002; MSR2014,S.27-34]. *Owen et al.* haben eine Anzahl charakteristischer Merkmale eines Markers zusammengefasst. Beispielhaft hierfür ist, dass Marker über weite Entfernungen von Kameras erfasst werden oder dass die zu trackenden Marker mit einfachen Algorithmen leicht zu identifizieren und lokalisieren sind [OXM2002]. Es werden zwei Arten von Markern unterschieden, reflektierende Marker und Flachmarker [Tö2010, S.45; Gr+2019a, S.131]. Bei *reflektierenden Markern* kommen meist Kugeln, bestehend aus retroreflektivem Material, sowie zwei Kameras mit Blitzfunktion zum Einsatz. Damit eine Positionsberechnung, auf Basis des aufgenommenen Bildes im Raum erfolgen kann, muss die Lage der Kameras zueinander bekannt sein. Diese wird mit Hilfe einer Raumkalibrierung bestimmt. Für die Bestimmung der Orientierung können mehrere Kugeln zusammengesetzt werden. Ein Vorteil von reflektierenden Markern liegt darin, dass diese störungsfrei gegenüber Magnetfeldern sind. Dahingegen liegt die Schwachstelle der Marker darin, dass die Kugel sowie die Kameras nicht verdeckt sein dürfen [Tö2010, S.45–47].

Eine weitere Möglichkeit sind *Flachmarker*. Flachmarker zeichnen sich meist durch ein Schwarz-Weiß-Muster aus und sind rechteckig, quadratisch oder rund. Die 2D-Marker werden durch einen schwarzen oder weißen Bereich umrandet. Die Form und die Größe müssen vor dem Tracking festgelegt werden. In Abbildung 8 sind verschiedene Flachmarker abgebildet [Gr+2019a, S.135]. Damit die Position und die Orientierung bestimmt werden kann, wird zunächst ein Videobild aufgenommen. Auf Basis von Farb- und Helligkeitswerten wird in dem Bild nach bekannten Kanten gesucht. Ausgehend von den identifizierten Kanten lassen sich die Eckpunkte des Bildes ermitteln und dadurch die Position und die Orientierung der Kamera zum Marker festlegen. Die Ermittlung der Rotation um die vertikale Achse erfolgt auf Basis des Musters im Innenbereich. Die Bestimmung der 3D-Lage des Flachmarkers erfolgt durch die Berechnung der Entfernung zum Marker. Dafür muss die Länge der Kanten bekannt sind [Tö2010, S.48].

Abbildung 8: Übersicht Flachmarker [Gr+2019b, S.135]

Ein Vorteil des markerbasierten Trackings ist, dass es sich um eine kostengünstige Methode handelt. Die Marker sind per Ausdruck schnell verfügbar und können an etliche Objekte angebracht werden. Somit können viele Orte und Objekte durch die eindeutige Identifizierung effizient getrackt werden [WS2007; Gr+2019a, S.136]. Ein Nachteil des Systems liegt in dem Anbringen der Marker und den dadurch zusätzlich entstehenden Rüstaufwand. Das direkte Anbringen der Marker auf dem Objekt kann ein Störfaktor bei der Augmentierung sein, da der Marker sich im Blickfeld befindet [Gr+2019a, S.136]. Ferner spielt die Beleuchtung sowie das Sichtfeld eine Rolle. Die Marker dürfen nicht verdeckt werden und müssen von der Kamera gesamtheitlich erfasst werden [Tö2010, S.49]. Auf dem vorhandenen Markt existieren mehrere Trackingsysteme für Flachmarker [Gr+2019a, S.135]. Beispielhaft sind hier *ARToolkit* von *Kato und Billinghurst* [KB1999], *ARTag* [Fi2005] von sowie *ARToolkitplus* [WS2007] zu nennen.

Markerloses Tracking

Die Verwendung von Markern eignet sich aufgrund dem zusätzlichen Anbringen der Marker nicht für alle AR-Anwendungen. Dies führt dazu, dass vermehrt *markerloses Tracking* Anwendung findet. Dazu zählt z. B. das Natural Featuretracking sowie die Berechnung mittels Simultaneous Localization and Mapping Algorithmen [SMZ2020]. In der vorhandenen Literatur existiert eine Vielzahl an Methoden für das markerlose Tracking. Hier kommen vorhandene Merkmale, sogenannte Features, zum Einsatz. Auf Basis der Features wird die Pose bestimmt. Dieses Vorgehen basiert auf Computer-Vision Algorithmen. Dabei können verschiedene geometrische Merkmale für das Tracking genutzt werden, wie z. B. vorhandene Punkte, Ecken, Kanten oder 3D-Modelle des zu trackenden Objektes. Somit liegen dem Trackingsystem bereits Informationen über die Umgebung vor.

Auf Basis der Informationen wird ein robustes Tracking ermöglicht [Co+2006; Tö2010, S.51].

Eine Möglichkeit ist das *Natural Featuretracking* (NFT). Hier werden die entsprechenden Features durch vorhandene Detektoren aus dem aufgenommenen Bild extrahiert und im Anschluss mit vorhandenen Geometrien verglichen. Damit werden die Features aus dem Kamerabild in Echtzeit erkannt. Auf Basis der Featurepoints werden die virtuellen Objekte in der Realität berechnet [Gr+2019a, S.140; SMZ2020].

Im Gegensatz zu den vorherigen Verfahren liegt bei *Simultaneous Localization and Mapping* (SLAM) kein Vorwissen über das zu trackende Objekt oder der Umgebung vor [Gr+2019a, S.143f.]. SLAM, als Trackingmethode, wird in der vorhandenen wissenschaftlichen Literatur als die Zukunft des Indoor-Trackings bei AR betitelt und findet vermehrt Betrachtung [SPS2019]. Bei SLAM handelt es sich um ein markerloses Tracking, welches die Umgebung ohne zusätzliche Elemente in der Umgebung erfasst. Dabei handelt es sich um einen Algorithmus, der eine Karte der Umgebung generiert und darin die eigene Lokalisierung ermöglicht [BD2006; Mu+2019]. Der Ansatz wurde ursprünglich für Anwendungen in der Robotik entwickelt. Dieser ermöglicht eine Abschätzung der Echtzeitposition und –Orientierung des Roboters sowie eine autonome Navigation. Die Methode wird auch bei AR eingesetzt. Eine merkmalbasierte Karte, die Featuremap, der Umgebung wird konstruiert. Daraufhin erfolgt eine Schätzung der Echtzeit-Pose der Kamera sowie die Positionierung von Featurepoints. Die Position der Featurepoints wird verwendet, um eine 3D-Punktewolke der unbekannten Umgebung in Echtzeit zu erstellen [BCL2015; SMZ2020]. Die Featuremap wird sukzessiv erstellt, indem die Kamera sich in der Umgebung bewegt. Neue Featurepoints werden mit vorhandenen abgeglichen und werden in der Featuremap verortet. Durch das Erkennen bekannter Features wird die Position der Kamera relativ zu den Featurepoints berechnet. Wichtig hierbei ist, dass neu hinzukommende Featurepoints richtig erkannt und in der

Karte verortet werden, um Messfehler zu reduzieren [Gr+2019a, S.144]. Bereits in 2007 brachten Klein und Murray die Methode *Parallel Tracking and Mapping* zur Schätzung der Kameraposition in einer unbekannten Umgebung hervor [KM2007]. Der Fokus lag dabei auf dem Tracking einer Handheld-Kamera für AR. Dabei unterteilten die Autoren das Tracking der Kamera und den Mappingprozess in zwei separate Teile, welche in einem parallellaufenden Prozess verarbeitet wurden [KM2007]. Darauf aufbauend gibt es diverse Weiterentwicklungen, wie z. B. der ORB-SLAM2, welcher für Monokular-, Stereo- und RGB-D-Kameras angewendet werden kann [MT2017]. Ein Vorteil des SLAM-basierten Trackings besteht darin, dass aufgrund von leistungsfähigen Smartphones und Tablets mobile Indoor AR-Anwendungen ohne zusätzliche Elemente ermöglicht werden können. Darüber hinaus ist eine hohe Genauigkeit der einzublenden Objekte in einer unbekannten Umgebung vorhanden [Mu+2019]. Dahingegend stellen dynamische Objekte, welche ihre Position ändern, eine Herausforderung dar. Dies kann zu Fehlern in dem Trackingprozess führen [Gr+2019a, S.144].

Hybrides Tracking

Um die Nachteile einiger Trackingmethoden mit den Vorteilen weiterer Methoden zu kompensieren, werden bei Bedarf auch hybride Trackingverfahren angewendet. Eine Möglichkeit ist hier z. B. die Anreicherung des markerbasierten Trackings mit GPS-Sensoren und Trägheitssensoren des Inertialtrackings [Az1997; MSR2014, S.27]. Kommt es innerhalb des Markertrackings zu einer Verdeckung des Markers, werden die virtuellen Objekte nicht mehr richtig eingeblendet. Durch die Nutzung von Smartphones und deren integrierte Sensoren können die virtuellen Objekte weiterhin lagerichtig eingeblendet werden [Gr+2019a, S.144f.].

2.3.3 Darstellung virtueller Inhalte

Ein weiterer Teil des AR-Systems ist die Darstellung virtueller Inhalte. Das folgende Unterkapitel untergliedert sich in die zwei für die Darstellung benötigten Komponenten. Dazu zählen zum einen softwaretechnische Elemente zur Erzeugung der 3D-Objekte und zum anderen passende Ausgabegeräte zur Visualisierung der AR-Inhalte [Tö2010, S.7].

Für die Erstellung von 3D-Objekten auf 2D-Bildschirmen sind folgende Grundlagen notwendig. Der Prozess der Darstellung von AR-Objekte wird auch als Rendering bezeichnet. Hier werden 3D-Szenen beschrieben, welche auf eine 2D-Bildebene projiziert werden und die virtuellen Inhalte wiedergeben. Hierzu kommt eine virtuelle Kamera zum Einsatz [Tö2010, S.8; Br2019b, S.317]. Eine virtuelle Kamera umfasst sowohl eine räumliche Transformation als auch Abbildungseigenschaften. Die Abbildungseigenschaften, intrinsische Kameraparameter, spielen eine bedeutsame Rolle bei der Projektion der digitalen Inhalte [Tö2010, S.8 u. S.13].

Bei AR werden die virtuellen Objekte perspektivisch korrekt in das zuvor erstellte Bild überlagert. Damit es nicht zu fehlerhaften Darstellungen kommt, soll der virtuelle Sichtbereich dem tatsächlichen Sichtbereich durch das Ausgabegerät entsprechen. Durch übereinstimmende intrinsische Kameraparameter beider Bereiche kann dies sichergestellt werden [Tö2010, S.8ff.; Br2019b, S.320].

Die vorhandenen Abbildungseigenschaften können sowohl eine Parallelprojektion oder eine perspektivische Projektion auf den 2D-Display sein, wobei letzteres bei AR von Bedeutung ist. Bei der perspektivischen Projektion sammeln sich alle Projektionsstrahlen in dem Nullpunkt der Lochkamera. Für die Darstellung der AR-Inhalte besteht die Notwendigkeit der Projektion des Sichtfeldes auf einen rechteckigen Bildschirm. Dies entspricht der Form einer Pyramide, wobei die Kamera am Nullpunkt positioniert wird.

Zusammengefasst lässt sich die perspektivische Projektion mit einer 4*4 Projektionsmatrix beschreiben und ermöglicht damit die Transformation von Bildkoordinaten in Sensorkoordinaten. Neben der Projektion der virtuellen Objekte auf einem Display besteht der Bedarf diese auch zu platzieren oder zu rotieren. Die räumliche Transformation basiert auf der zuvor durchgeführten Registrierung [Tö2010, S.8ff.].

Diese neue Szene kann auf folgenden Displays ausgegeben werden, indem die Realität mit der Virtualität kombiniert wird. Hierfür existieren verschiedene Prinzipien und zwar das *Optical See-Through* (OST) sowie das *Video See-Through* (VST) Prinzip. Bei dem OST-Prinzip handelt es sich um eine halbdurchsichtige Displayart. Bei dem VST-Prinzip sind sogenannte undurchsichtige Displays vorhanden [Az+2001; Tü2009, S.17f.]. Darüber hinaus existiert das projektionsbasierte AR, wobei die virtuellen Informationen direkt an die zu augmentierenden, realen Objekte projiziert werden. Hier erfolgt die Projektion bspw. nicht über die Oberfläche von HMDs, sondern mit Hilfe von im Raum montierten Projektoren. Vorteilhaft hierbei ist, dass mehrere Nutzer die Projektion zeitgleich sehen können. Dieses Prinzip entspricht nicht dem oben aufgezeigten Verständnis von AR und wird aufgrund dessen an dieser Stelle nicht näher betrachtet [Az+2001; Br2019b, S.322].

Bei OST-Displays schaut der Nutzer durch ein halb transparentes Display, über welches die digitalen Objekte eingeblendet werden. Dabei handelt es sich um semitransparente Projektionen und somit ist der Nutzer bei der Sicht in die reale Welt kaum eingeschränkt. Dies stellt im Vergleich zu den anderen Prinzipien einen großen Vorteil dar. Ein bedeutsamer Nachteil von OST sind Schwimmeffekte. Diese entstehen aufgrund einer Latenz zwischen den realen und virtuellen Objekten. Das Tracking und die Berechnung der Position der digitalen Objekte erfolgt bei jeder Kopfbewegung des Nutzers neu. Hierbei kann es zu Verzögerungen kommen, da die digitalen Inhalte nicht zeitgleich mit der Realität aktualisiert werden [Tü2009, S.17; Tö2010, S.21f.].

Eine weitere Möglichkeit ist das VST-Prinzip mit den undurchsichtigen Displays. Zunächst nehmen verschiedene Videokameras die Umgebung des Nutzers auf, wobei die Kameras meist auf der Rückseite des Geräts angebracht sind. Nach der Aufnahme werden die virtuellen Elemente perspektivisch korrekt eingeblendet und ergeben ein neues Bild. Das kombinierte Bild wird auf dem entsprechenden Ausgabegerät wiedergegeben. Dies bedeutet, dass der Nutzer durch das Display in die reale Umgebung blickt und dadurch gleichzeitig die erweiterte Realität wahrnimmt [Tü2009, S.18f.; Br2019b, S.321]. Ein Vorteil gegenüber den OST-Displays liegt darin, dass auftretende Schwimmeffekte entgegengewirkt werden kann. Es wird eine Verzögerung des Kamerabilds um genau die benötigte Zeit des Computersystems zur Bestimmung der Pose und des Renderings herbeigeführt. Dahingegen ist ein Nachteil von VST-Displays, dass der Nutzer die reale Welt ausschließlich über das Display wahrnimmt. Somit ist AR von der Qualität des Displays und dessen Auflösung abhängig [Tö2010, S.22]. In Abbildung 9 sind die Unterschiede zwischen OST und VST illustriert.

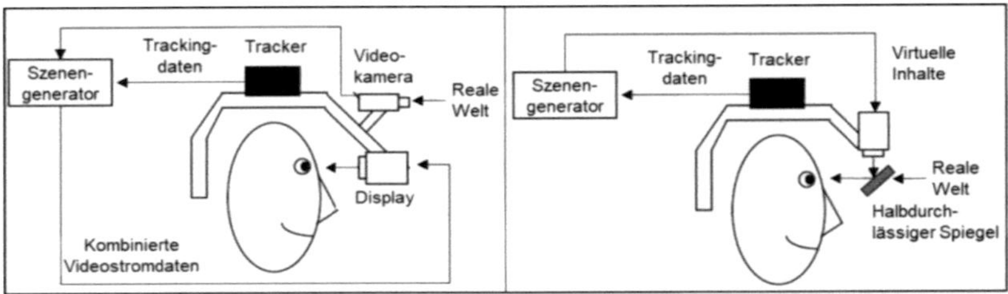

Abbildung 9: Unterscheidung VST (links) und OST (rechts) in Anlehnung an [Az1997; Bl2019, S.17f.]

OST- und VST-Displays finden auf verschiedenen Ausgabegeräten Anwendung, auf welche im Folgenden näher eingegangen wird. Eine Möglichkeit sind HMDs. Hier tragen die Nutzer eine AR-Brille, wodurch das Display eine fixe Position vor dem Auge einnimmt. Die Brillen unterscheiden sich in den verbauten Displays. Bei dem Vorhandensein von einem Display für beide Augen, liegt ein monokulares Display vor. Sobald zwei Displays verbaut sind und damit für jedes Auge ein Display, handelt es sich um ein stereoskopisches Display. HMDs lassen sich nach den zwei Prinzipien OST und VST unterscheiden [Tü2009, S.17-22; Tö2010, S.23f.].

Bei den verbreitenden OST-HMDs sieht der Anwender weiterhin die reale Umgebung und die virtuellen Elemente werden in das Gesichtsfeld eingeblendet. Ein Nachteil von OST-HMDs besteht darin, dass häufig die AR genierten Inhalte bei zu hellen Umgebungen nur schwach wahrzunehmen sind. Auf dem Markt existiert eine Vielzahl an HMDs. Eine der bekanntesten Lichtleiterbrillen auf dem Markt ist derzeit die HoloLens 2 von Microsoft [Gr+2019b, S.137-175] (siehe Abbildung 10). Die HoloLens 2 ermöglicht eine stereoskopische Projektion und hat eine eigene Recheneinheit in die Brille integriert. Die Interaktion der digitalen Elemente sowie die Bedienung der Brille erfolgt mit vordefinierten Handbewegungen sowie über Spracheingabe. Darüber hinaus ist die HoloLens 2 mit verschiedenen Kameras und Sensoren ausgestattet, welche ein durchgängiges sechs DOF-Tracking ermöglichen [Mi2020].

Demgegenüber existieren noch weitere HMDs und zwar klassische Spiegelbrillen auf dem Markt. Diese sind, je nach Modell, mit einem oder zwei semi-transparenten Spiegeln ausgestattet, worüber die Überlagerung stattfindet [Gr+2019b, S.175f.]. Dazu zählt z. B. die Google Glass [Go2020] oder die Vuzix Blade [Vu2020] (siehe Abbildung 10).

Die Nachteile dieser Brillen sind, dass eine Interaktion in Echtzeit sowie das Ausrichten der virtuellen und realen Objekte zueinander nicht möglich ist. Dementsprechend findet hier im Vergleich zu der HoloLens2 kein AR nach *Azuma* statt. Diese Brillen werden im Folgenden nicht näher betrachtet.

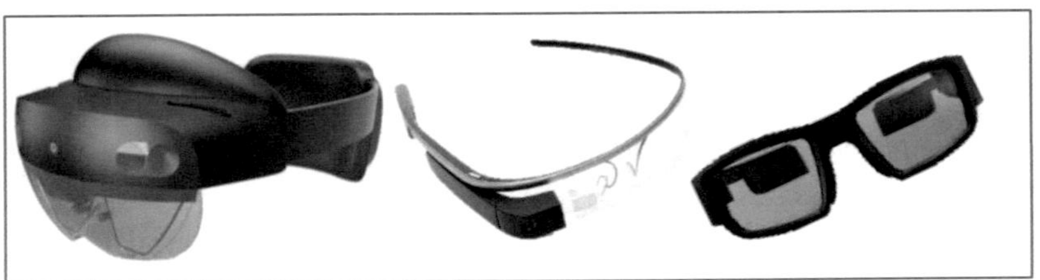

Abbildung 10: Vergleich der HoloLens2 [Mi2020] mit Google Glass [Go2020] und Vuzix Blade [Vu2020]

Ebenso existieren HMDs nach dem VST-Prinzip. Dabei handelt es sich um Ausgabegeräte, welche vor allem bei VR eingesetzt werden und mit Kameras ausgestattet sind. Mit Hilfe der Kameras wird dem Nutzer die reale Umgebung in das Sichtfeld eingeblendet und darauf die virtuellen Elemente generiert [Gr+2019b, S.177f.]. Weitere durchsichtige Displays (OST) sind *Head-Up Displays*, welche z. B. in Flugzeugen oder Autos verbaut sind. Dabei werden dem Nutzer bspw. Informationen zur Geschwindigkeit oder Navigation über die Frontscheibe in das Blickfeld eingeblendet [Tö2010, S.26f.; Me2020b]. Bei Head-Up Displays handelt es sich meist um statische Informationen. Diese sowie VST-HMDs werden im Folgenden nicht näher betrachtet.

Eines der derzeit bekanntesten Ausgabegeräte sind *Handheld-Geräte*. Beispielhaft hierfür sind Smartphones und Tablets. Aufgrund der zunehmenden Verfügbarkeit von AR-fähigen Plattformen, wie z. B. ARCore oder ARKit, kommen Handheld-Geräte auf dem vorhandenen Markt vermehrt zum Einsatz [Br2019b, S.319 u. S.333].

Handhelds werden als *Window into the World* bezeichnet. Das Display fungiert als eine Art Fenster, in welchem die digitalen Elemente in der realen Welt angezeigt werden [Az+2001; Tö2010, S.28-30]. Die auf der Rückseite angebrachten Kameras erzeugen die entsprechenden Videoaufnahmen, wodurch das Tracking ermöglicht wird. Somit sieht der Nutzer die Realität mit den digitalen Elementen lediglich durch das Display. Die technische Umsetzung von Handhelds funktioniert damit analog der VST-Displays. Neben den Vor- und Nachteilen von VST besteht ein weiterer Nachteil von Handhelds darin, dass der Nutzer das Gerät mit mindestens einer Hand bedienen muss. Dahingegen ist ein Vorteil, dass der Nutzer keinem zusätzlichen Gewicht auf dem Kopf ausgesetzt ist [Br2019b, S.333; Tü2009, S.19].

Wie bereits in Kapitel 2.3.1 aufgezeigt, unterliegt diese Arbeit dem AR-Verständnis nach *Azuma*. Dementsprechend werden im Folgenden ausschließlich jene Ausgabegeräte betrachtet, welche eine Kombination aus realen und virtuellen Objekten, eine Interaktion in Echtzeit sowie die 3D-Registrierung ermöglichen. Dazu zählen beispielhaft Smartphones, Tablets oder Datenbrillen analog der HoloLens. Ferner werden hier mobile Assistenzsysteme mit mobilen Endgeräten in Verbindung mit AR als Basistechnologie näher betrachtet. Das Assistenzsystem soll dem Nutzer aufbereitete Informationen zu jedem Zeitpunkt an jedem Ort innerhalb der Produktion zur Verfügung stellen und den Entscheidungsprozess während der Ausführung unterstützen. Dabei ist der Nutzer nicht an einen Ort gebunden, sondern das System assistiert an jedem Ort in der Produktion.

3 Stand der Wissenschaft

Im folgenden Kapitel wird eine systematische Literatursuche mit anschließender Literaturanalyse durchgeführt. Darauf aufbauend erfolgt das Ableiten der Forschungsfragen. Dazu wird in Kapitel 3.1 zunächst das Vorgehen der Suche aufgezeigt sowie die Zielsetzung für die Suche erarbeitet. Basierend auf der Zielsetzung werden die erfassten Ergebnisse in einer Konzeptmatrix nach verschiedenen Schwerpunkten eingeordnet und anschließend analysiert. Dabei unterliegen die gesamte Suche und die Analyse dem übergeordneten Ziel der Arbeit. Das Ziel besteht in der Entwicklung eines Use Cases sowie einem darauf basierenden Prototyp für die AR-gestützte Intralogistikplanung. Abschließend werden die Ergebnisse zusammengefasst und die Forschungsfragen abgeleitet.

3.1 Die systematische Literatursuche

Innerhalb dieses Kapitels erfolgt auf Basis einer systematischen Literaturanalyse eine nähere Betrachtung der Thematik AR und Intralogistikplanung. Damit eine umfängliche Suche gewährleistet werden kann, wird die Literatursuche und -analyse an ein strukturiertes Vorgehen angelehnt. Hierbei orientiert sich das Vorgehen der Literatursuche an dem Konzept von *Vom Brocke et al.* [Vo+2009]. Darauf aufbauend wird die vorhandene Literatur nach *Webster und Watson* [WW2002] mit Hilfe einer Konzeptmatrix dargestellt und analysiert. Im Anschluss erfolgt eine detaillierte Betrachtung der identifizierten Literatur. Die gesamtheitliche Literaturanalyse kann in verschiedene Phasen unterteil werden. In Abbildung 11 ist der Ablauf dieser dargestellt. In der ersten Phase findet die Zieldefinition statt. Darauf aufbauend erfolgt die Begriffsbildung (Phase 2) sowie die Literatursuche (Phase 3). In Phase 4 findet die Durchführung der Literaturanalyse mit anschließendem Ableiten der Forschungsagenda in Phase 5 statt [Vo+2009].

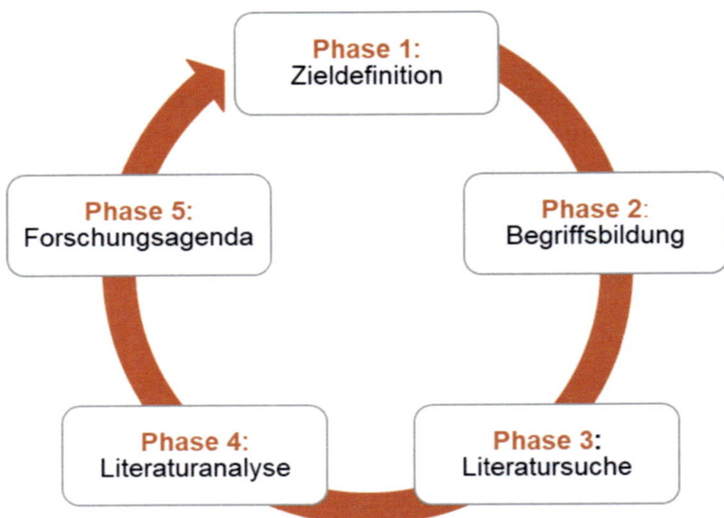

Abbildung 11: Phasen einer Literaturanalyse in Anlehnung an [Vo+2009]

Bevor die Literatursuche durchgeführt wird, werden zunächst die Rahmenbedingungen festgelegt. In der ersten Phase erfolgt die *Definition des Zieles* und die Bestimmung des Umfanges der Analyse. Literaturanalysen umfassen ein breites Spektrum an unterschiedlichen Zielerreichungen. Hier kann z. B. die Gewinnung neuer Forschungsergebnisse oder die Identifizierung von Methoden und Techniken, welche in einem Forschungsgebiet vermehrt gebraucht werden, verfolgt werden [Vo+2009]. Damit eine einheitliche Zieldefinition und Einordnung der Reviews erfolgen kann, verweisen *Vom Brocke et al.* auf das Klassifizierungskonzept nach Cooper [Co1988; Vo+2009]. Die *Taxonomie nach Cooper* besteht aus sechs Merkmalen, welche sich anhand von verschiedenen Ausprägungen kennzeichnen lassen. In Abhängigkeit der Merkmale ergänzen sich die einzelnen Ausprägungen oder schließen sich gegenseitig aus. In Abbildung 12 ist die Klassifizierung nach Cooper dargestellt und umfasst die relevanten Merkmale für diese Arbeit [Co1988; Vo+2009].

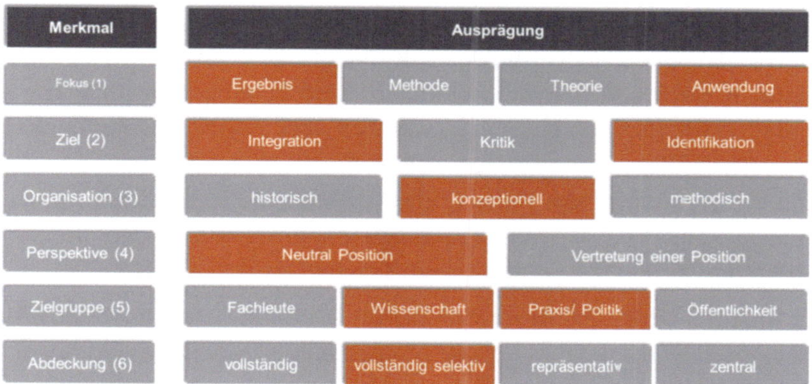

Abbildung 12: Klassifizierung eines Literaturreviews nach Cooper [Co1988]

Das Ziel (2) der vorliegenden Arbeit liegt in der Identifizierung und der Analyse vorhandener Ergebnisse und Anwendungen (1) von AR in der Intralogistikplanung in der Automobilindustrie. Ferner wird die Integration als Sekundärziel miteinbezogen. Die Organisation (3) der Literaturübersicht erfolgt einer konzeptionellen Struktur. Damit werden die Ergebnisse nach der Verwendung des gleichen Konzepts und bzw. oder nach der gleichen Methode erfolgen. Dabei wird eine neutrale Position (4) eingenommen und die Ergebnisse sind für die Zielgruppe Wissenschaft und Praxis gültig (5). Der Grad der Abdeckung der vorhandenen Literatur (6) erfolgt vollständig selektiv. Bei der vollständigen Abdeckung mit selektiver Zitierung werden unter Berücksichtigung aller Quellen repräsentative Stichproben näher betrachtet.

Nach der Zieldefinition (Phase 1) erfolgt die *Begriffsbildung* als Basis des Recherchekonzepts in der Phase 2 (vgl. hierzu Abbildung 11). Bevor die Durchführung der Literatursuche erfolgt, werden zunächst Arbeitsdefinitionen relevanter Begriffe auf Basis von Fachliteratur, Lehrbücher oder Enzyklopädien bestimmt. Durch eine grafische Darstellung und Zusammenfassung werden ebenso Synonyme oder Umschreibungen für die verwendeten Begriffe identifiziert.

In dieser Phase dienen die in Kapitel 2 eingeführten Begrifflichkeiten und Definitionen als Grundlage zur Identifikation relevanter Suchbegriffe. In Abbildung 13 sind die identifizierten Suchbegriffe zusammengefasst. Für die Literatursuche wird auf verschiedene Datenbanken zurückgegriffen, um möglichst viele Ergebnisse zu erreichen und damit ein breites Spektrum der Forschungsgebiete abzudecken. Innerhalb dieser Arbeit wird auf folgende Datenbanken zurückgegriffen: IEEExplore, ACM Digital Library und ScienceDirect.

In Phase 3 erfolgt die Durchführung der Literatursuche. Innerhalb dieser Arbeit werden die in Phase 2 festgelegten Begriffe in den ausgewählten Datenbanken zur Keyword-Suche verwendet [Vo+2009]. In den Datenbanken wird innerhalb des Titels, des Abstracts sowie der Schlagwörter nach den festgelegten Begriffen gesucht. Dabei werden die Begriffe sowohl in Englisch auch als in Deutsch in verschiedenen Kombinationen verwendet. Neben der Sprache wird auf Synonyme oder Umschreibungen zurückgegriffen, welche in der Abbildung 13 nicht separat aufgeführt sind. So wurde beispielhaft bei dem Begriff Intralogistik ebenso nach innerbetrieblicher Logistik oder Internal Logistics gesucht. Aus Abbildung 13 werden die Kombinationsmöglichkeiten ersichtlich. Jede Suche umfasst entweder den Begriff AR oder MR und wird mit den weiteren Oberbegriffen oder den dazugehörigen Synonyme durch den booelschen Operator AND kombiniert. Es findet lediglich keine Kombination der Begriffe Intralogistikplanung und Intralogistik statt.

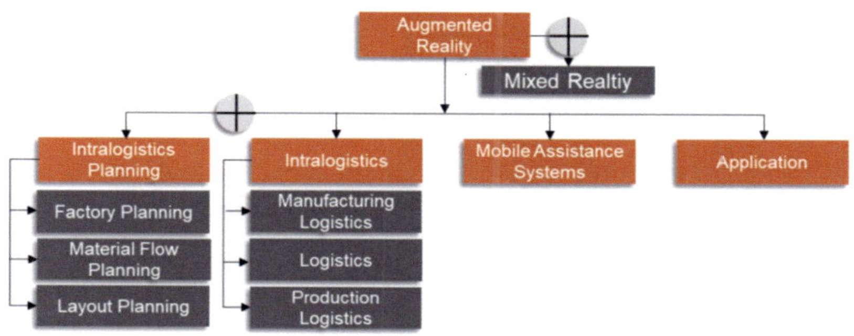

Abbildung 13: Zusammenfassung der Suchbegriffe (eigene Darstellung)

Aufgrund der raschen Weiterentwicklung von AR wurde ein Zeitraum von 13 Jahren gewählt und zwar von 2008-2020. Die vorliegende Arbeit wurde im Jahre 2018 gestartet und mit einem Zeitfenster von 10 Jahren die Literatursuche festgelegt. Während der Fertigstellung wurde das Zeitfenster erweitert, um alle aktuellen Ergebnisse zu erhalten. Abbildung 14 umfasst die Ergebnisse der einzelnen Datenbanken. Dabei wurde für den alleinigen Begriff AR bei IEEExplore 10.796, bei ScienceDirect 53.037 und bei ACM Digital Library 333.623 Treffer erzielt (Juli 2020).

Um eine vollständige Abdeckung sicherzustellen, wurde in einem weiteren Schritt zusätzlich nach Anwendungen im produktiven Umfeld gesucht. In Abbildung 15 sind die Ergebnisse für die Begriffskombination Augmented Reality and Manufacturing and Application dargestellt.

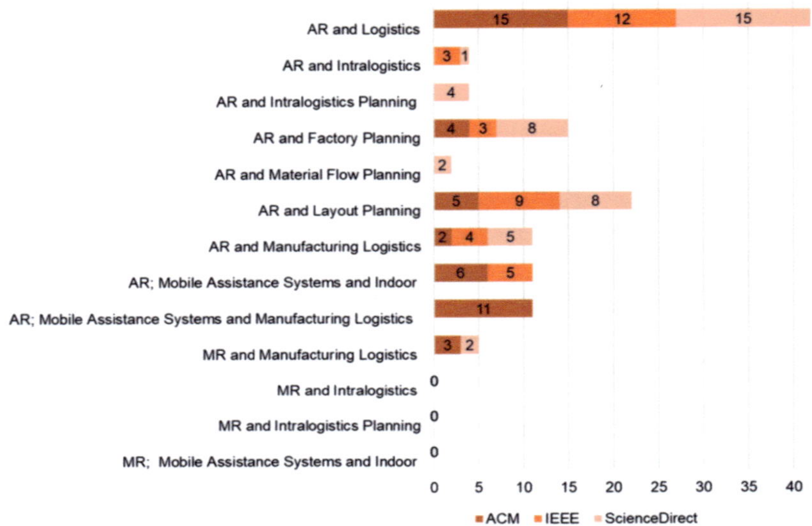

Abbildung 14: Zusammenfassung der Suchergebnisse von ACM, IEEE und ScienceDirect (eigene Darstellung)

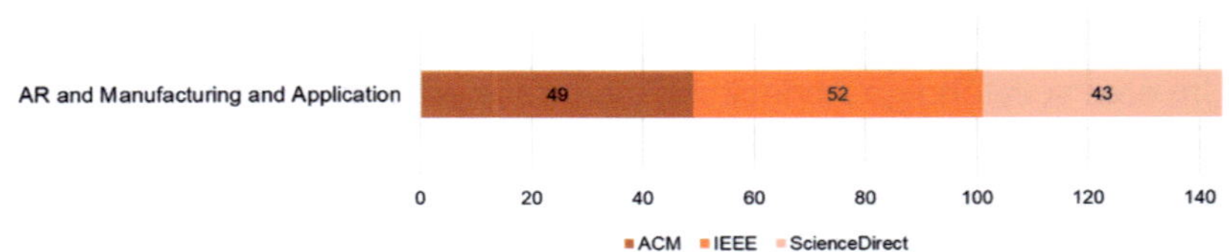

Abbildung 15: Erweiterung der Literatursuche (eigene Darstellung)

In Tabelle 1 sind die Ergebnisse inklusive der jeweiligen Summe abgebildet. Insgesamt wurden 271 Arbeiten in den Datenbanken ACM Digital Library, IEEExplore und ScienceDirect gefunden. An dieser Stelle sind noch mögliche Dopplungen enthalten, welche in einem weiteren Schritt eliminiert werden.

Bei ACM Digital Library wurde die höchste Anzahl mit 95 wissenschaftlichen Arbeiten identifiziert. Sowohl bei IEEExplore als auch ScienceDirect waren es insgesamt 88. Pro Zeile wird zusätzlich die Summe der einzelnen Suchbegriffe über die jeweiligen Datenbanken gebildet. Dadurch wird ersichtlich, dass z. B. für die Begriffskombination AR und Intralogistikplanung zwei Beiträge und für die Kombination AR und Anwendungen in der Produktion 144 identifiziert wurden. Im folgenden Unterkapitel werden die Ergebnisse zunächst mit Hilfe der Konzeptmatrix nach verschiedenen Schwerpunkten eingeordnet, um diese anschließend umfassend zu analysieren.

Tabelle 1: Tabellarische Zusammenfassung der Literatursuche (eigene Darstellung)

Suchbegriffe	ACM Digital Library	IEEExplore	Science Direct	Summe
AR and Logistics	16	12	15	42
AR and Intralogistics	0	3	1	3
AR and Intralogistics Planning	0	0	4	4
AR and Layout Planning	4	9	8	21
AR and Material Flow Planning	0	0	2	2
AR and Manufacturing Logistics	2	4	5	11
AR and Factory Planning	4	3	8	15
AR and Manufacturing Logistics and Mobile Assistance Systems	11	0	0	11
AR and Manufacturing Logistics and Indoor	6	5	0	11
AR and Manufacturing and Application	49	52	43	144
MR and Manufacturing Logistics	3	0	2	5
MR and Intralogistics	0	0	0	0
MR and Intralogistics Planning	0	0	0	0
MR and Mobile Assistance Systems	0	0	0	0
	95	88	88	271

3.2 Die Literaturanalyse zur Identifizierung Augmented Reality basierter Anwendungen in der Intralogistikplanung

Nachdem in Kapitel 3.1 die Literatursuche durchgeführt und die Anzahl der Ergebnisse aufbereitet wurde, erfolgt in diesem Kapitel Phase 4 und zwar die *Literaturanalyse* (vgl. hierzu Abbildung 11). Dabei unterliegt die Analyse dem in Kapitel 3.1 aufgezeigten Ziel, welches die Identifizierung vorhandener Ergebnisse und Anwendungen von AR in der Intralogistikplanung der Automobilindustrie beinhaltet. Neben der Zieldefinition finden die grundlegenden Begrifflichkeiten aus Kapitel 2 Anwendung. Dort wurden bereits für diese Arbeit relevante Begriffe definiert und sind somit für die Analyse festgelegt.

Für die anschließende Analyse werden einzelne Arbeiten in einer Konzeptmatrix nach *Webster und Watson* (Ergebnisse siehe Tabelle 2) dargestellt [WW2002]. In der Konzeptmatrix werden ausschließlich Nachweise dargestellt, welche zum einen den Aspekt AR und zum anderen die Anwendungen im produktiven Umfeld umfassen. Für die Erstellung der Konzeptmatrix besteht die Notwendigkeit, vorhandene Literatur vorab zu strukturieren. In einem ersten Schritt werden die Arbeiten nach der Betrachtung AR, der Branche, der auszuführenden Tätigkeiten und der verwendeten Hardware eingeordnet. Darauf basierend werden in einem ersten Schritt alle Doppelungen eliminiert. Durch das Entfernen von doppelten Beiträgen reduziert sich die Summe der Arbeiten auf insgesamt 234. Eine weitere Reduzierung wird durch die Selektion *Betrachtung AR* erreicht und umfasst insgesamt 168 Ergebnisse. Hierzu zählen z. B. Beiträge zu VR oder zu dem Einsatz von Mobile Devices ohne AR. In einem weiteren Schritt werden die *vorhandenen Branchen* gefiltert. Jegliche Arbeiten, welche sich nicht auf ein produzierendes, industrielles Umfeld beziehen, werden entfernt. Dazu zählen z. B. Bereiche der Medizin, Kultur oder Freizeit. Das Verständnis dieses Umfeldes orientiert sich dabei an einer

Montagehalle in der Automobilindustrie. Es werden jegliche Arbeiten weiterverwendet, die einen Fokus auf eine produzierende Fabrikhalle legen. Damit werden ausführende Tätigkeiten betrachtet, welche innerhalb von Gebäuden stattfinden. Arbeiten, die den Fokus z. B. auf Literaturreviews legen werden nicht eliminiert und später näher betrachtet. Diese weitere Strukturierung ergibt 122 Ergebnisse. Abschließend werden die verwendeten *AR-Geräte* näher betrachtet. Wie bereits in Kapitel 2.2 dargestellt, werden mobile Assistenzsysteme mit AR betrachtet, wobei die aufgezeigte Definition Gültigkeit findet. Somit werden die Ergebnisse um Arbeiten reduziert, welche keine mobilen Assistenzsysteme umfassen. Hierzu zählen z. B. fest installierte Projektoren und Displays. Abschließend umfasst die Literatursuche 97 Arbeiten, welche sich insbesondere durch einen Anstieg der Anzahl in den letzten vier Jahren auszeichnet. Der Anstieg ist in Abbildung 16 dargestellt.

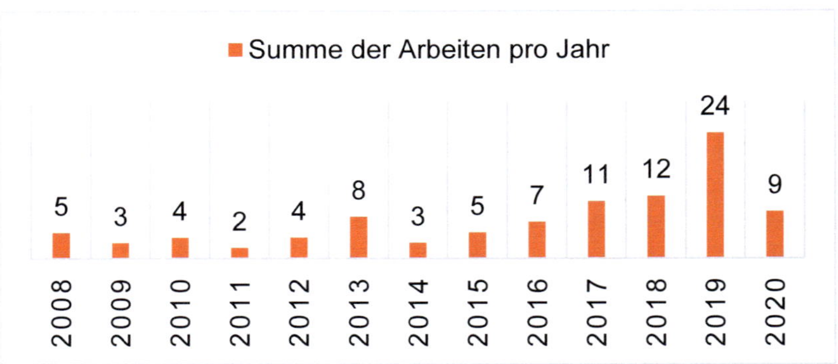

Abbildung 16: Auswertung der Literatursuche nach der Summe der Arbeiten pro Jahr (eigene Darstellung)

Die identifizierten 97 Arbeiten werden anschließend in der Konzeptmatrix nach der ausgeführten Tätigkeit, der verwendeten Hardware sowie des durchgeführten Literaturreviews eingeordnet. Dabei handelt es sich nicht um Konzepte *im klassischen* Sinne.

Dieser Ansatz wird dennoch verwendet, um die vorhandene Literatur für eine weitere Analyse in verschiedene Einheiten zu unterteilen. Dadurch wird eine weitere Sortierung, eine anschließende Diskussion und Synchronisation der Ergebnisse erreicht. Im Gegensatz zu einem autorenzentrierten Ansatz, bei welchem eine Zusammenfassung der Ergebnisse nach Autoren erfolgt, werden bei dem konzeptorientierten Ansatz die Ergebnisse vollumfänglich synthetisiert [WW2002; Vo+2009]. Bei verwendeter Hardware wird in Mobile Devices, Wearables, HoloLens sowie diverse Hardware geclustert. Unter Mobile Devices zählen jegliche Geräte, welche von dem Nutzer in der Hand gehalten und frei im Raum bewegt werden können. Diese werden als Handhelds bezeichnet und umfassen z. B. Smartphones oder Tablets. Bei Wearables werden alle HMDs und Smart Glasses zusammengefasst. Wie bereits in Kapitel 2.2 ausgeführt, werden bei Smart Glasses meist statische Informationen in das Sichtfeld eingeblendet. Somit finden die drei Kriterien von *Azuma* keine Anwendung [Az+2001; Az1997]. Aufgrund des Vorhandenseins der drei Kriterien wird die HoloLens als eine separate Kategorie hinzugenommen. In Abbildung 17 ist die Verteilung der jeweiligen Hardware abgebildet.

In einem weiteren Schritt werden die Arbeiten nach der ausgeführten Tätigkeit der jeweiligen Anwendung gefiltert. Abbildung 18 zeigt die Verteilung der jeweiligen Tätigkeiten im Verhältnis auf. Der größte Anteil umfasst das Einblenden von Informationen bzw. von Anleitungen der auszuführenden Tätigkeit. Ein weiterer großer Umfang mit 14% ist die manuelle Montage. Im Bereich der Logistik wurden AR-basierte Anwendungen insbesondere in der Kommissionierung mit 9% sowie für Packprozesse mit 2% identifiziert. Eine nähere Betrachtung der Kommissionierung zeigt auf, dass hier vermehrt Wearables (9 von 11) für die Ausführung eingesetzt werden. Die ausgeführten Tätigkeiten werden durch den Punkt durchgeführte Literaturreviews (11%) ergänzt.

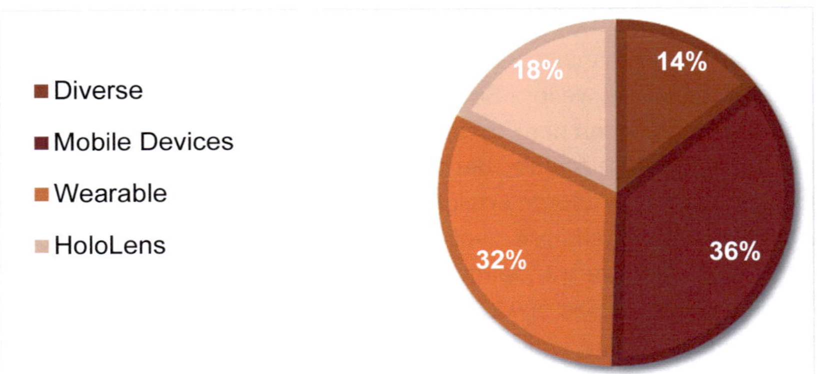

Abbildung 17: Auswertung der Literatursuche nach Verteilung der eingesetzten Hardware (eigene Darstellung)

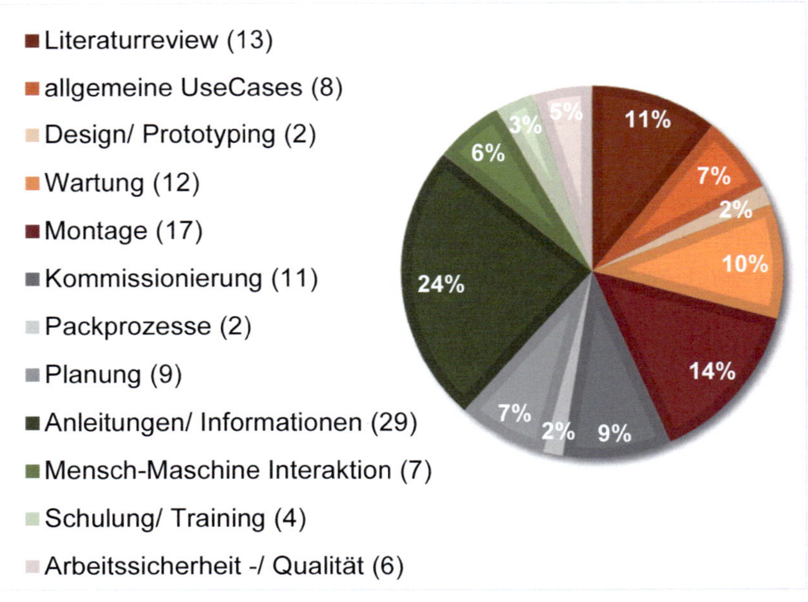

Abbildung 18: Auswertung der Literatursuche nach Verteilung der ausgeführten Tätigkeiten (eigene Darstellung)

Insgesamt konnten sieben Arbeiten im Bereich AR-basierte Planung durch das Review bestimmt werden, bei welchen mobile Endgeräte (jegliche Hardware bis auf die Wearables) eingesetzt wurden. Die eingesetzten Geräte lassen sich gleichmäßig verteilen. Innerhalb von zwei Arbeiten werden jeweils Smartphones, Tablets oder die HoloLens und bei einem Ergebnis multiple Endgeräte eingesetzt. Dabei fokussieren sich fünf der sieben Arbeiten auf den Einsatz von AR für Fabrikplanungsprozesse. Ausgehend von der Zielsetzung werden im Folgenden die Ergebnisse im Bereich der Planung näher betrachtet. In Tabelle 2 sind die identifizierten Arbeiten inkl. Hinweise zu dem AR-Anwendungsfall und Planungsprozess zusammengefasst.

In der ersten Arbeit von *Fuste et al.* erfolgt die Planung von AGV Bewegungspfaden in einer Fabrik [Fu+2020]. Auf Basis einer Kartierung der Umgebung und einer Synchronisation des Koordinationssystems eines Smartphones ist der Nutzer in der Lage, die Bewegung des AGVs zu steuern. Dabei werden die Bewegungen in Echtzeit mittels AR auf einem Smartphone visualisiert [Fu+2020].

Die Autoren *Hellmuth und Frohnmayer* legen den Fokus auf die Planung und die Umstrukturierung eines Fabrikgebäudes [HF2020]. Sie verweisen darauf hin, dass sich die Anforderungen an die Fabrikplanung, aufgrund äußerer Gegebenheiten stetig verändern. Darüber hinaus stellen Umstrukturierungen in einer Fabrik einen komplexen und ressourcenintensiven Prozess dar. Eine Möglichkeit sind hier digitale Gebäudemodelle. Innerhalb der Arbeit wird eine Methode aufgezeigt, welche den Nutzern eine strukturierte Entscheidung bzgl. einer möglichen Ausgestaltung eines digitalen Gebäudemodells und dessen Detaillierungsgrads ermöglicht. Darauf basierend wird eine AR-Anwendung entwickelt, die den Austausch von Planern während einer Fabrikumstrukturierung unterstützt.

Durch den zeitnahen Austausch zwischen den Planern sollen die Planungsphasen verkürzt werden. Mit Hilfe von Smartphones und Tablets können 3D-Geometrien mit Zusatzinformationen, wie z. B. Kosteninformationen, in einen 2D-Grundriss eingeblendet werden [HF2020].

In der Arbeit von *Aschenbrenner et al.* wird eine Fallstudie für eine kollaborative Planung von Produktionslinien mittels einer HoloLens vorgestellt [As+2018]. Während der Planung führen zwei Nutzer in der realen Fabrik die Anwendung durch und ein weiterer Nutzer schaltet sich kollaborative aus der Ferne dazu. Als Basis für den Use Case werden u. a. zunehmende Reisekosten sowie -zeiten im Bereich der Fabrikplanung genannt. Abschließend erfolgt eine Bewertung der Anwendung im Hinblick auf *situation awareness* anhand eines Experiments und eines standardisierten Fragebogens [As+2018].

Auch die Autoren *Herr et al.* beschäftigen sich mit der Planung von Produktionslinien [He+2018]. Die Autoren zeigen auf, dass Fabriken flexibel und anpassungsfähig sein müssen, um den Anforderungen an individualisierten Produkten seitens Kunden entgegen zu wirken. Dadurch werden zahlreiche Produktvarianten in einer Fabrik gefertigt. Um diesen Anforderungen gerecht zu werden, besteht die Notwendigkeit an schnell veränderbaren Komponenten der Produktionslinie. Die Planung von Produktionslinien werden häufig mit Hilfe von Desktopanwendungen durchgeführt. Dabei besteht das Problem, das abstrakte Modell mit der realen Welt in der Fabrik in Einklang zu bringen. An dieser Stelle greift eine AR-Anwendung und ermöglicht das Einblenden des geplanten Layouts an der vorgesehenen Stelle. Durch den Einsatz einer HoloLens kann der Nutzer u. a. in der Anwendung einzelne Komponenten der Produktionslinie anpassen, Soll-Ist-Abgleiche durchführen sowie eine Simulation ablaufen lassen. Es wird darauf verwiesen, dass durch den Einsatz Planungsfehler vermieden werden können und eine Vor-Ort- bsicherung erfolgt [He+2018].

Riexinger et al. betonen ebenso, dass steigende Herausforderungen, wie z. B. die Zunahme der Digitalisierung oder der demografische Wandel, zu einem Wandel in der Produktion führen [Ri+2018]. Die zunehmende Verschmelzung der virtuellen und der realen Welt veranlassen neue innovative Anwendungen, um den Menschen in der veränderten Arbeitsumgebung zu unterstützen. In diesem Zusammenhang wird auf die Technologie AR im Bereich der Produktion verwiesen. Die reale Arbeitsumgebung wird mit digitalen Elementen kombiniert. Ausgehend davon präsentieren die Autoren einen Ansatz, um Planungsprozesse sowie Produktions- und Konstruktionsabläufe durch interaktive AR Anwendung zu unterstützen. Hierbei wird festgehalten, wie digitale Planungs- und Prozessdaten direkt vor Ort visualisiert werden können. Dadurch können vorhandene Arbeitsprozesse gleichzeitig mit weiteren Kontrollen sowie Lernprozesse in der Fabrik ermöglicht werden. Dies wird beispielhaft an einem AR-basierten Montageprozess sowie das Anzeigen von Messdaten, wie z. B. Wärmebilder, sichtbar [Ri+2018].

Vermehrt lassen sich Hinweise finden, dass die Komplexität von Produktionssystemen kontinuierlich zunimmt. Auch *Weidig und Aurich* beschäftigen sich in ihrer Arbeit mit dem Thema der Globalisierung und deren veränderten Marktanforderungen hin zu einer Produktvielfalt [WA2015]. Dabei stehen Unternehmen vor der zentralen Herausforderung komplexe Fertigungssysteme zu gestalten, um eine effiziente und flexible Produktion zu ermöglichen. Zeitgleich entsteht der Trend, passende Methoden für einen Echtzeit-Informationsaustausch zu entwickeln. In diesem Zusammenhang spielen mobile AR-Anwendungen eine bedeutsame Rolle. Diese Anwendungen sind vor allem für Produktionsplaner in einer Fabrik notwendig, um ihnen Planungsdaten vor Ort zur Verfügung zu stellen. Die Autoren betonen, dass die Überlagerung von virtuellen Inhalten in einer Fabrik potentielle Vorteile bieten können.

Ferner umfassen mobile AR-Anwendungen im Bereich der Produktionsplanung ein schnell wachsendes Forschungsfeld. Dennoch besteht die Notwendigkeit geeignete Prozesse für den Einsatz von mobilen AR-Lösungen zu identifizieren. Ausgehend davon wird eine Methode für eine strukturierte und systematische Analyse der Anforderungen an mobile Anwendung im Bereich der Produktionsplanung vorgestellt. Dabei besteht das Ziel darin, Entwicklungen von mobilen AR-Anwendungen in der Produktionsplanung zielgerichtet zu strukturieren. Das vorgestellte Konzept besteht aus drei Bestandteilen und zwar der Anforderungsanalyse, der Identifizierung von allgemeinen Problemfeldern sowie der Bestimmung von Softwarespezifikationen [WA2015].

Darüber hinaus stellen *Jiang und Nee* eine Methode für die Echtzeit-Planung eines Anlagenlayouts in einer Fabrik vor [JN2013]. Gleichzeitig ermöglicht die Methode mittels AR den Nutzern bestehende Anlagen als virtuelle Modelle zu konstruieren. Die Vor-Ort-Modellierungsmethode führt dazu, dass bestehende Anlagen rekonstruiert werden können, indem die geometrischen Informationen erfasst werden. Im Anschluss werden diese Informationen ausgewertet und wichtige Planungskriterien und Restriktionen definiert sowie bereitgestellt. Darauf basierend können die Planer in der Fabrik die Layoutplanung evaluieren und die Planung an die bestehenden Gegebenheiten anpassen. Die Wirksamkeit des Systems wurde mit einer Fallstudie überprüft. Dabei konnte bestätigt werden, dass bei großen Flächen Ineffizienz besteht. Demgegenüber stellen die Autoren den Hinweis, dass eine Layoutplanung ohne AR ebenso mit Aufwand verbunden ist und Fehler entstehen können. Ferner sollen in einem weiteren Schritt verschiedene Optimierungsalgorithmen integriert werden, um den Nutzern alternative Layoutpläne während der Planung einzublenden. Auch in dieser Arbeit wurde auf zunehmende Herausforderungen im produktiven Umfeld hingewiesen.

Die Produktion soll flexibel sein, um sich auf schnell ändernde Produktionsziele einzustellen. Die vorhandenen Layouts sollen jederzeit an die neuen Bedingungen anpassungsfähig sein. Durch eine gute Layoutplanung können bis zu 50% der Betriebskosten reduziert werden [JN2013].

Tabelle 2: Identifizierte Arbeiten im Bereich AR-basierte Planung (eigeneDarstellung)

Autoren	Jahr	Titel	Planungsprozess	Augmented Reality Anwendungsfall	Hardware	Ergebnis
Fuste et al.	2020	Kinetic AR: Robotic Motion Planning and Programming using Augmented Reality Interfaces	Planung von Einsatzfaktoren	Planung der Bewegungsfade der AGVs und Visualisierung der Bewegung mittels AR	Smartphone	Verknüpfung diverser Technologien
Hellmuth und Frohnmayer	2020	Requirements Engineering for Stakeholders of Factory Conversion: LoD Visualization of a Research Factory via AR Application	Fabrikplanung - Umstrukturierung	Visualisierung von 3D-Geometrien in einen 2D-Grundriss, um Austausch zwischen den Planern zu fördern und die Planungsphasen zu verkürzen	Smartphone und Tablet	optimierter Austausch zwischen Planern führt zu einer Prozessverbesserung
Aschenbrenner et al.	2018	Collaborative Production Line Planning with Augmented Fabrication	kollaborative Fabrikplanung - Produktionslinien	Remote Unterstützung von Experten während der Planung; Visualisierung der Planung mittels AR	HoloLens	Wichtigkeit von remote Unterstützung während der Planung
Herr et al.	2018	Immersive Modular Factory Layout Planning using Augmented Reality	Fabrikplanung - Produktionslinien	Visualisierung von geplanten Layouts in der Fabrik mittels AR	HoloLens	Wandel in der Produktion führt zu flexiblen und anpassungsfähigen Fabriken; Reduzierung von Planungsfehlern durch den Einsatz von AR
Riexinger et al.	2018	Mixed Reality for On-Site Self-Instruction and Self-Inspection with Building Information Models	vor Ort Selbstunterweisung und Selbstinspektion	Visualisierung von Planungs- und prozessdaten; AR-basierte Montageprozesse	Smartphone	Wandel in der Produktion führt zu flexiblen und anpassungsfähigen Fabriken; Bedarf an innovativen Anwendungen, um den Menschen in der veränderten Arbeitsumgebung zu unterstützen
Weidig und Aurich	2015	Systematic Development of Mobile AR-applications, Special Focus on User Participation	Fabrikplanung - Produktionsplanung	Visualisierung von Planungsdaten; Methode für eine strukturierte und systematische Analyse von Anforderungen an mobile AR-Anwendungen	Tablet	Wandel in der Produktion führt zu flexiblen und anpassungsfähigen Fabriken; mobile AR-Anwendungen liefern vorteilhafte Eigenschaften in einer Fabrik
Jiang und Nee	2013	A novel facility layout planning and optimization methodology	Fabrikplanung - Anlagenlayouts	Konstruktion bestehender Anlagen mittels AR; vor Ort-Modellierungsmethode	mobile Endgeräte	Wandel in der Produktion führt zu flexiblen und anpassungsfähigen Fabriken; Reduzierung der laufenden Betriebskosten durch eine gute Layoutplanung

Ausgehend von der bisher durchgeführten Analyse ist festzuhalten, dass keine Arbeiten, unter Einbeziehung der Zielsetzung, im Bereich AR-basierte Assistenzsysteme in der Intralogistikplanung identifiziert wurden. Die Betrachtung der zuvor identifizierten Arbeiten dient vor allem dazu, weitere Maßnahmen abzuleiten sowie vorhandene Ansätze auf den Bereich der Intralogistikplanung zu übertragen. In einem weiteren Schritt wird auf das Sekundärziel der Literaturanalyse und zwar der Integration aufgesetzt. Neben dem Ziel Ergebnisse und Anwendungen von AR in der Intralogistikplanung in der Automobilindustrie zu identifizieren, erfolgt eine Generalisierung relevanter Ergebnisse. Hier sollen weitere Aussagen zu dem Forschungsfeld AR in der Intralogistikplanung getroffen werden. Dafür werden u. a. jene Arbeiten näher betrachtet, welche z. B. weitere AR-Anwendungen in der Logistik aufzeigen, Literaturreviews durchführen sowie die Bedeutung von AR im produktiven Umfeld hervorheben. In Tabelle 3 sind die Ergebnisse zusammengefasst.

An dieser Stelle erfolgt zunächst eine nähere Betrachtung der Arbeit von *Reif und Walch* [RW2008]. Innerhalb der Arbeit wird ein Planungstool für die Logistik näher betrachtet. Dabei wird hier nicht das Verständnis eines mobilen AR-Assistenzsystems angewendet, wie es für diese Arbeit festgelegt wurde. Die Autoren betrachten die Technologien AR und VR innerhalb der Logistik. Aufgrund von veränderten Rahmenbedingungen werden neue intuitive Planungsmethoden sowie neue Möglichkeiten benötigt, um die Mitarbeiter des operativen Bereichs zu schulen und zu unterstützen. Die Autoren verweisen darauf, dass AR und VR potentielle Möglichkeiten dafür sind. Zum einen kann AR bei Schulungen eingesetzt werden, um Mitarbeitern entsprechend den Anforderungen von flexiblen Planungs- und Logistiksystemen auszubilden. Dies ermöglicht eine hohe Effizienz während des Betriebs. Zum anderen kann AR bei der Planung von Produktionsanlagen eingesetzt werden.

Im Bereich der Fabrikplanung besteht das Ziel der Zeitreduktion für die Planung bei gleichzeitiger Zunahme der Planungssicherheit. Die Autoren verweisen ebenso darauf, dass Produktionslinien, Industrieanlagen oder die dazugehörigen Technologien des Materialumschlags kontinuierlich angepasst und neu geplant werden müssen. Dabei kann es vorkommen, dass keine aktuellen, virtuellen Modelle des Systems vorliegen. Hier werden Planungstools benötigt, welche kurzfristig ein detailliertes Model entwickeln, bevor die Umsetzung des Projektes startet. Es gibt eine Anzahl an 2D-Planungstools, wobei innerhalb des Tools zwischen den verschiedenen Ansichten gewechselt wird. Dies kann mit AR und VR 3D-Visualisierung umgangen werden. In diesem Zusammenhang wurde in Kooperation mit dem Lehrstuhl für Fördertechnik Materialfluss Logistik (TU München), metaio und BMW das Tool *roivis* für die Planung von Produktionsanlagen entwickelt. Dabei können vorhandene Rahmenbedingungen, wie z. B. Gebäudestruktur, während der Planung miteinbezogen werden. Ferner kann mittels roivis überprüft werden, ob z. B. ein neues Bauteil in der vorhandenen Fördertechnik transportiert werden kann. Nachteilig an dem System ist, dass vorab ein Foto der Anlage inklusive Marker gemacht wird und im Nachgang in roivis hochgeladen wird. Anschließend kann das virtuelle Modell im produktiven Umfeld überprüft werden. Dennoch ermöglicht das System mehr Flexibilität für den Planer, da dieser effizienter auf die schnell zunehmenden Veränderungen am Markt reagieren kann [RW2008].

Im Folgenden werden die Literaturreviews näher betrachtet, um mögliche Anwendungsgebiete von AR im industriellen Umfeld zu bestimmen. Dabei zeigt eine nähere Analyse auf, dass die identifizierten Anwendungen innerhalb der Reviews sich mit den Ergebnissen dieser Arbeit decken (vgl. hierzu Abbildung 17 und 18).

Die Autoren *Souza Cardoso et al.* führen eine Analyse bzgl. der Anwendbarkeit und der Nützlichkeit von AR in realen industriellen Prozessen sowie dessen Auswirkungen durch [SMZ2020]. Innerhalb der

Analyse liegt der Fokus darauf, AR-Einsatzmöglichkeiten und entstehende Vorteile sowie Herausforderungen zu identifizieren. Ferner wird darauf verwiesen, dass viele AR-Anwendungen existieren, aber diese in den meisten Bereichen noch nicht produktiv eingesetzt werden. Zusammengefasst sollen Rahmenbedingungen für die Entwicklung von AR-Anwendungen geschaffen werden. Ausgehend von der Analyse wird zunächst der Verwendungszweck von AR in der industriellen Umgebung festgelegt. Die Mehrheit der AR-Anwendungen liegt in der manuellen Montage, indem dem Arbeiter Arbeitsanweisungen zur Verfügung gestellt werden. Weitere identifizierte Einsatzgebiete sind z. B. Wartung, Pickprozesse oder Schulungen. Dabei wurde festgelegt, dass vermehrt Anwendungen ohne Bezug auf eine spezifische Industrie betrachtet wurden. Dieser Teil wird von der Automobilindustrie gefolgt, wobei der Bereich Logistik den kleinsten Anteil ausmacht. Innerhalb der Automobilindustrie finden vermehrt Montagetätigkeiten und Unterstützungen von Pickprozessen statt [SMZ2020].

Auch die Autoren *Kutey und Vorraber* haben auf Basis eines Reviews, mit dem Ziel der Identifikation von AR-Anwendungen in der Produktion, vermehrt Anwendungen im Bereich Montage und Produktion identifiziert. 8% können dem Bereich der Logistik zugeschrieben werden [KV2019].

Eine weitere Literaturanalyse zu möglichen AR-Anwendungen in dem Bereich Produktion und Logistik zeigen *Lang et al.* auf [La+2019]. Die Autoren fokussieren sich auf den Einsatz der HoloLens in den Bereichen Produktion und Logistik und identifizierten 14 Arbeiten. Dabei beschäftigen sich vier Arbeiten mit Anwendungen im Bereich der Montage, vier mit dem Thema Robotik und zwei mit Anwendungen innerhalb der Logistik. Dabei kommen vermehrt Assistenzsysteme (50 %) zum Einsatz. Die zwei Nachweise im Bereich der Logistik betrachten den Einsatz der HoloLens als Unterstützung bei Kommissionierprozessen. Ergänzt wird das Review mit einer Fallstudie im Bereich Kommissionierung sowie mit einer Umfrage zu den Nutzererfahrungen mit der HoloLens. Das Ergebnis der Umfrage zeigt auf, dass die Mehrheit der Teilnehmer eine positive Einstellung gegenüber der HoloLens haben und die Erwartungen bzgl. der Nutzung überwiegend erfüllt wurden. Abschließend verweisen die Autoren darauf, dass es keine triviale Aufgabe sei, Ideen für industrielle MR-Anwendungen zu generieren. Dabei soll der Fokus auf der charakteristischen Eigenschaft von MR und zwar der Interaktion mit virtuellen Objekten liegen. Dies kann u. a. für industrielle Trainings oder Planungsanwendungen interessant sein. Dennoch ist die Integration der HoloLens im täglichen Betrieb noch unwahrscheinlich [La+2019].

Für eine einfachere Visualisierung und Beschreibung von industriellen AR-anwendungen erstellten die Autoren *Büttner et al.* eine Taxonomie [Bü+2017]. Hier werden relevante Publikationen nach Anwendungsbereichen (Fertigung, Logistik, Wartung, Schulung) und verwendeten Technologien (AR-Mobilgeräte, AR-Projektoren, AR- sowie VR-HMDs) in einem industriellen Umfeld eingeordnet. Unter Logistik werden hier manuelle Tätigkeiten wie Kommissionieren, Navigieren oder Datenmanagement verstanden. Darüber hinaus zeigen die Autoren auf, dass es eine zunehmende Anzahl an Publikationen zum Einsatz von AR in der Lagerhaltung oder in der Kommissionierung gibt. Den größten Anteil umfassen hier Arbeiten im Bereich Fertigung und AR Projektoren. Im Bereich der Logistik verweisen die Autoren auf die Arbeit von Pentenrieder et al. [Pe+2007] [Bü+2017]. In der Arbeit von *Pentenrieder et al.* wird ein Prototyp für eine AR-basierte Fabrikplanung in der Automobilindustrie präsentiert. Die Anwendung wurde u. a. auf einem HMD, auf einem tragbaren Computer sowie auf einem lokalen Computer, aufgrund der besseren Leistung, getestet. Die Arbeit liegt nah an der Zielsetzung, dennoch wird diese nicht näher betrachtet. Die Ergebnisse und damit auch die genutzten Technologien sind mehr als 10 Jahre alt sind. Ferner werden keine mobilen Endgeräte im Sinne von mobilen Assistenzsystemen eingesetzt [Pe+2007].

Tabelle 3: Zusammenfassung weiterer relevanter Arbeiten (eigene Darstellung)

Autoren	Jahr	Titel	Fokus der Arbeit	Augmented Reality Anwendungsfall	Ergebnis
Reif und Walch	2008	Augmented & Virtual Reality in the Field of Logistics	State of the Art und Fallstudie	Einsatz von AR und VR in der Logistik; Fallstudie Logistikplanung mit dem Tool roivis; Fallstudie Picking	Bedarf an neuen innovativen Planungsmethoden aufgrund Wandel in der Produktion; aufgezeigtes AR-System ermöglicht höhere Flexibilität für den Planer
Reif et al.	2009	Pick-by-Vision comes on Age: Evaluation of an Augmented Reality Supported Picking System in a Real Storage Environment	Fallstudie	AR-basiertes Picken	Durch den Einsatz von AR konnte eine Reduzierung der Pickzeit und Pickfehler nachgewiesen werden
Cirulis und Ginters	2013	Augmented Reality in Logistics	Fallstudie	AR-basiertes Picken und Findung des Lagerplatzes	Logistikelemente können durch den Einsatz von AR verbessert werden, wie z. B. die Reduzierung der Pickzeit
Nee und Ong	2013	Virtual and Augmented Reality Applications in Manufacturing	Literaturreview	Zusammenfassung von AR-Anwendungen in Produktionsbetrieben, wie z. B. Design, Robotiks, Layoutplanung, Montageplanung	Bei der Layoutplanung unterstützt AR das Vorstellungsvermögen während der Planung und kann z. B. spezifische Probleme oder Anforderungen vor Ort zu identifizieren
Jost et al.	2017	Multi-Agent Systems for Decentralized Control and Adaptive Interaction between Humans and Machines for Industrial Environments	Methode und Fallstudie	Integration von cyber-physischen und Multi-Agenten-Systemen zur Verabreitung von Daten; Evaluierung des Konzeptes anhand eines AR-basierten Packprozesses und Wartung von AGVs	AR-Anwendung in der Intralogistik, welche den gesamten intralogisischen Prozess miteinbezieht; einzelne Systeme werden miteinander verknüpft; Digitalisierung verändert intralogistische Prozesse, der Mensch muss in diese Prozesse eingebunden werden
Büttner et al.	2017	The Design Space of Augmented and Virtual Reality - Applications for Assistive Environments in Manufacturing: A Visual Approach	Literaturreview	Erstellung einer Taxnonomie relevanter Forschungsarbeiten, welche sich mit der Entwicklung von industriellen AR/ VR Anwendungen beschäftigen; Visueller Ansatz zur Bewertung	Industrielles Umfeld verändert sich und Bedarf an neuen Technologien; AR unterliegt vielen Forschungen und der Technologie wird nach-gesagt, dass Prozesse durch den Einsatz verbessert werden und die Belastung von Arbeiter reduziert werden kann; Vermehrt Forschungen von AR bei manuellen Produktionsprozessen und innerhalb der Logistik bei Pickprozesse
Lang et al.	2018	Mixed Reality in Production and Logistics: Discussing the Application Potentials of Microsoft HoloLensTM	Literaturreview	Einsatz der HoloLens in dem Bereich Produktion und Logistik; Fallstudie Kommissionierprozesse und Umfrage	Mehrheit der Teilnehmer zeigt positive Einstellung gegenüber der HoloLens; Hinweis, dass die Iteration mit virtuellen Objekten bei der Planung interessant sein kann
Kutey und Vorraber	2019	Fostering Additive Manufacturing of Special Parts with Augmented-Reality On-Site Visualization	Literaturreview	AR-Anwendung zur Herstellung von Spezialteilen; Evaluation der Teile auf Basis von 3D-CAD Modellen, welche an der vorgesehenen Stelle eingeblendet werden.	AR bietet Potentiale zur Verbesserung von Prozessen wie z. B. Zeiteffizienzen, kürzere Durchlaufzeiten und Lerneffekte; vermehrt werden Anwendungen in der manuellen Montage berachtet
Souza Cardoso et al.	2020	A Survey of Industrial Augmented Reality	Literaturreview	Auswirkungen der Anwendbarkeit und Nützlichkeit von AR bei industriellen Prozessen; Identifikation von AR-Entwicklungen und technologische Einschränkungen;	Es werden vermehrt Anwendungen innerhalb der manuellen Montage betrachtet. Im Bereich der Logistik Pickingprozesse; es existiert eine Lücke zwischen AR-Entwicklungen und produktiven Einsatz; Heraus-forderungen im produktiven Umfeld können u. a. die Nutzerakzeptanz und passende Trackingmethoden sein
Eder et all.	2020	On the Application of Augmented Reality in a Learning Factory Working Environment	State of the Art und Fallstudie	Aufzeigen der Potentiale von AR zur Bewältigung aktueller Herausforderungen in der Produktion	Fertigungsindustrie steht vor vielen Herausforderungen; AR bietet Potenziale zur Verbesserung von Fertigungsprozessen in Bezug auf von Produktivität, Ausbildung und Sicherheit; der Mensch ist ein zentraler Part im Produktionssystem und muss mit Technologien (AR) unterstützt werden.

Zusammenfassend können folgende Ergebnisse festgehalten werden. Eine Vielzahl der identifizierten Arbeiten verweisen darauf, dass die Fertigungsindustrie vor zahlreichen Herausforderungen steht und die Produktion dementsprechend angepasst werden muss. Dazu zählen z. B. verkürzte Innovationszyklen, veränderte Ansprüche seitens der Kunden nach individualisierten Produkten oder sich ändernden Marktanforderungen. Dies führt dazu, dass u. a. die Anzahl an die Produktvarianten und die Komplexität eines Produktionssystems ansteigt. Um diesen Herausforderungen gerecht zu werden, besteht ein Bedarf an einer flexiblen und effizienten Produktion [RW2008; Bü+2017; He+2018; Ri+2018; KV2019; Ed+2020] . In diesem Zusammenhang nehmen ebenso die Anforderungen an die Fabrikplanung zu, da diese einen komplexen und ressourcenintensiven Prozess darstellt [HF2020]. Nicht nur in der Fabrikplanung, sondern ebenso in der Logistik sind diese Anforderungen erkennbar. Die Digitalisierung verändert intralogistische Prozesse und führt zu einer Zunahme an Informationen [JKM2017].

Zusätzlich zu den Herausforderungen wurde identifiziert, dass der Mensch neben Technologien einen zentralen Teil im Produktionssystem einnimmt, um die Gesamtproduktivität zu steigern und weiter wettbewerbsfähig zu sein. Die menschliche Arbeitskraft bietet einen hohen Grad an Flexibilität, Kreativität sowie die Fähigkeit, auf Grundlage von Intuition zu entscheiden. Diese Fähigkeiten können u. a. eingesetzt werden, um einen Produktionsprozess an die vorhandenen Umstände schneller anzupassen. Somit ist es von Bedeutung, den Menschen mit neuen innovativen Anwendungen zu unterstützen und in die Prozesse miteinzubeziehen [De+2015; Bo2015; Ed+2020]. Dies veranlasst den Bedarf an neuen Technologien und Assistenzsystemen, um zum einen wettbewerbsfähig zu bleiben und zum anderen den Menschen im produktiven Umfeld zu unterstützen. In diesem Zusammenhang wird AR als eine Möglichkeit aufgezeigt [Ed+2020; WA2015; RW2008].

Ferner werden der Technologie zahlreiche positive Eigenschaften zugesagt, wie z. B. das Potenzial zur Verbesserung von Fertigungsprozessen in Bezug auf Produktivität, Bildung sowie Sicherheit [Ed+2020]. Auch die Autoren *Kutey und Vorraber* verweisen auf das Potentiale, dass AR zu einer Verbesserung von Arbeitsprozessen führen kann, indem die Darstellung und die Generierung von Informationen vor Ort erleichtert wird. Auf Basis einer Fallstudie konnten die Autoren einen Nachweis erbringen, dass mittels AR kürzere Durchlaufzeiten und Lerneffekte entstehen [KV2019]. Eine weitere Möglichkeit ist, dass AR das Vorstellungsvermögen während einer Layoutplanung unterstützt und damit z. B. spezifische Probleme oder Anforderungen vor Ort identifiziert [NO2013]. Dadurch kann einem Planer die geforderte Flexibilität im produktiven Umfeld gewährleistet werden und diese können optimiert auf die schnell zunehmenden Veränderungen in der Produktion reagieren [RW2008]. Auch können Planungsfehler [He+2018] oder laufende Betriebskosten durch eine durchdachte Layoutplanung reduziert werden [JN2013]. In der Arbeit von *Shan et al.* wird auf die Wichtigkeit von AR in der Fabrikplanung eingegangen [SJH2010]. AR-basiertes Planen kann zu einer Zeitreduktion führen, die Qualität des Fabriklayouts verbessern und die Anzahl an Modellausprägungen bei Digital Mock-up reduzieren. Innerhalb dieses Beispiels soll der Planer in der Fabrik unterstützt werden, in dem das geplante Layout mittels AR eingeblendet wird und das Layout auf qualitative Indikatoren überprüft wird [SJH2010]. Im Bereich der Kommissionierung lassen sich auch Nachweise bzgl. der Potentiale aufzeigen. So kann z. B. eine Reduzierung der Pickzeit und Pickfehler nachgewiesen werden [Re+2009a].

Die Autoren *Souza Cardoso et al.* haben auf Basis einer Literaturanalyse die vorhandene Literatur nach vorteilhaften Eigenschaften von AR untersucht [SMZ2020]. Dabei kamen sie zu dem Ergebnis, dass in 32% der Arbeiten die Reduzierung der auszuführenden Arbeitszeit und in 26 % die Verbesserung der Qualität genannt wurde.

Ferner wurden folgende Potentiale identifiziert: die Zunahme der Lernfähigkeit, die Betriebssicherheit und die Gesundheit des Nutzers, die Erleichterung von Entscheidungen sowie die Produktionsflexibilität [SMZ2020]. In der Arbeit von *Büttner et al.* wird darauf verwiesen, dass Nutzern durch klare Anweisungen bei komplexen Prozessen durch den Einsatz von AR unterstützt werden können [Bü+2017]. Ferner ermöglicht eine visuelle Dokumentation der einzelnen Arbeitsschritte sowie die informationsbasierte Steuerung eine Verbesserung der Arbeitsqualität sowie die Reduzierung von Fehlern [Bü+2017].

Aufgrund der vorteilhaften Eigenschaften und der Potentiale zur Verbesserung von Prozessen wird die Technologie AR vielfach erforscht. Trotz der vielen Forschungen fehlt es derzeit noch an durchgängigen Anwendungen im produktiven Einsatz. Gründe dafür können z. B. die Nutzerakzeptanz, die Auswahl einer passenden Trackingmethode oder Probleme in der Genauigkeit während des produktiven AR-Einsatzes sein [NO2013; SMZ2020]. Eine weitere Herausforderung kann die derzeit vorhandene Hardware auf dem Markt sein [Bü+2017].

Ausgehend von der Zielsetzung des Reviews können folgende Ergebnisse festgehalten werden. Insgesamt konnten sieben Arbeiten im Bereich AR-basierte Planung bestimmt werden, bei welchen mobile Endgeräte eingesetzt wurden. Keine der Arbeiten bezieht sich auf die Intralogistikplanung nach der hier zugrundeliegenden Definition. Im Bereich der Intralogistik wird vermehrt die Kommissionierung betrachtet. Hierbei sollen durch den Einsatz von AR die Pickprozesse unterstützt werden. Dabei werden Wearables eingesetzt, welche meist statische Informationen in das Sichtfeld einblenden und die drei Kriterien von *Azuma*, bezogen auf das AR-Verständnis, finden keine Anwendung. Unter Einbeziehung dieser Ergebnisse erfolgt im nächsten Kapitel die fünfte und damit die letzte Phase und zwar das Ableiten der Forschungsagenda.

3.3 Zusammenfassung und Ableitung der Forschungsfragen

Nachdem in den vorherigen Kapiteln die Literatursuche sowie die Literaturanalyse durchgeführt wurde, erfolgt das Ableiten der Forschungsfragen für die vorliegende Arbeit. Innerhalb der aufgezeigten Arbeiten wurde mehrfach darauf verwiesen, dass die Produktion im industriellen Umfeld einem Wandel unterliegt und der Bedarf an flexiblen und anpassungsfähigen Fabriken besteht. Folglich steht die Automobilbranche den aufgezeigten Herausforderungen gegenüber, welche in einem weiteren Schritt näher analysiert werden (vgl. hierzu Kapitel 4.1).

Wie bereits in Kapitel 2.1. aufgezeigt, wird der Intralogistik eine bedeutsame Rolle zugeschrieben. Die Intralogistik ermöglicht die interne Materialbereitstellung und damit die Sicherstellung eines reibungslosen Produktionsprozesses [Pf2010, S.180f.]. Um all diesen Herausforderungen gerecht zu werden und der steigenden Komplexität entgegen zu wirken, bedarf es innovativer Lösungen seitens der Logistikplanung sowie produktivitätssteigernde und flexibilitätsfördernde Maßnahmen in der Automobilproduktion [RW2008; Hu2016, S.118]. Erst eine durchdachte und neuartige Logistikplanung führt zu einem reibungslosen Ablauf in der operativen Logistik [Jo+2017, S.153].

Eine Möglichkeit, um der Komplexität entgegenzuwirken und die vorhandene Planung in diesem Umfeld zu unterstützen, stellt der Einsatz von AR dar. Trotz einer umfassenden Analyse konnten keine Nachweise identifiziert werden, welche den Einsatz von AR in der Intralogistikplanung näher aufzeigen. Im Bereich der Intralogistik wird vermehrt die operative Intralogistik, wie z. B. die Kommissionierung und das Picken, betrachtet. In der operativen Logistik handelt es sich meist um zusammenhangslose kleine Anwendungen, welche in einer vordefinierten Zone, wie z. B. in einem Lager, stattfinden. Es existiert eine Lücke von AR-Anwendungen im Bereich der Intralogistikplanung im

Vergleich zu weiteren Planungsprozessen. Obwohl auf dem Markt zahlreiche Technologien vorhanden sind und diese auch in anderen Anwendungsbereichen eingesetzt werden, konnten auf Basis der Literaturanalyse keine Anwendungen in der Intralogistikplanung identifiziert werden. Bislang existieren keine durchgängigen AR- Anwendungen in der Intralogistikplanung, welche in einer Produktionshalle eingesetzt werden können. Aufgrund des Einsatzes von AR in weiteren Planungsprozessen und den resultierenden positiven Eigenschaften, wird an dieser Stelle folgende Schlussfolgerung gezogen:

Assistenzsysteme mit mobilen Endgeräten in Verbindung mit AR als Basistechnologie sind eine Möglichkeit, um innerhalb der Intralogistikplanung der Automobilbranche die Interaktion von Mensch und Maschine herbeizuführen. Ausgehend davon lässt sich folgende Forschungsfrage ableiten:

Forschungsfrage 1:

Welche Voraussetzungen müssen für Augmented Reality gestützte Assistenzsysteme in der Intralogistikplanung erfüllt sein?

Dabei besteht das Ziel darin, ein Beitrag zur vorhandenen Lücke von mobilen Assistenzsystemen mit AR als Basistechnologie in der Intralogistikplanung zu liefern. Das Weiteren sollen vorhandene Rahmenbedingungen für den Einsatz aufgezeigt werden. Für die Zielerreichung erfolgt zunächst eine nähere Betrachtung der Anforderungen an die Intralogistikplanung in der Automobilbranche sowie der Anforderungen an ein mobiles AR-System. Darauf aufbauend werden Rückschlüsse zur Beantwortung der Forschungsfrage gezogen.

Ferner wurde auf Basis der Literaturanalyse festgestellt, dass der Mensch neben Technologien einen zentralen Teil im Produktionssystem einnimmt. Das Ziel ist die Gesamtproduktivität zu steigern und weiter wettbewerbsfähig zu bleiben. Dem Menschen werden u. a. kognitive Fähigkeiten sowie einen hoher Grad an Flexibilität und Kreativität zugesprochen. Es besteht die Notwendigkeit, den Menschen in den veränderten Arbeitsbedingungen miteinzubinden und mit passenden Assistenzsystemen zu unterstützen. Aufgrund fehlender Anwendungen von AR in der Intralogistikplanung existieren keine Nachweise bzgl. der Gestaltung von mobilen Assistenzsystemen im Sinne von innovativen MMS. Dabei ist von Interesse, ob die Annahmen der identifizierten Arbeiten ebenso für die Intralogistikplanung Gültigkeit finden. Ausgehend davon lässt sich die zweite Forschungsfrage bilden:

Forschungsfrage 2:

Wie kann ein mobiles Assistenzsystem mit Augmented Reality gestaltet werden, um den Intralogistikplaner zu unterstützen?

Die zweite Forschungsfrage verfolgt das Ziel aufzuzeigen, wie MMS durch den Einsatz von AR in der Intralogistikplanung gebildet werden. Dabei ist von besonderem Interesse, ob AR basierte Assistenzsysteme den Menschen umfassend in der Planung unterstützen kann. Der Fokus liegt hier vor allem auf den Eigenschaften mobiler Assistenzsysteme. Dazu zählt u. a., dass ein mobiles Assistenzsystem bei einer Entscheidungsfindung durch das Aufzeigen von Alternativen unterstützt. Ferner sollen erste Schlussfolgerungen gezogen werden, die aufzeigen, bei welchen Planungsprozessen AR umfassend eingesetzt werden kann und dadurch einen positiven Beitrag liefert. Das Ziel wird durch einen Vergleich vorhandener Planungsprozesse mit AR-gestützten Planungsprozessen erreicht. Ergänzt wird die Zielerreichung mit Hilfe eines Experiments.

Eine nähere Betrachtung der vorhandenen Literaturanalyse zeigt, dass der Einsatz von AR in der Planung positiven Eigenschaften unterliegt. Dazu zählen u. a., dass AR-Anwendungen zur Verbesserung bestehender Arbeitsprozesse führen. Darauf basierend wird die Annahme abgeleitet, dass durch AR vorhandene intralogistische Prozesse optimiert und Nutzungspotentiale generiert werden. Diese Annahme gilt es mit der dritten Forschungsfrage zu überprüfen:

Forschungsfrage 3:

Wie kann durch den Einsatz von Augmented Reality die Intralogistikplanung verbessert werden?

Hier wird das Ziel verfolgt, die Potentiale aufzuzeigen, welche durch den Einsatz von AR in der Intralogistikplanung erreicht werden. Zeitgleich soll ein Beitrag zum Stand der Wissenschaft geliefert werden. Der Beitrag bezieht sich auf eine mögliche Anwendung in der Intralogistikplanung und die Gestaltung dieser. Für die Beantwortung der Forschungsfrage wird ein AR-basierter Anwendungsfall in der Intralogistikplanung erarbeitet und mit Hilfe eines Prototyps umfassend dargestellt. Als Grundlage für die Erstellung des Prototyps wird zunächst ein Use Case erstellt. Der Use Case basiert auf den zuvor erstellten Anforderungen der Intralogistikplanung sowie der AR-Systeme. Ferner wird der Fokus daraufgelegt, wie mittels AR die Planung mit dem aktuellen Status-Quo in einer Fabrikhalle zusammengebracht werden kann. Bei der Umsetzung des Prototyps erfolgt eine nähere Betrachtung bestehender Trackingmethoden. Anschließend werden auf Basis eines Experiments die Evaluation des Prototyps durchgeführt, um Rückschlusse zur Verbesserung der Planungsprozesse zu ziehen. Dabei wird ein Vergleich von Planungsprozessen mit und ohne den Einsatz von AR durchgeführt.

Trotz vorteilhafter Eigenschaften steht der Einsatz von AR ebenso einer Anzahl an Herausforderungen gegenüber. Neben dem Einsatz einer geeigneten Trackingmethode, wurde hier u. a. auch die Nutzerakzeptanz genannt. Eine nähere Betrachtung in diesem Themenfeld zeigt auf, dass eine Technologie erst genutzt wird, wenn eine Akzeptanz vorliegt. Somit wird die Annahme aufgestellt, dass vorhandene Prozesse erst durch die tatsächliche Nutzung eines AR-Systems verbessert werden. Ausgehend davon lässt sich die vierte Forschungsfrage ableiten:

Forschungsfrage 4:

Wie kann die Akzeptanz von Augmented Reality überprüft werden und welche Faktoren haben einen signifikanten Einfluss auf die Akzeptanz?

Das Ziel der letzten Forschungsfrage besteht darin, den Einfluss der persönlichen Einstellung des Nutzers zum Thema AR in der Intralogistikplanung aufzuzeigen. Ferner soll überprüft werden, inwieweit ein Individuum AR für die Ausführung der Arbeit nutzt. Für die Zielerreichung wird das *Technology Acceptance Model (TAM)* [Da1986] eingesetzt. Das TAM ist ein theoretisches Modell, welches die Benutzerakzeptanz von Informationstechnologien aufzeigt. Dabei ist die tatsächliche Nutzung einer Technologie von der Stärke der Absicht einer Nutzung abhängig und diese wiederum von der persönlichen Einstellung des Nutzers [Da1986]. Auf Basis einer Umfrage erfolgt die empirische Auswertung des Modells. Anschließend werden Rückschlüsse gezogen, welche der zuvor festgelegten Faktoren einen signifikanten Einfluss auf die Akzeptanz ausüben.

4 Gestaltung mobiler Assistenzsysteme mit Augmented Reality in der Intralogistikplanung

Ausgehend von der durchgeführten Literaturanalyse und den zugrundeliegenden Forschungsfragen, umfasst das folgende Kapitel die Gestaltung des mobilen Assistenzsystems mit der Basistechnologie AR in der Intralogistikplanung. Bevor die Ausgestaltung und die Anwendung in Kapitel 4.4 realisiert wird, werden vorab die einzelnen Teilbereiche dafür erarbeitet. Hierfür wird in Kapitel 4.1 die Ausgangssituation der Automobilindustrie und der Intralogistikplanung als Grundlage analysiert. In Kapitel 4.2. werden die Anforderungen an die Intralogistikplanung betrachtet und eine Status Quo-Analyse intralogistischer Planungsprozesse am Beispiel des Mercedes-Benz Werks Sindelfingen durchgeführt. Die Analyse der einzelnen Prozessschritte der Planung verfolgt das Ziel, die relevanten Planungsprozesse für den Einsatz des mobilen Assistenzsystems zu definieren. In einem weiteren Schritt werden ausgehend von den vorhandenen Gegebenheiten sowohl funktionale als auch nicht-funktionale Anforderungen an ein mobiles Assistenzsystem in Kapitel 4.3 dargestellt. Die gewonnenen Ergebnisse werden anschließend in Kapitel 4.4. für die Ausgestaltung des Use Cases angewendet.

4.1 Ausgangssituation

Auf Basis der durchgeführten Literaturanalyse im vorherigen Kapitel, wurden mehrere Arbeiten identifiziert, welche darauf hinweisen, dass die Produktion im industriellen Umfeld einem Wandel unterliegt und der Bedarf an flexiblen und anpassungsfähigen Fabriken besteht (vgl. hierzu [RW2008] [He+2018] [Ri+2018] [Ed+2020] [KV2019] [Bü+2017]).

Folglich steht die Automobilbranche diversen Herausforderungen sowie einem Anstieg der Komplexität in der Produktion gegenüber. Diese sowie insbesondere die Einflüsse auf die Intralogistikplanung werden im Folgenden näher betrachtet.

Einen möglichen Einfluss auf den Anstieg der Komplexität stellen die gestiegenen Markt- und Kundenanforderungen dar. Die bestehenden Kundenanforderungen lassen sich u. a. mit den Zielgrößen des magischen Dreiecks zusammenfassen: beste Qualität, niedriger Preis und kurze Lieferzeiten [Kl2015, S.11]. Darüber hinaus entstehen seitens der Kunden steigende Erwartungen im Hinblick auf innovative Produkte unter Verwendung der neusten Technologien, wie z. B. die Integration neuster Sicherheits- sowie Elektroniksysteme. Diese Kundenerwartungen gehen mit einem steigenden Wunsch nach individualisierten Produkten zur Erfüllung der Kundenbedürfnisse einher. Für die Erfüllung werden eine große Variantenvielfalt sowie die Möglichkeit zur Individualisierung derer angeboten. Damit steigt neben verschiedenen Baureihen und Derivaten, ebenso der Umfang an Serien - und Sonderausstattungen [Kl2018, S.45f.; GSW2017]. Neben den steigenden Kundenanforderungen führen der intensive Wettbewerbsdruck und die steigende Internationalisierung zu einer hohen Fahrzeugprogrammtiefe und -breite. Dies führt dazu, dass u. a. auch Nischenprodukte oder länderspezifische Anforderungen an das Fahrzeug einen Einfluss auf das Modellangebot ausüben [Kl2018, S.45-50].

Zusammenfassend ist festzuhalten, dass u. a. steigende Kundenanforderungen nach Individualität und Verwendung innovativer Technologien, als auch die Internationalisierung und damit der Wettbewerb zu einer Variantenvielfalt in der Automobilindustrie führen. Die zunehmende Vielfalt führt zu einem Mehraufwand der Fahrzeugproduktion und damit zu einem Anstieg der Komplexität. Ein Anstieg der Komplexität in der Fahrzeugherstellung führt u. a. zu einem Komplexitätsanstieg heutiger Logistiksysteme [Kl2018, S.46]. Die steigende Komplexität außer- und innerbetrieblicher Logistiksysteme lässt sich wie folgt aufzeigen. Basierend auf Kapitel 2.1 besteht das Ziel der Intralogistik u. a. in der internen Materialbereitstellung und damit in der Sicherstellung eines reibungslosen Produktionsprozesses. Damit sind die vorhandenen Produktionsvorgänge und die intralogistischen Prozesse eng miteinander verbunden [Pf2010, S.180f.]. Um die Variantenvielfalt zu ermöglichen, laufen u. a. mehrere Baureihen auf einer Produktionslinie. Hier steht die Intralogistik in der Endmontage vor der Herausforderung, die Produktion mit entsprechenden Bauteilen zu versorgen. Dabei liegt eine große Teilevielfalt vor. Für die Produktion eines Automobils werden ca. 15.000-20.000 Positionen benötigt [Mü2013, S.13f.; Kl2018, S.45]. Die große Teilevielfalt führt wiederum zu einer hohen Umschlagshäufigkeit mit unzählig vielen Varianten und ebenso zu kurzfristigen Anpassungen in der Intralogistik [Mü2013, S.13; Th2006].

Des Weiteren üben ebenso die verkürzten Produktlebenszyklen einen Einfluss auf die Logistikprozesse aus. Hier besteht der Bedarf an standardisierten Logistikprozessen, um bei vorliegenden Anpassungen schnell und flexibel mit Neu- sowie Umplanungen reagieren zu können [RB2007, S.20]. Folglich ist zu vermerken, dass eine kontinuierliche Anpassung aufgrund der hohen Teilvielfalt und Neuplanungen dazu führen kann, dass kein aktuelles virtuelles Modell des Status Quo der Produktion und der Systeme vorliegt [RW2008]. Ferner veranlassen die aufgezeigten Gegebenheiten einen Anstieg in der Koordination der operativen Intralogistikprozesse [GSW2017, S.15].

Abschließend ist festzuhalten, dass die Automobilindustrie zum einen vor der Herausforderung steht, ein umfassendes Produktportfolio bereitzustellen und zum anderen die Komplexität in der Produktion zu bewältigen [Hu2016, S.118]. Darauf basierend werden im Folgenden die bestehenden Anforderungen an die intralogistischen Planungsprozesse näher betrachtet.

4.2 Die Planung intralogistischer Prozesse

4.2.1 Anforderungen der Intralogistikplanung in der Automobilbranche

Auf Basis des vorherigen Kapitels und um der steigenden Komplexität in der Produktion entgegen zu wirken, werden in diesem Kapitel bestehende Anforderungen an die Intralogistikplanung in der Automobilbranche aufgezeigt. Tabelle 4 stellt eine Zusammenfassung der Ergebnisse dar. Für eine nähere Betrachtung wird auf die Zielgrößen der modernen Produktion zurückgegriffen. Die Ziele der Intralogistik orientieren sich an den Zielen der Produktion. Eine Produktion sollte sich über geringe Bestände und kurze Lieferzeiten bei gleichzeitiger Flexibilität verfügen [Ih2006]. Insbesondere wird in der vorhandenen Literatur mehrfach auf die *Flexibilität* verwiesen. Zur Komplexitätsbeherrschung besteht der Bedarf an wandlungsfähigen sowie flexiblen anpassungsfähigen Fabriken. Mit Hilfe einer erhöhten Flexibilität kann die Produktion den zuvor aufgezeigten Herausforderungen sowie den Anforderungen an individualisierten Produkten seitens Kunden entgegenwirken und kurzfristig auf neue Gegebenheiten reagieren [BSG2007; He+2018]. Dabei steht ein Unternehmen in dem Spannungsfeld zwischen wirtschaftlichem Handeln und flexibler Gestaltung der Produktion. Aufgrund des volatilen Umfelds müssen vorhandene Kapazitäten aufgebaut werden, um etwaige Engpässe sowie Produktionsausfälle zu kompensieren und die gegebenen Lieferzeiten einzuhalten [Kl2015].

Ausgehend von der Anforderung an wandlungsfähige und flexible anpassungsfähige Produktion, lässt sich die geforderte *Flexibilität* auch in intralogistischen Prozessen wiederfinden. Vorhandene intralogistische Systeme, inklusive den Funktionen der operativen Logistik und logistischer Ressourcen, müssen sich ebenso kurzfristig an die veränderten Anforderungen des Produktionsprozesses anpassen.

Somit soll die Sicherstellung eines reibungslosen Produktionsprozesses und damit eine effiziente Materialversorgung der Produktion gewährleistet werden. Dies kann z. B. eine Anpassung der Transportkonzepte oder der vorhandenen LT sein, welche wiederum einen Einfluss auf das vorhandene Layout haben können [SH2018]. Folglich ist bei der vorhandenen Planung darauf zu achten, dass die Prozesse mit geringem Ausmaß einfach und schnell angepasst werden können [Kl2015]. In diesem Zusammenhang spielt die Planung intralogistischer Prozesse eine wichtige Rolle. Erst durch eine Um- oder Neuplanung des Materialflusses, des Layouts, der LT oder der Einsatzfaktoren wird ein reibungsloser Ablauf der operativen Intralogistik ermöglicht. Somit besteht der Bedarf an einer adaptiven Logistikplanung sowie an neuen Konzepten der Planung, welche die geforderte Flexibilität ermöglichen [BSG2007; SH2018]. Des Weiteren kann die gegebene Flexibilität die Einführung innovativer Technologien zur Bewältigung der Komplexität unterstützen [GSW2017].

Für die Gewährleistung der flexiblen Systeme sind *transparente und reaktionsfähige Prozesse* innerhalb der Produktion unabdingbar. Für eine schnelle Reaktionsfähigkeit werden insbesondere Informationen über den aktuellen Stand der Produktion benötigt. Dies führt dazu, dass vorhandene Probleme schnell identifiziert werden können und basierend auf den Gegebenheiten, die Planung kurzfristig angepasst werden kann. Ausgehend von der Verfügbarkeit des Ist-Stands der Produktion, kann eine Transparenz der vorliegenden Prozesse erreicht werden [Kl2015; SWG2007].

Folglich besteht eine Anforderung an die Intralogistikplanung in dem Vorhandensein von Informationen über den Ist-Stand der Planung, wie z. B. die Position von Regalen im Layout. Damit können zum einen Engpässe kurzfristig erkannt und angepasst werden und zum anderen Neu- bzw. Umplanungen unter Einbeziehung der Ist-Situation in der Montagehalle erfolgen.

In diesem Zusammenhang spielt die *allgegenwärtige Verfügbarkeit von Daten* eine bedeutsame Rolle in der Planung. Die vorhandenen Daten sollen zentral für alle Beteiligten zur Verfügung stehen. Der Planer soll in der Lage sein, die Daten ortsunabhängig zu jeder Zeit abzurufen. Aufgrund der kurzfristigen Anpassungen und der damit einhergehenden Umplanung, müssen Entscheidungen auf Basis der Planungsdaten vor Ort, d. h. direkt in der Montagehalle, getroffen werden [Kl2015]. Mit der zentralen Verfügbarkeit der Daten ist *die Digitalisierung der Planungsprozesse* unabdingbar. Neben einer durchgängigen Digitalisierung der vorhandenen Planungsprozesse sind insbesondere die dazugehörigen digitalen Werkzeuge von Bedeutung. Dabei besteht der Bedarf, dass die digitalen Werkzeuge über alle Planungsphasen hinweg angewendet werden können und somit eine durchgängige Planung ermöglichen. Hier ist darauf zu achten, dass die vorhandenen Daten gezielt bereitgestellt werden und keine Systembrüche vorliegen [SWG2007]. Darüber hinaus ist darauf hinzuweisen, dass keine einzelnen Insellösungen implementiert werden. Hier sollen die vorhandenen Planungsprozesse und Werkzeuge in eine Gesamtlösung integriert werden. Damit soll eine Synchronisierung einzelner Planungsprozesse mit angrenzenden Prozesse erreicht werden [SWG2007; Kl2015]. Zusammenfassend ist hier festzuhalten, dass die Notwendigkeit einer digitalen Datendurchgängigkeit in den Planungsprozessen der Intralogistik besteht. Zum einen sollen vorhandene Daten des Status Quo der Produktion sowie die Plandaten digital ortsunabhängig verfügbar sein. Zum anderen sollen diese Daten in einer einheitlichen Gesamtlösung integriert werden, ohne dass es zu Brüchen zwischen den einzelnen Systemen und Prozessen kommt.

Eine weitere Anforderung an die Intralogistikplanung im Zuge der Komplexitätsbeherrschung stellt die *Standardisierung der Planung* dar. Ein standardisiertes Vorgehen kann zu Synergieeffekten und zur Beschleunigung der Planungsprozesse führen. Zeitgleich steht ein zu hohes Ausmaß der Standardisierung im Widerspruch zu der geforderten Flexibilität. Hier kann es z. B. zu Einschränkungen der Kreativität des Menschen kommen. Die Logistikplanung steht vor der Herausforderung die bestehenden Planungsprozesse in einem Ausmaß zu standardisieren, dass der Mensch weiterhin in der Lage ist, die Planung optimal mit seiner vorhandenen Berufserfahrung sowie kognitiven Fähigkeiten auszuführen. Der Standardisierungsgrad zeigt sich u. a. in den Vorgaben des Vorgehens sowie in vorgegeben Planwerten. Die Bewältigung der Planungsaufgabe soll dabei dem Menschen mit seinen Fähigkeiten überlassen werden [BSG2007].

Abschließend ist festzuhalten, dass mehrfach auf den Bedarf neuer Methoden und digitaler Werkzeuge zur Bewältigung der Komplexität sowie zur Schaffung schlanker Planungsprozesse verwiesen wurde. Aufgrund dessen werden an dieser Stelle die Anforderungen kurz angerissen. Zunächst besteht das Ziel den Planer mit digitalem Werkzeug im Arbeitsalltag zu unterstützen, um die oben genannten Anforderungen einhalten zu können. Dabei soll die Anwendung einfach anzuwenden sein und durch eine Darstellung relevanter Informationen den Menschen zielgerichtet unterstützen. Gleichzeitig ist von Bedeutung, dass der Einsatz digitaler Planungswerkzeuge an den jeweiligen Planungsaufgaben ausgerichtet ist und damit zielgerichtet in den Planungsprozess integriert wird. Auch hier und wie bereits aufgezeigt, ist die Verfügbarkeit von relevanten Daten unabdingbar. Erst durch das Vorhandensein und der Strukturierung von Informationen können die Werkzeuge durchgängig eingesetzt werden [SWG2007]. Eine nähere Betrachtung der Anforderungen erfolgt im Kapitel 4.3 unter dem Aspekt mobile Assistenzsysteme.

Tabelle 4: Zusammenfassung der Anforderungen an die Intralogistikplanung (eigene Darstellung)

Anforderung	Beschreibung
Flexibilität	• Kurzfristige Anpassung an die veränderten Anforderungen des Produktionsprozesses • Einfache und schnelle Anpassung der Prozesse durch die Planung • adaptive Logistikplanung • Einführung innovativer Technologien
Ermöglichung transparenter und reaktionsfähiger Prozesse	• Bedarf an Informationen über Ist-Stand der Planung und laufende Prozesse • Einbeziehung von Planungsdaten bei Neu- bzw. Umplanungen
allgegenwärtige Verfügbarkeit von Daten	• Zentrale Verfügbarkeit relevanter Daten • Orts- und zeitunabhängiger Abruf von Daten, wie z. B. in der Montagehalle
Digitalisierung der Planungsprozesse	• Verfügbarkeit digitaler Planungswerkzeuge in allen Planungsphasen • Vermeidung von Systembrüchen • Digitale Datendurchgängigkeit
Standardisierung der Planung	• Synergieeffekte und Beschleunigung der Planungsprozesse durch angemessenes Ausmaß an Standardisierung

4.2.2 Die Intralogistikplanung der Mercedes-Benz AG

Aufgrund der fehlenden Literaturnachweise (vgl. hierzu Kapitel 3.2) in Bezug auf AR in der Intralogistikplanung werden in der vorliegenden Arbeit exemplarisch die intralogistischen Planungsprozesse bei der Mercedes-Benz AG im Werk Sindelfingen näher betrachtet. Dabei wird die Basis für das weitere Vorgehen dieser Arbeit geschaffen. Hierzu werden im Folgenden die Abfolge die einzelnen Planungsschritte dargestellt. Darauf aufbauend werden mögliche Handlungsfelder identifiziert und etwaige Prozesse des AR-basierten Assistenzsystems für die folgenden Kapitel definiert. Wie bereits in Kapitel 2.1.2 aufgezeigt umfasst die Intralogistikplanung drei Hauptaufgaben und zwar die Materialfluss-, die Einsatzfaktoren- und die Ladungsträgerplanung, welche am Beispiel der Mercedes-Benz AG im Folgenden umrissen werden.

Materialflussplanung

Die *Materiaflussplanung* umfasst sowohl die Prozess- als auch die Layoutplanung. Im Fokus der Planung steht die Sicherstellung der Materialflüsse inklusive der Informationsflüsse und damit die Gewährleistung einer Versorgung in der Produktion. Der Prozess der Materialflussplanung ist in Abbildung 19 dargestellt.

Ausgehend von der Produktstrategie und eines Produktbeschlusses erfolgt der Auftrag für eine Ausplanung in der Vorserien- und Serienplanung. Beispielhaft kann hierfür die Einführung einer neuen Baureihe oder eines Derivats sein. Im Folgenden werden zunächst die einzelnen Prozessschritte der Vorserienplanung näher betrachtet. In einem ersten Schritt werden die Vorgaben der Strategie auf Basis des Bestellwesens und des Controllings verifiziert und die Termine bis zum SOP-Termin fixiert. Darauf aufbauend wird das Mengengerüst mit der Summe aller Transportketten erstellt.

Auf Basis von Baureiheninformationen werden die Materialstücklisten sowie die Anzahl der Sachnummern im Mengengerüst erstellt. Darüber hinaus wird hier festgelegt, welche logistischen Teile planungsrelevant sind, wie viele Teile pro Tag an welcher Montagestation benötigt werden und welche Logistikstationen durchlaufen werden. Das Ergebnis der Erstellung des Mengengerüsts umfasst u. a. Umschlagskennzahlen, Planwerte für die Einsatzfaktoren- und eine layoutbasierte Materialflussplanung. Im Anschluss erfolgt die Gestaltung der Logistikkonzepte für einen ganzheitlichen Planungsprozess der Intralogistik. Ausgehend von dem Line-Back Prinzip stehen dem Planer verschiedene Gestaltungskonzepte zur Verfügung. Diese umfassen standardisierte Technologien und Verfahren, wie z. B. standardisierte LT oder eine fahrzeugbezogene Kommissionierung. Daraus lassen sich diverse Standardbelieferungsprozesse (SBP) ableiten. Die SBP bilden den gesamten Materialfluss von Wareneingang über die Bereitstellung zu dem Montageband bis zum Warenausgang ab. Nach der Auswahl des SBP werden unter Einbeziehung standardisierter Kriterien das dazugehörige Transportmittel sowie der Rücktransport bestimmt. Beispielhaft wird zunächst ein GLT-Prozess als SBP festgelegt. Dieser lässt sich sowohl mit einem Stapler, als auch mit einer Route oder einem AGV transportieren. Dabei hat die Auswahl des Konzeptes Auswirkungen auf die Layoutplanung, die LT-Planung sowie die Einsatzfaktorenplanung. Die Prozessplanung als Teil der Materialflussplanung ist vollendet, nachdem für jedes logistikrelevante Bauteil die Logistikstationen und damit die Transportketten geplant wurden.

An dieser Stelle startet die *Layoutplanung*. Hier werden die Logistikflächen beplant und damit die Festlegung einer räumlichen Anordnung der Intralogistik in der Produktionshalle. Dazu werden in einem ersten Schritt die Ergebnisse der Prozessplanung in das Groblayout der Montagehalle überführt sowie überprüft. Hier ist besonders von Interesse, ob sich die ausgewählten SBP sowie die dazugehörigen Transportmittel in das Groblayout integrieren lassen. Falls dies nicht der Fall ist, muss die Prozessplanung angepasst werden. Darauf aufbauend erfolgt die Feinplanung mit Hilfe eines CAD-Planungstools. Die Feinplanung zeichnet sich im Vergleich zum Groblayout durch einen höheren Detaillierungsgrad aus. In der Feinplanung werden die Logistikstationen sowie dazugehörige Transportwege, wie z. B. eine Fahrstraße, exakt im Hallenlayout verortet. Darüber hinaus wird hier die Ausgestaltung der Materialbereitstellung am jeweiligen Verbauort vorgenommen. Dies kann beispielhaft die Planung von Regalen und LT an einer Montagestation sein. Damit ist das Ergebnis der Feinplanung ein lagerichtiges 3D-Modell aller Logistikflächen in der Montagehalle.

Nachdem eine erste Implementierung der Feinplanung in der Montagehalle erfolgt, soll der Planer Überprüfungen in der Montagehalle durchführen. Hierbei soll sichergestellt werden, dass zum einen die Planung fehlerfrei war und zum anderen die Umsetzung korrekt durchgeführt wurde. Für eine Überprüfung vor Ort werden die Feinpläne, teils in ausgedruckter Form, mitgenommen und mit dem Soll-Stand in der Halle abgeglichen. Dabei werden kritische Stellen händisch nachgemessen und für weitere Schritte dokumentiert. Kleine Anpassungen, wie z. B. eine fehlerhafte Position eines Regals, werden direkt durch den jeweiligen Planer ausgeführt. Der Regelfall sieht vor, dass Änderungen manuell in das CAD-Planungstool eingepflegt werden, sobald der Planer zurück an seinem Arbeitsplatz ist. Nach erneuter Umsetzung finden ebenso Vor-Ort-Begehungen in der Montagehalle statt.

Ab diesem Punkt der Materialflussplanung und damit nach dem SOP startet die Serienplanung. Diese übernimmt die Steuerung und die Planung während des Serienbetriebs. Die Aufgaben eines Serienplaners umfassen eine Überprüfung der vorhandenen Planung auf Aktualität sowie das Ableiten von Änderungsmaßnahmen. Aufgrund von technologischen Neuerungen oder bedarfsorientierten Anforderungen können Umplanungen der Gestaltungskonzepte vorgenommen werden. Bei Umplanungen der Gestaltungskonzepte wird der oben beschriebene Prozess ab der Planungsaufgabe „Auswahl SBP“ durchgeführt.

Ladungsträgerplanung

Das Ziel der *Ladungsträgerplanung* besteht in der Auswahl eines passenden LT unter Beachtung des gegebenen Layouts und der Transportketten. Damit soll das zu befördernde Material möglichst wirtschaftlich und unter Einbehaltung der vorhandenen Qualität an den Zielort transportiert werden. Durch eine optimale Auslastung der LT kann eine größere Anzahl an Bauteilen gleichzeitig befördert werden. Der Prozess der LT-Planung ist in Abbildung 20 dargestellt. Zunächst werden die Aufgaben der Vorserienplanung näher betrachtet. Bevor die Planung startet, müssen relevante Informationen über die jeweiligen Bauteile vorliegen. Hier können Informationen der Vorgänger Baureihe auf die aktuelle übertragen werden. Ferner stehen die LT-Planer in engen Kontakt mit den Kollegen von der Entwicklung der Bauteile. In Abhängigkeit des Bauteils kann für den Transport die Notwendigkeit in der Zerlegung in Einzelteile bzw. einer Anpassung des Bauteiles bestehen. Nach der Auswahl eines Bauteils werden die vorhandenen Logistikkonzepte und damit die SBP überprüft. In einem weiteren Schritt wird ein CAD-Volumenmodell des LTs mit den jeweiligen Bauteilen erstellt. Diese Informationen werden der Prozessplanung zur Verfügung gestellt.

Im Anschluss werden in der Feinplanung, unter Verwendung von CAD-Systemen, die LT-Inhalte sowie die Eigenschaften der Bauteile detaillierter betrachtet und in dem Layout auf Passgenauigkeit überprüft.

Innerhalb der Serienplanung bestehen die Aufgaben darin, bei kurzfristigen Prozess- oder Bauteiländerungen die LT auf Aktualität zu überprüfen. Darüber hinaus übernimmt die Serienplanung Vor-Ort-Begehungen, um vorhandene Prozesskosten zu optimieren. In diesem Schritt werden die LT auf Füllgrad, auf eine Anpassung des LT-Typs sowie auf das vorliegende Füllmaterial überprüft. Für die Kontrolle in der Montagehalle liegen die Planungsinformation teils in ausgedruckter Form sowie digital vor und werden mit dem Soll-Stand abgeglichen. Dabei werden vorliegende Probleme und Änderungen dokumentiert. Sobald der Planer zurück an dem Arbeitsplatz ist, werden die Änderungen manuell in das Planungstool eingepflegt. Zu der weiteren Aufgabe zählt ebenso die Auslaufbetreuung sicherzustellen. Sobald ein Auslauf einer Baureihe bevorsteht, wird überprüft inwieweit die LT für die kommende Baureihe wiederverwendet oder entsorgt werden können.

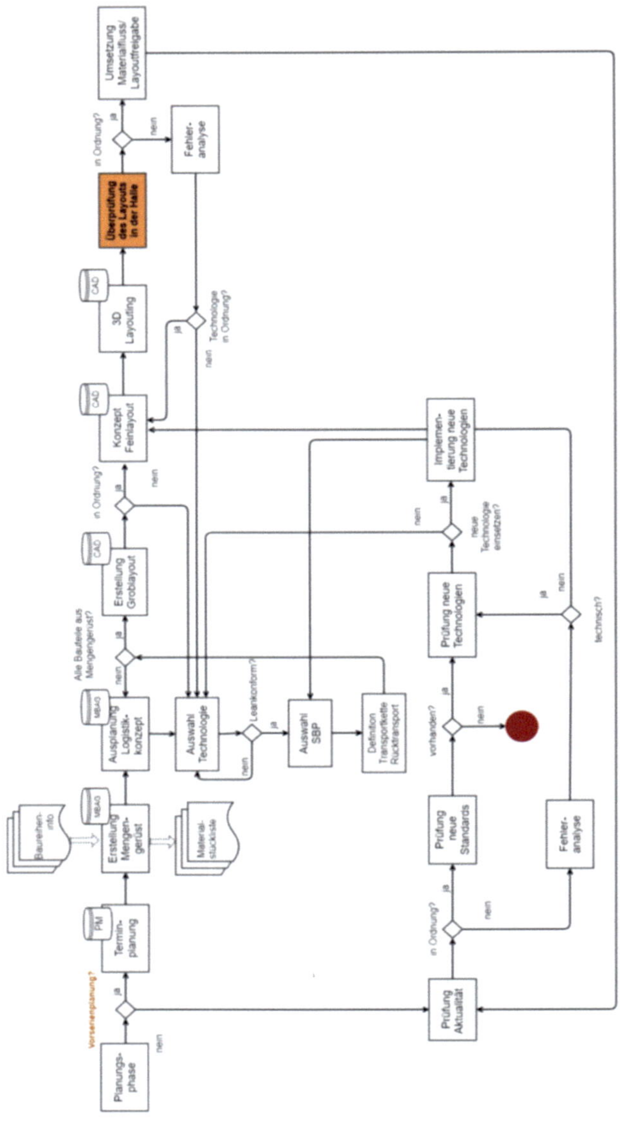

Abbildung 19: Die Aufgaben der Materialflussplanung (eigene Darstellung)

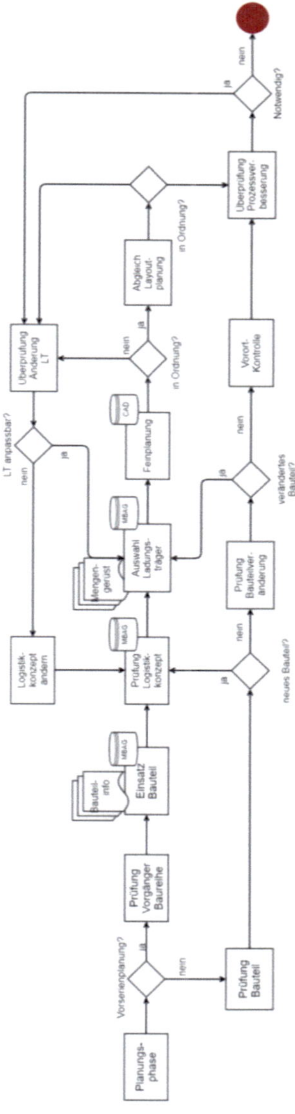

Abbildung 20: Die Aufgaben der Ladungsträgerplanung (eigene Darstellung)

Einsatzfaktorenplanung

Für die Belieferung der LT werden entsprechende Transportkonzepte benötigt, welche in der *Einsatzfaktorenplanung* bestimmt werden. Das Ziel der Einsatzfaktorenplanung besteht in der Festlegung der benötigten Transportmittel, um die Versorgung am Verbauort sicherzustellen. Abbildung 21 illustriert den Prozess der Einsatzfaktorenplanung. Zunächst werden in der Vorserienplanung die festgelegten SBP und die dazugehörigen Transportketten aus der Materialflussplanung überprüft. Hier liegt der Fokus in einer detaillierten Ausplanung der Einsatzfaktoren in Abhängigkeit des Layouts. Nach erfolgreicher Überprüfung, ob die ausgewählte Belieferungsform mit dem Layout übereinstimmt, wird die Anzahl neu zu beschaffender Einsatzfaktoren bestimmt. Unter Betrachtung des Materialflusses und die darin festgelegten Faktoren wird berechnet, wie viele Einsatzfaktoren für eine zuverlässige Versorgung notwendig sind. Die optimale Anzahl an Einsatzfaktoren können unter Einbeziehung verschiedener Verfahren sowie Simulationen bestimmt werden. Hier soll eine gleichmäßig verteilte Auslastung der Einsatzfaktoren über die einzelnen Arbeitsschichten erreicht und damit Engpässe vermieden werden. Folglich überprüft der Planer zunächst, ob bereits vorhandene Einsatzfaktoren eingesetzt und somit zusätzliche Investitionskosten reduziert werden können. In einem weiteren Schritt wird die Bestellung fehlender Einsatzfaktoren in Auftrag gegeben. Nach einem erfolgreichen Abgleich mit dem Layout sowie nach der Beschaffung wird die Implementierung der Einsatzfaktoren durchgeführt. Auch an dieser Stelle können Vor-Ort-Begehungen in der Montagehalle notwendig sein. Hier gilt es die ausgewählten Einsatzfaktoren zu überprüfen. Beispielhaft zählt dazu die Kontrolle, ob sich AGVs mit den entsprechenden Materialien problemlos in der Montagehalle fortbewegen können oder ob basierend auf dem Layout Hindernisse überwunden werden müssen. Bei Bedarf wird die Belieferungsform und die Transportkette am Arbeitsplatz angepasst.

Nach dem SOP übernimmt die Serienplanung. Die Aufgabe der Serienplanung umfasst die Überprüfung der Einsatzfaktoren, falls es zu Änderungen des Materialflusses oder der Belieferungsform kommt. Ferner wird ebenso eine Optimierung des bestehenden Prozesses verfolgt, um mögliche Auslastungsspitzen und Engpässe zu vermeiden. Folglich besteht auch in der Serienplanung der Bedarf an regelmäßigen Vor-Ort-Begehungen, um etwaige Anpassungen vorzunehmen.

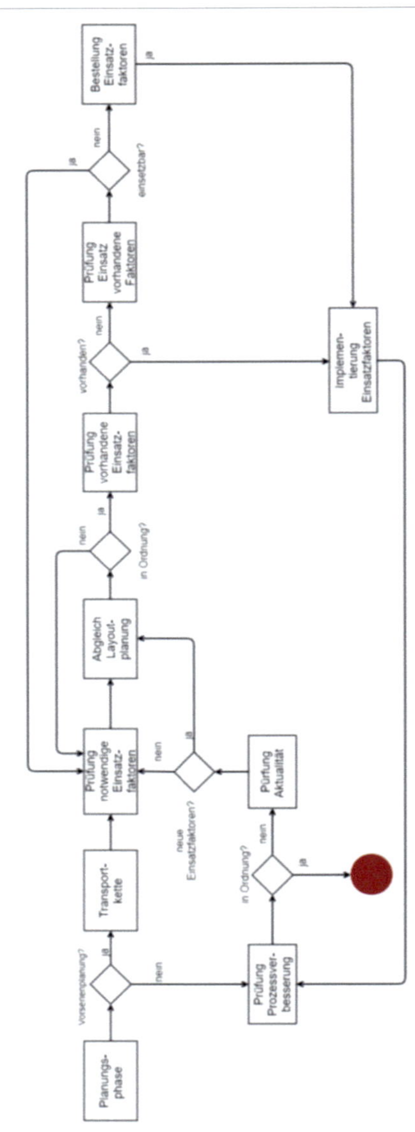

Abbildung 21: Die Aufgaben der Einsatzfaktorenplanung (eigene Darstellung)

4.2.3 Mögliche Handlungsfelder der mobilen Assistenzsysteme zur Unterstützung der Intralogistikplanung

Nachdem die einzelnen Aufgaben der verschiedenen Planungsarten am Beispiel der Mercedes-Benz AG näher betrachtet wurden, werden im Folgenden für die Zielerreichung relevante Planungsprozesse für das AR-basierte Assistenzsystem definiert. Als Basis für die Identifikation werden die zuvor aufgezeigten Prozesse näher untersucht. Dafür werden mögliche Handlungsfelder entlang der Planungsaufgaben bestimmt (siehe Anhang A). Für eine verständliche Übersicht wird dabei auf die zuvor bestimmten Anforderungen in Kapitel 4.2.1 zurückgegriffen.

Zunächst wird die Materialflussplanung näher betrachtet. Innerhalb der Materialflussplanung ist eine *Standardisierung* durch die SBP gegeben. Die Planer können auf Basis der Gestaltungskonzepte die passenden Technologien und Verfahren zur Sicherstellung des Materialflusses anwenden. Aufgrund der vorliegenden Auswahlkriterien an verschiedenen LT und Transportmittel, wird die Kreativität und die bestehende Berufserfahrung des Planers nicht eingeschränkt. Ein weiterer Vorteil der Standardisierung liegt darin, dass über alle Werke hinweg nach demselben Vorgehen geplant wird. Dies ermöglicht bei Bedarf eine *schnelle Reaktionsfähigkeit*. Alle Logistikplaner sind mit den jeweiligen Planungsprozessen und dem Vorgehen vertraut, unabhängig davon, ob diese vorab von ihnen geplant wurden. Folglich ist die *geforderte Transparenz* als weitere Anforderungen gegeben. In dem Planungsschritt „Ausgestaltung Logistikkonzept" und den dazugehörigen Unterschritten erfolgt auf Basis der Standardisierung eine Dokumentation der festgelegten Belieferungsformen. Folglich liegen dem Planer *aktuelle Informationen* vor. Diese Informationen können bei Bedarf kurzfristig angepasst werden und dienen als Ausgangsbasis für weitere Planungsprozesse.

Zusammenfassend ist festzuhalten, dass innerhalb der Prozessplanung und damit insbesondere innerhalb der Ausgestaltung des Logistikkonzeptes kein notwendiger Handlungsbedarf identifiziert werden konnte.

Dahingegen wurden innerhalb des Teilaspekts der Layoutplanung diverse Handlungsbedarfe bestimmt, welche im Folgenden aufgezeigt werden. Zunächst werden auf die Aspekte *Digitalisierung der Planungsprozesse* sowie auf die *digitale Datendurchgängigkeit* eingegangen. Wie bereits aufgezeigt, besteht das Ziel der Feinplanung ein lagerichtiges 3D-Modell aller Logistikflächen in der Montagehalle zu erstellen. Damit ist zum einen eine Digitalisierung der Planungsprozesse gegeben. Dennoch zeigt zum anderen eine nähere Betrachtung der Planungsaufgabe auf, dass innerhalb der Layoutplanung verschiedene Informations- und Planungssysteme zur Planung eingesetzt werden (siehe Anhang A). Hier kann es zu der Notwendigkeit kommen, dass die Planungsdaten in unterschiedliche Informations- und Planungssysteme, wie z. B. in das CAD-Planungstool, übertragen werden müssen. Dabei können Systembrüche und Übertragungsfehler entstehen. Dies kann zu einem fehlerhaften Planungsstand führen und damit zu einer inkorrekten Implementierung des Geplanten in der Montagehalle. Folglich kann eine digitale Datendurchgängigkeit trotz dem Einsatz von digitalen Planungstools nicht gewährleistet werden. Aufgrund der Nutzung diverser Informations- und Planungssysteme sind aktuelle Planungsdaten *nicht immer* zentral für alle beteiligten Planer *verfügbar*. Ferner können die Daten nicht ortsunabhängig aufgerufen werden. Aufgrund von fehlenden aber auch von fehlerhaften Plandaten kann keine *Transparenz* über die Planungsphasen hinweg gewährleistet werden. Hierbei wird die *Flexibilität* des Planers eingeschränkt.

Weiterer Handlungsbedarf lässt sich ebenso in dem darauffolgenden Planungsschritt und zwar in den Vor-Ort-Begehungen zur Überprüfung des Layouts in der Montagehalle ableiten. In diesem Schritt ist sowohl die *allgegenwärtige Datenverfügbarkeit* als auch eine *Digitalisierung der Planungsprozesse* in der Vorserienplanung nicht konstant gegeben. Für die Vor-Ort-Begehungen, um die vorhandene Planung abzusichern, stehen dem Planer derzeit keine durchgängigen digitalen Werkzeuge zur Verfügung. Die vorliegenden Feinpläne werden zum Teil in ausgedruckter Form mitgenommen und mit dem aktuellen Umsetzungsstand abgeglichen. Bei Bedarf werden kritische Stellen, z. B. mit einem Maßband, nachgemessen und in den vorhandenen Feinplan eingezeichnet. An dieser Stelle ist hervorzuheben, dass eine *allgegenwärtige Verfügbarkeit von Planungsdaten* nicht durchgängig im System greifbar ist. Die vorhandenen Daten sind vermehrt nicht zentral für die Planer verfügbar. Somit kann der Planer diese nicht ortsunabhängig zu jeder Zeit abzurufen. Folglich können keine kurzfristigen Entscheidungen auf Basis der Planungsdaten vor Ort getroffen werden.

Aufgrund der fehlenden Verfügbarkeit werden die entstehenden Umplanungen manuell in das CAD-Planungstool eingepflegt, sobald der Planer zurück an seinem Arbeitsplatz ist. Ausgehend von diesem Vorgehen lassen sich diverse Handlungsfelder ableiten. Zunächst können durch das händische Messen und Abgleichen Messfehler entstehen, welche wiederum in das CAD-Planungstool übertragen werden. Ferner können in diesem Schritt auch Übertragungsfehler entstehen. Damit ist festzuhalten, dass in dem Planungsschritt Vor-Ort-Begehung in der Montagehalle, Systembrüche aufgrund der fehlenden Verfügbarkeit von Daten vorliegen und damit auch keine durchgängige Digitalisierung gegeben ist.

Ausgehend davon ist abzuleiten, dass sowohl die *geforderte Flexibilität* als auch die *Reaktionsfähigkeit der vorhandenen Planungsprozesse* nicht erfüllt werden können. Aufgrund fehlende digitaler Planungsdaten zur Überprüfung in der Montagehalle ist der Planer nicht in der Lage, kurzfristige Anpassungen vorzunehmen. Damit kann nicht gewährleistet werden, dass die Prozesse mit geringem Ausmaß einfach und schnell angepasst werden können.

Nachdem zunächst die Vorserienplanung im Hinblick auf Handlungsbedarfe betrachtet wurde, erfolgt an dieser Stelle eine Betrachtung der Serienplanung. Die Serienplanung ist für die Überprüfung der vorhandenen Planung in der Montagehalle verantwortlich. Innerhalb der Überprüfung auf Aktualität lassen sich folgende Problemfelder ableiten. Eine nähere Betrachtung zeigt auf, dass eine Pflege des Layoutstands im Hinblick auf *Aktualität* sehr aufwändig ist. Ausgehend von einer laufenden Produktion, werden innerhalb der Montagehalle kurzfristige Anpassungen vorgenommen. Beispielhaft werden durch Produktionsmitarbeiter LT oder Regale an einer Montagestation verschoben oder stationsübergreifend umverteilt, um den Montageprozess zu vereinfachen und um die hohe Teilevielfalt zu koordinieren. Wie bereits aufgezeigt werden für die Endmontage eines Fahrzeuges ca. 15.000-20.000 Positionen benötigt. Diese hohe Teilevielfalt gilt es zu bewältigen, sodass ein reibungsloser Produktionsprozess gewährleistet werden kann. Dadurch werden Veränderungen im vorhandenen Layout vorgenommen, ohne dass die relevanten Logistikplanungsbereiche informiert werden. Es liegen dem Intralogistikplaner nicht durchgängig *Informationen* bzgl. des aktuellen Status Quo der Produktion in Layoutplänen vor. Dies kann zur Folge haben, dass Umplanungen sowie benötigte Anpassungen auf einem veralteten Planungsstand aufbauen und dadurch Planungs- sowie Folgefehler entstehen. Um dem entgegen zu wirken, finden vermehrt Vor-Ort-Überprüfungen statt. Hier wird an den oben beschriebenen Ablaufprozess der Vor-Ort-Begehungen zur Überprüfung des Layouts angesetzt.

Innerhalb dieses Planungsschritts der Serienplanung ist die geforderte *Flexibilität* sowie eine *schnelle Reaktionsfähigkeit* und *Transparenz* nicht durchgängig gegeben. Aufgrund den fehlenden, aktuellen Planungsdaten und der benötigten Vor-Ort-Begehungen können keine einfachen und kurzfristigen Anpassungen in der Montagehalle vorgenommen werden. Darüber hinaus kann die *Transparenz der Planungsprozesse* nicht gewährleistet werden, da keine Informationen über den aktuellen Planungsstand vorliegen. Dies führt dazu, dass vorhandene Probleme sowie Planungsfehler nicht eindeutig identifiziert werden können. Folglich ist die *allgegenwärtige Verfügbarkeit von Daten* als Anforderung nicht vorhanden. Zum einen stehen dem Planer in der Montagehalle für die Überprüfung des Planungsstands keine digitalen Daten zur Verfügung. Zum anderen existieren keine aktuellen Daten des Layouts. Somit liegen hier Systembrüche vor und eine *durchgängige Digitalisierung* kann aufgrund des fehlenden digitalen Planungswerkzeugs nicht erreicht werden.

Die Materialflussplanung umfasst im Vergleich zu der LT- und der Einsatzfaktorenplanung das größte Aufgabenspektrum. Beispielhaft werden die LT und die Einsatzfaktoren auf Basis der Transportketten aus der Materialflussplanung geplant. Sobald Verzögerungen in der Materialflussplanung entstehen, hat dies wiederum Auswirkungen auf die LT- und die Einsatzfaktorenplanung. Ausgehend von der Stellung der Materialflussplanung entlang der gesamten Intralogistikplanung, werden im Folgenden ausschließlich Prozessschritte der Materialflussplanung betrachtet. Hier konnten diverse Handlungsbedarfe abgeleitet werden, welche in Abbildung 22 zusammengefasst sind. Es wurden vor allem Handlungsbedarfe innerhalb der Schritte Erstellung Grob- und Feinlayout sowie Überprüfung des Layouts vor Ort bestimmt.

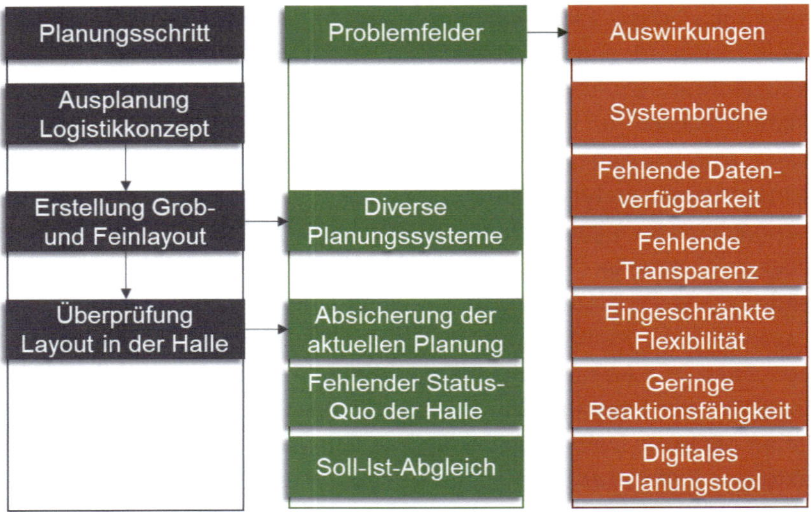

Abbildung 22: Identifizierte Problemfelder innerhalb der Materialflussplanung (eigene Darstellung)

Der Planungsschritt *Erstellung Grob- und Feinlayout* wird im Folgenden als gegeben vorausgesetzt. Unter Einbeziehung der zugrundeliegenden Eigenschaften des mobilen Assistenzsystems findet an dieser Stelle keine umfassende Betrachtung statt. Dahingegen wird im Folgenden der Fokus auf die *Überprüfung des Layouts in der Halle* innerhalb der Vorserien- und Serienplanung gelegt. In Abbildung 19 ist der dazugehörige Prozessschritt farblich hervorgehoben, Bei der Vorserienplanung besteht Handlungsbedarf bei der Absicherung der bestehenden Planung direkt in der Produktionshalle. In der Serienplanung wurde ebenso ein Handlungsbedarf identifiziert. Aufgrund des volatilen Umfelds entstehen viele kurzfristige Änderungen. Dies wiederum resultiert darin, dass dem Planer kein aktuelles Abbild des Ist-Zustands der Produktionshalle sowie keine Möglichkeit für einen Soll-Ist Abgleich vorliegt.

4.3 Anforderungen an mobile Assistenzsysteme

Nachdem im vorherigen Kapitel der Planungsschritt Vor-Ort-Begehungen zur Überprüfung des Layouts in der Produktionshalle als relevanter Prozessschritt für den Einsatz mobiler Assistenzsysteme identifiziert wurde, erfolgt eine nähere Betrachtung der Anforderungen an das mobile Assistenzsystem mit AR im industriellen Umfeld. Dabei erfolgt eine Unterteilung in funktionale und nicht-funktionale Anforderungen. Mit Hilfe der funktionalen Anforderungen wird festgelegt, was das mobile Assistenzsystem machen soll. Hier werden die bereitzustellenden Funktionalitäten des Systems beschrieben. Dahingegen legen nicht-funktionale Anforderungen fest, unter welchen Bedingungen die Funktionalitäten erfüllt werden und beschreiben damit das Wie [Bl2019, S.68]. In Tabelle 5 sind die Ergebnisse zusammenfasst.

Die erste funktionale Anforderung umfasst die *Bereitstellung und die Vorbereitung notwendiger Dat*en. Basierend auf dem identifizierten Planungsschritt Vor-Ort-Begehungen, muss die Möglichkeit bestehen, dass die entsprechenden CAD-Daten aus dem dazugehörigen Planungstool exportiert werden können. Damit soll wiederum das Assistenzsystem mit den relevanten Daten versorgt werden. Neben der Versorgung soll das System dem Nutzer die vorliegenden Daten durch den Einsatz von AR visualisieren. Damit einher besteht die Notwendigkeit, dass die Daten aus dem Planungstool als 3D-Objekte vorliegen und mit den relevanten Planungsinformationen hinterlegt sind.

Eine weitere Anforderung richtet sich an die *Darstellung der Informationen*. Eine nähere Betrachtung der Eigenschaften von Assistenzsystemen zeigt auf, dass der Nutzer bei der Ausführung einer Tätigkeit unterstützt wird. Das AR-basierte Assistenzsystem soll dem Planer zukünftig mit der Darstellung zielgerichteter Informationen in seinem Arbeitsalltag umfassend unterstützen.

Dafür besteht die Notwendigkeit, dass das mobile Assistenzsystem dem Nutzer entsprechende Werkzeuge zur Darstellung sowie zur Transformation der virtuellen Objekte zur Verfügung stellt. Die Objekte sollen als Volumenmodelle lagerichtig in der Realität dargestellt werden. Dabei sollen die virtuellen Objekte sich durch eine Einfärbung von der Realität abheben. Zeitgleich soll dem Nutzer ermöglicht werden, die 3D-Objekte zu verschieben, zu rotieren sowie die Größe der virtuellen Objekte zu verändern [Bl2019, S.69f.].

Darauf aufbauend und wie in Kapitel 2.2 aufgezeigt, können mobile Assistenzsysteme den Nutzer bei Entscheidungsprozessen unterstützen. Ein Entscheidungsprozess umfasst drei Aufgaben. Zunächst wird die Entscheidung vorbereitet, indem die Gegebenheiten identifiziert werden und Alternativen zur Auswahl bereitgestellt werden. Darauf aufbauend wird die Entscheidung getroffen. Abschließend erfolgt die Entscheidungsausführung [Bl+2009, S.242]. In diesem Zusammenhang stellt eine *Analysefunktion* eine weitere Anforderung an das System. Um eine umfassende Analyse mit anschließender Entscheidung zu unterstützen, muss die Funktionalität vorliegen, dass auf Basis einer kamerabasierten Erkennung die Umgebung erfasst wird. Dadurch soll eine Überprüfung der geplanten Elemente auf Kollision mit der realen Welt stattfinden. Darauf aufbauend soll das zu entwickelnde Assistenzsystem Werkzeuge zur Auswahl von Alternativen sowie zur Veränderung des Planungselements bereitstellen. Auf Basis der erhaltenen Informationen können weitere Maßnahmen analysiert sowie abgeleitet werden [Pe+2007].

Um die Gegebenheiten zu identifizieren und ortsbezogene Informationen zur Verfügung zu stellen, besteht der Bedarf, dass das Assistenzsystem in der Produktionshalle in sechs DOF lokalisiert werden kann. Für die *Lokalisierung* soll das Assistenzsystem mit entsprechenden Funktionalitäten für das Tracking ausgerüstet sein. Das dazugehörige Trackingsystem soll das mobile Assistenzsystem befähigen, sich an einer vordefinierten Stelle in der Produktionshalle lokalisieren zu können. Dies wird benötigt, um die entsprechenden Daten an der vorgesehenen Stelle einblenden zu können. Wie bereits in Kapitel 2.3 aufgezeigt, knüpft diese Arbeit an das AR-Verständnis von *Azuma* an. Dies bedeutet, dass AR eine Realisierung der Kombination von realen und virtuellen Objekten, eine Interaktion in Echtzeit sowie eine 3D-Registrierung ermöglicht. Ausgehend davon sollen sich diese Eigenschaften in dem AR-basierten Assistenzsystem wiederspiegeln. Damit umfasst eine Anforderung die Echtzeitfähigkeit. Sowohl das Tracking als auch die Visualisierung sollen in Echtzeit erfolgen, um eine intuitive Interaktion zu ermöglichen und mögliche Fehler während der Ausführung zu reduzieren [Qu+2018].

Ausgehend davon lässt sich eine weitere funktionale Anforderung ableiten. Das mobile Assistenzsystem soll Funktionen zur *Ergebnisdokumentation* zur Verfügung stellen. Dabei sollen die Ergebnisse der Planung entweder in Form von Bild- oder Videoaufnahmen dokumentiert werden. Ferner sollen die Aufnahmen von dem Assistenzsystem in einem Datenformat so exportiert werden können, dass diese von dem Nutzer weiterverwendet werden können.

In einem weiteren Schritt werden die nicht-funktionalen Anforderungen näher betrachtet. Die erste nicht-funktionale Anforderung betrifft den *abdeckbaren Arbeitsraum* [Bl2019, S.71]. Eine Produktionshalle kann eine Fläche von bis zu 200.000 m² umfassen. Der Einsatz des mobilen Assistenzsystems bezieht sich dabei auf die Teilbereiche der Intralogistik von ca. 100 m². Folglich soll das mobile Assistenzsystem einen Arbeitsraum von mindestens 100 m² in der Produktionshalle abdecken. Dabei ist zu beachten, dass das Assistenzsystem innerhalb von Gebäuden mit bestehenden Restriktionen eingesetzt werden kann.

Ein wichtiges Kriterium von Assistenzsysteme ist der *Einsatz mobiler informationstechnischer Geräte*, wodurch sich eine weitere Anforderung ableiten lässt. Für einen möglichen Einsatz in der Intralogistik, soll das mobile System nahezu an jedem Ort in der Produktionshalle Anwendung finden. Dabei soll das Gerät an keinen spezifischen Ort gebunden sein. Somit sollen die eingesetzten mobilen Geräte klein und leicht sein, sodass der Nutzer diese problemlos transportieren und nutzen kann [CKW2013; Te+2017].

In diesem Zusammenhang ist die *Arbeitssicherheit* unabdingbar. Während der Nutzung des mobilen Systems darf der Planer, z. B. durch abstehende Kabel, nicht in Gefahr gebracht werden. Des Weiteren ist ein uneingeschränktes Sichtfeld des Anwenders jederzeit zu gewährleisten. Aufgrund des Verkehrs durch AGVs oder Gabelstapler in der Produktion muss ein freies Blickfeld durchgängig gegeben sein. Die Bewegungsfreiheit darf hierbei nicht eingeschränkt sein. Ein weiterer Aspekt ist die Ergonomie des Systems. Beispielhaft müssen bei HMDs individuelle Kriterien wie die Kopfform, das Tragen von Sehhilfen aber auch das Gewicht und hygienische Faktoren beachtet werden [RW2008; Re2009b]. Ein weiterer Punkt im Hinblick auf die Sicherheit ist der richtige Umgang mit Daten. Für das Tracking sowie die Registrierung werden u. a. Videoaufnahmen erstellt. Hier ist sicherzustellen, dass bestehende Gesetze sowie Richtlinien für die Datenerhebung eingehalten werden. Bei einer Aufnahme oder Überwachung personenbezogener Daten muss zu jederzeit die Datensicherheit zum Schutz des Planers gewährleistet sein [Qu+2018].

Ausgehend von dem Verständnis mobiler Assistenzsysteme soll eine intuitive Nutzung und selbsterklärende Interaktion mit dem System gegeben sein. Damit das System akzeptiert und während der Planung eingesetzt wird, ist eine einfache *Bedienbarkeit und positives Benutzererlebnis* wichtig. Nicht notwendige und zusätzliche Geräte oder Funktionen sollen vermieden werden, um die Schwelle für die Nutzung niedrig zu halten. Darüber hinaus soll die Beschaffung der zu benötigten Eingabedaten einfach und kein zusätzliches Hindernis sein, um einen schnellen und flexiblen Planungsprozess zu ermöglichen. Folglich soll die Benutzerschnittschnelle zwischen Mensch und System leistungsfähig sowie leicht zu bedienen sein [Pe+2007]. Ferner ist für die Schaffung eines positiven Benutzererlebnisses von Bedeutung. Im Zuge der Informationsflut sollen ausschließlich relevante Planungsdaten aufgabenbezogen zur Verfügung gestellt werden. Diese Informationen gilt es einfach und verständlich in Abhängigkeit der jeweiligen Planungsaufgabe darzustellen [Jo+2017].

In diesem Kontext ist darauf zu achten, dass die Rüstzeit vor der Verwendung gering ausfällt und der Nutzer das System ohne Mehraufwand universell einsetzen kann. Hierzu zählt die benötigte Zeit für den Aufbau des Systems, wie z. B. eine Kalibrierung oder den Aufbau eines Trackingsystems. Ferner soll das System wartungsarm sein und somit eine Systemzuverlässigkeit gewährleisten [Qu+2018]. Damit ist eine weitere Anforderung an das mobile Assistenzsystem einen möglichst *geringen Zeitaufwand* bei der Vor- sowie Nachbereitung des Einsatzes zu ermöglichen.

Tabelle 5: Zusammenfassung der Anforderungen an ein mobiles Assistenzsystem (eigene Darstellung)

	Anforderung	Beschreibung
Funktionale Anforderung	Bereitstellung und Vorbereitung relevanter Daten	• Export aus Planungssystem und Import der Planungsdaten in das Assistenzsystem • Verarbeitung der 3D-Daten
	Darstellung der Informationen	• Volumenmodell in Farbe • Funktionen zum Darstellen, Rotieren, Schieben und zur Variation der Größe
	Analysefunktion	• Werkzeug zur Auswahl, Löschen und Veränderung der Planungselemente • Kamerabasierte Erkennung der Umgebung • Kollisionsüberprüfung
	Tracking	• Lokalisierung in sechs DOF • Ausrichtung des Systems in vordefinierter Position • Echtzeitfähigkeit
	Dokumentation Ergebnisse	• Bild- oder Videoaufnahmen • Neutrales Datenformat für Export

<table>
<tr><td rowspan="7">Nicht-Funktionale Anforderung</td><td>Arbeitsraum</td><td>• Mindestens 100m²
• Innerhalb von Gebäuden</td></tr>
<tr><td>Transportfähigkeit</td><td>• Universelle einsetzbar
• Nicht ortsgebunden
• Kleine und leichte Geräte</td></tr>
<tr><td>Sicherheit</td><td>• Arbeitssicherheit
• Ergonomisch
• Datensicherheit</td></tr>
<tr><td>Bedienbarkeit und Benutzererlebnis</td><td>• Einfache Interaktion
• Ausschließlich notwendige Funktionen und Geräte
• Aufgabenbezogene Informationen
• Zuverlässige Schnittstelle</td></tr>
<tr><td>Zeitaufwand</td><td>• Rüstaufwand
• Wartungsarm
• Geringer Aufwand der Vor- und Nachbereitung</td></tr>
<tr><td>Genauigkeit</td><td>• Abweichungen von höchstens 10cm</td></tr>
<tr><td>Kosteneffektivität</td><td>• Investitionskosten sollen erwarteten Nutzen nicht überschreiten</td></tr>
</table>

Eine weitere Anforderung ist die *Genauigkeit der Darstellung* virtueller Objekte. Hier soll sichergestellt werden, dass eine Verschmelzung realer und virtueller Objekte stattfindet. Dabei sollen während der Nutzung des Systems die virtuellen Elemente präzise in das vorgesehene Feld eingeblendet werden, um mögliche Planungsergebnisse zu erhalten. Die digitalen Inhalte sollen so in der realen Welt angezeigt werden, dass die Position und die Maße mit realen Welt verschmelzen [Pe+2007; Qu+2018]. *Bliese* zeigt auf, dass mit zunehmenden, abzudeckenden Arbeitsraum die geforderte Genauigkeit abnimmt [Bl2019]. Bei einer Fläche von maximal 50 m³ für Produkt und Betriebsmittel kann die Abweichungen der Genauigkeit bis zu 1 cm umfassen. Innerhalb eines Fabrikumfelds mit einem Volumen von 1000m³ umfasst die Genauigkeit ca. 10 cm [Bl2019, S.71]. Ausgehend von dem abdeckbaren Arbeitsraum, wird an dieser Stelle eine Toleranz der Abweichung von 10 cm festgelegt.

Während der Entwicklung und der Integration des Systems lässt sich eine weitere Anforderung ableiten und zwar die *Kosteneffektivität.* Hier ist zu beachten, dass die Entwicklungskosten sowie die Integration des AR-Systems im Verhältnis zu dem erwarteten Nutzen stehen [Qu+2018].

4.4 Ausgestaltung und Anwendung des Use Cases

Nachdem in den vorherigen Kapiteln die Aspekte der Intralogistikplanung in der Automobilindustrie sowie das mobile Assistenzsystem im industriellen Umfeld näher betrachtet wurden, werden diese zusammengeführt. Dabei besteht das Ziel darin, ein mobiles Assistenzsystem mit der Basistechnologie AR in der Intralogistikplanung anhand eines Use Cases zu detaillieren.

Die Betrachtung der intralogischen Planungsprozesse am Beispiel der Mercedes-Benz AG zeigt auf, dass innerhalb der Materialflussplanung im Vergleich zu den anderen Planungsaufgaben der größte Handlungsbedarf besteht. Dabei liegt der Fokus auf dem Teilaspekt der Layoutplanung. Im vorherigen Schritt wurde aufgrund der vorliegenden Handlungsfelder die Vor-Ort-Begehungen zur Überprüfung des Layouts in der Produktionshalle als relevanter Planungsschritt für den vorliegenden Use Case identifiziert. Dabei besteht, die Hauptaufgabe des Intralogistikplaners zum einen in der Absicherung der vorhandenen Planung und zum anderen in der Durchführung eines Soll-Ist-Abgleichs.

Ausgehend von den zuvor aufgezeigten Anforderungen, können zunächst folgende Informationen zusammengefasst werden. Der ausgestaltete Use Case spiegelt das Zusammenspiel folgender drei Faktoren wieder: die digitale Layoutplanung der Intralogistik, das mobile Assistenzsystem mit der Basistechnologie AR sowie die Ist-Welt des Layouts in der Produktionshalle. Das Zusammenspiel ist in Abbildung 23 illustriert. Auf der linken Seite befindet sich der Soll- und damit der aktuelle Planungsstand der Intralogistik. Der Planungsstand entspricht der Layoutplanung, welcher in einem CAD-Planungstool hinterlegt ist. Dahingegen befindet sich auf der rechten Seite die reale Welt der Produktionshalle. Dies entspricht dem Ist-Zustand der Intralogistik. Die reale Welt kennzeichnet sich durch die kontinuierlichen

Änderungen in der Produktionshalle. Ferner spiegelt diese den Status-Quo der Produktionshalle wieder. Aufgrund des volatilen Umfelds in der Produktionshalle entspricht der Planungsstand der Intralogistik nicht dem Status-Quo in der Produktionshalle. Die Verbindung zwischen dem Soll- und dem Ist-Zustand wird durch die Pfeile symbolisiert. Um diesen Abweichungen der Planungsstände entgegenzuwirken, soll das mobile Assistenzsystem mit AR eingesetzt. Das mobile Assistenzsystem fungiert als Bindeglied zwischen der digitalen Planungswelt und der realen Welt in der Produktionshalle. Aufgrund den Funktionalitäten, kann das System den Planer bei der Absicherung sowie bei einem Soll-Ist-Abgleich unterstützen. An dieser Stelle spielt die Basistechnologie AR eine Rolle. Analog dem Begriffsverständnis wird durch den Einsatz von AR die reale Welt und die virtuelle Welt miteinander verknüpft. Diese Eigenschaft findet hier Anwendung, um die digitale Planungswelt mit der realen Welt in der Produktionshalle zu verbinden.

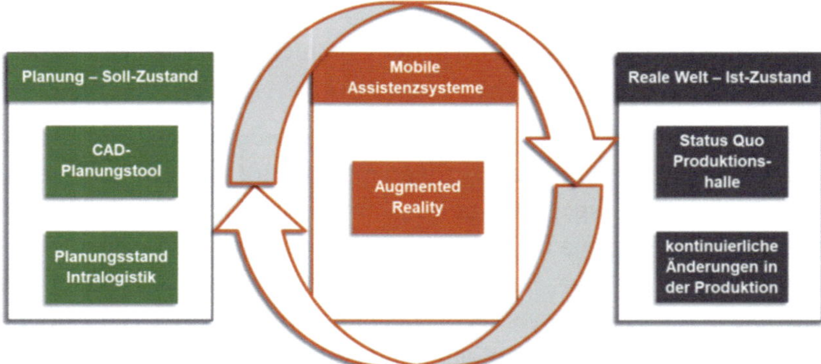

Abbildung 23: Gestaltung mobiler Assistenzsysteme mit AR in der Intralogistikplanung (eigene Darstellung)

Zeitgleich soll damit das Zusammenspiel des Menschen mit einem technischen System in der Intralogistikplanung dargestellt werden. Hier wird ein gesamtheitliches Assistenzsystem, welches sowohl Hardware als auch Software umfasst, betrachtet. Dies zeichnet sich vor allem durch einen Informationsprozess aus, indem digitale Planungsdaten der Layoutplanung zur Verfügung gestellt werden. Basierend auf der Definition von MMS (siehe Kapitel 2.2), umfasst dieses die Interaktion zwischen Menschen und Maschinen mit dem Ziel ein bestmöglichstes Ergebnis im Gesamtsystem Mensch-Maschine zu erreichen. In diesem Kontext unterstützt das Assistenzsystem den Nutzer zielgereichtet in der MMS mit der Bereitstellung relevanter Planungsdaten. Dadurch wird zum einen der Nutzer umfassend unterstützt und zum anderen wird das Ziel verfolgt, die bestehende Intralogistikplanung zu verbessern.

Im Folgenden werden basierend auf den zuvor aufgestellten Anforderungen der für diese Arbeit gültige Use Case in der Layoutplanung mit einem AR-basierten mobilen Assistenzsystems illustriert. Der Ablauf des Use Cases ist in Abbildung 24 dargestellt. Basierend auf Kapitel 4.2.2 startet der Intralogistikplaner die Materialflussplanung mit den Teilaspekten Prozess- und Layoutplanung. Dabei wird die Planung vollumfänglich an dem Arbeitsplatz mit den dazugehörigen Planungstools ausgeführt. Nach Beendigung der Planung, exportiert der Planer die CAD-Planungsdaten und importiert die Daten in das mobile Assistenzsystem. Anschließend erfolgt der Planungsschritt *Vor-Ort-Begehungen zur Überprüfung des Layouts in der Halle*. An dieser Stelle begibt sich der Intralogistikplaner in die Produktionshalle, um die zuvor ausgeführte Planung mit dem mobilen Assistenzsystem zu überprüfen. Sobald der Planer sich an dem zu überprüfenden Arbeitsraum befindet, startet er die Anwendung auf dem mobilen Assistenzsystem. Für die Nutzung der Anwendung besteht vorab die Notwendigkeit in der Initialisierung des Trackings. Dabei lokalisiert sich das mobile System in sechs DOF an der vorgesehenen Stelle.

Auf Basis des durchgeführten Trackings werden die Planungsobjekte exakt an der Position eingeblendet, an welcher diese zuvor im CAD-Layout verortet wurden. An dieser Stelle startet der Planer mit der Absicherung unter Einbeziehung der Analysefunktion. Dabei werden die Daten als Volumenmodelle dargestellt, so dass der Planer mit diesen in Echtzeit interagieren kann. Der Planer kann die digitalen Elemente mit Hilfe des Assistenzsystems schieben, rotieren sowie bei Bedarf in der Größe anpassen. Diese Funktionen ermöglichen eine umfassende Analyse des Geplanten unter Einbeziehung des Status-Quo der Produktionshalle. Durch die Interaktionsmöglichkeiten können verschiedene Szenarien durchgeplant werden. Dadurch wird der Planer bei der Entscheidung des finalen Planungsstands umfassend unterstützt. Dieser kann anschließend die richtige Planungsvariante von mehreren Alternativen auswählen. Während diesem Schritt kann die finale Position der digitalen Elemente zu jederzeit überprüft und bei Bedarf angepasst werden. Sobald die finale Position festgelegt wird, kann das Ergebnis bestätigt werden. Dieses wird mithilfe des mobilen Assistenzsystems dokumentiert. Für die Dokumentation wird ein Bild- oder eine Videoaufnahme der digitalen Planung gemacht. Abschließend beendet der Planer die Anwendung.

Infolge der Transportfähigkeit des mobilen Assistenzsystems besteht die Möglichkeit, dass der Planer an weiteren Stellen in der Produktionshalle die Planung überprüfen kann. Durch die Nutzung mobiler Endgeräte werden dem Intralogistikplaner die Planungsdaten zu jeder Zeit an jedem Ort in der Produktionshalle zur Verfügung stehen. Aufgrund dessen kann er in einem weiteren Schritt ein Soll-Ist Abgleich durchführen. Nachdem die Anwendung erneut gestartet wurde, legt sich die digitale Planung über den Status-Quo in der Halle. In diesem Zusammenhang überprüft der Planer des Geplante im Hinblick auf mögliche Kollision mit der realen Welt sowie auf Richtigkeit. Auch hier werden verschiedene Szenarien durchgeplant und anschließend dokumentiert. Anschließend begibt sich der Planer zurück an seinen Arbeitsplatz. Dort kann dieser die digitale Planung von dem mobilen Assistenzsystem exportieren. Basierend auf dem digitalen Abgleich in der Produktionshalle, aktualisiert der Planer die Planungsdaten. Dies führt dazu, dass er Folgefehler für die zukünftigen Planungen reduziert werden können.

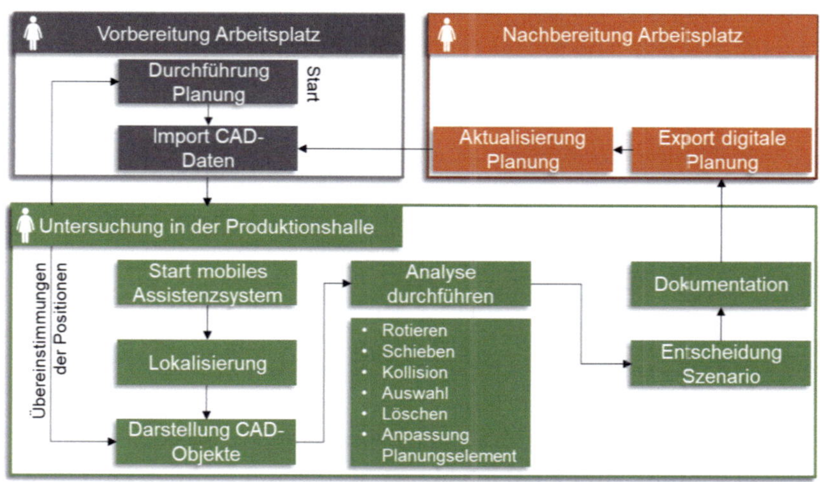

Abbildung 24: Use Case: mobiles Assistenzsystem mit AR in der Intralogistikplanung (eigene Darstellung)

Zusammenfassend können folgende Punkte aus Kapitel 4 festgehalten werden. Die vorhandene Literatur zeigt auf, dass aufgrund der steigenden Komplexität und bestehender Herausforderungen in der Intralogistik der Automobilindustrie, der Bedarf an innovativen Lösungen seitens der Logistikplanung besteht. Aufgrund des volatilen Umfelds und kurzfristigen Anpassungen intralogistischer Prozesse in der Produktionshalle, besteht die Notwendigkeit, dass während der Layoutplanung die Planungsdaten abgesichert sowie mit dem Status-Quo der Produktionshalle verglichen werden können. In diesem Zusammenhang wurde ein mobiles Assistenzsystem mit der Basistechnologie AR als eine Möglichkeit festgelegt. Das Assistenzsystem soll den Intralogistikplaner durchgängig bei einer Planungsentscheidung in der Produktionshalle unterstützen. Dabei fungiert das mobile AR-Assistenzsystems als eine durchgängige Anwendung in der Produktionshalle, um die reale mit der digitalen Welt zu verbinden. Dadurch sollen die vorliegenden Handlungsfelder innerhalb der Layoutplanung reduziert werden. Zeitgleich soll ein hoher Grad an Flexibilität innerhalb des volatilen Umfelds für den Planer ermöglicht werden. Eine allgegenwertige Verfügbarkeit der digitalen Planungsdaten führt zu einer erhöhten Transparenz der bestehenden Planungsprozesse. Für die Evaluation des Anwendungsfalls erfolgt im nächsten Kapitel die Implementierung von Prototypen.

5 Implementierung mobiler Assistenzsysteme mit Augmented Reality in einem produktiven Umfeld

Für die Zielerreichung der Arbeit erfolgt in diesem Kapitel die Ausgestaltung von Prototypen zur Evaluation des gewählten Use Cases. Hier ist besonders von Interesse, ob der Einsatz mobiler Assistenzsysteme den Menschen in der Planung intralogistischer Prozesse umfassend unterstützen kann. Dazu werden im Folgenden zunächst die Anforderungen an die AR-Trackingmethode bestimmt. Darauf aufbauend erfolgt eine Bewertung mit anschließender Diskussion zur Auswahl einer geeigneten Trackingmethode für die Erstellung des Prototyps. In Kapitel 5.2 werden die vorhandenen mobilen Endgeräte zur Realisierung eines mobilen Systems näher betrachtet. Für die Auswahl der Trackingtechnologie sowie des mobilen Endgeräts wird auf die zuvor aufgestellten Anforderungen eines mobilen Assistenzsystems zurückgegriffen. In ○ Tabelle 6 sind die Anforderungen der einzelnen Komponenten der Prototypen gegenübergestellt. Die Komponenten sind dabei das Tracking mit Registrierung, das mobile Endgerät inkl. Ein- und Ausgabegerät sowie das dazugehörige Softwaresystem. Ist eine Anforderung für die jeweilige Komponente relevant, wird das entsprechende Feld mit gekennzeichnet. Trifft das Gegenteil zu, d. h. die Anforderung hat keinen Einfluss auf die Komponente, erfolgt die Kennzeichnung durch ● . Auf Basis dieser Erkenntnisse, werden in Kapitel 5.3 die Prototypen inklusive Versuchsaufbau erstellt.

Tabelle 6: Gegenüberstellung der Anforderungen und Komponenten eines mobilen Assistenzsystems (eigene Darstellung)

	Anforderung	Tracking	Mobiles Endgerät	Software
Funktionale Anforderung	Bereitstellung relevanter Daten	○	○	●
	Darstellung der Informationen	○	●	●
	Analysefunktion	○	●	●
	Tracking	●	●	●
	Dokumentation der Ergebnisse	○	●	●
Nicht-Funktionale Anforderung	Arbeitsraum	●	●	●
	Transportfähigkeit	●	●	●
	Sicherheit	●	●	●
	Bedienbarkeit	●	●	●
	Zeitaufwand	●	●	●
	Genauigkeit	●	●	●
	Kosteneffektivität	●	●	●

Legende:

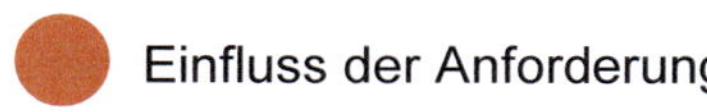

Kein Einfluss der Anforderung

5.1 Auswahl der Augmented Reality Trackingmethode

5.1.1 Anforderungen an das Trackingsystem

Für die Realisierung eines mobilen AR-Systems in der Intralogistikplanung sind neben der Gestaltung der Schnittstelle die Aspekte der Informationsverarbeitung Bedeutung. Dazu zählt das Tracking und die Registrierung. Wie bereits in Kapitel 2.3.2 aufgezeigt, existieren verschiedene Trackingsysteme. An dieser Stelle besteht die Notwendigkeit, diese miteinander zu vergleichen. Dabei wird das Ziel verfolgt, eine geeignete Trackingmethode für die folgenden Prototypen zu identifizieren. Für einen möglichen Vergleich der Methoden werden die bestehenden Vor- und Nachteile aus Kapitel 2.3.2 gegenübergestellt. Darauf aufbauend werden die bestehenden Anforderungen eines mobilen Assistenzsystems aus Tabelle 6 näher betrachtet.

Der erste Punkt, basierend auf Kapitel 2.3.2, umfasst die *Einschränkung des Sichtfelds*. Unter diesem Punkt wird festgehalten, inwieweit Einschränkungen im Sichtfeld und die damit möglichen Verdeckungen der Trackingmethode einen Einfluss auf die Performance des Systems ausüben.

Darüber hinaus umfasst eine weitere Anforderung die *Realisierung der Pose in sechs DOF*. Ausgehend von dem Use Case sollen die vorhandenen geplanten CAD-Daten in der Produktionshalle lagerichtig eingeblendet werden, um die digitalen Planungsdaten mit dem Ist-Stand der Produktion zu vereinen. Um dies zu ermöglichen, soll eine Verbindung zwischen den CAD-Planungsdaten und der AR-basierten Überprüfung in der Produktionshalle bestehen. Folglich muss das eingesetzte Gerät für die Nutzung von AR in sechs DOF lokalisiert werden, um die entsprechenden Daten an der vorgesehenen Stelle einzublenden. Für den Einsatz des mobilen Assistenzsystems mit AR muss die vorliegende Trackingmethode kompatibel mit *mobilen Endgeräten* sein.

Die nächste Anforderung umfasst die bestehenden Rahmenbedingungen des intralogistischen Umfelds und damit die Anforderung des vorhandenen *Arbeitsraums* von mindestens 100 m². Hier besteht die Notwendigkeit, dass das Trackingsystem für große Flächen *in Gebäuden* eingesetzt werden kann. Ferner spielt ebenso die Performance des Systems mit zunehmender Entfernung von der Trackingeinheit eine Rolle. In diesem Zusammenhang sind die baulichen Gegebenheiten sowie die eingesetzten Materialien von Bedeutung. Sowohl die Produktionshalle im Werk Sindelfingen als auch die eingesetzten Maschinen und unterstützende Hilfsmittel sind überwiegend aus Stahl gefertigt. Aufgrund des produktiven Umfelds müssen z. B. Schmutz, Verkehr oder vorhandene Lichtverhältnisse in Betracht gezogen werden. Ausgehend von der Anforderung *Bedienbarkeit* ist abzuleiten, dass eine *geringe Störanfälligkeit* gegenüber äußeren Faktoren des produktiven Umfelds gegeben sein muss. Darüber hinaus ist eine intuitive Bedienung des Trackingsystems unabdingbar. Von Bedeutung hierbei ist, inwieweit der Intralogistikplaner das Trackingsystem selbstständig in Betrieb nehmen kann oder ob der Bedarf an weiterer Unterstützung besteht.

Ferner besteht der Bedarf einer *geringen Rüstzeit,* um die oben genannte Anforderung des geringen Zeitaufwands zu erfüllen. Hier werden der Aufwand sowie die benötigte Zeit zum Aufbau des Trackingsystems betrachtet. In diesem Zusammenhang ist von Bedeutung, dass das Trackingsystem leicht zu transportieren ist und somit universell eingesetzt werden kann.

Eine weitere bestehende Anforderung an das Trackingsystem ist die *Genauigkeit.* Diese schließt an die oben genannte Anforderung des mobilen Assistenzsystems an. Das Trackingsystem ermöglicht die exakte Verortung der virtuellen Elemente in der realen Welt. In der Intralogistikplanung ist es notwendig, dass die Elemente maßstabsgetreu und lagerichtig eingeblendet werden. Ausgehend von dem abdeckbaren Arbeitsraum, wird an dieser Stelle eine Toleranz der Abweichung von 10 cm festgelegt.

Analog zu der Anforderung des mobilen Assistenzsystems sollen das Verhältnis der Kosten des Trackingsystems zum erwarteten Nutzen stehen. Damit umfasst die *Kosteneffektivität* die letzte Anforderung [Qu+2018].

5.1.2 Bewertung und Auswahl

Im Folgenden werden die zuvor erstellen Anforderungen den vorhandenen Trackingmethoden gegenübergestellt und anschließend diskutiert. In Tabelle 7 sind die Ergebnisse zusammengefasst. Die Anforderungen werden nach dem Grad der Erfüllung kategorisiert. Wenn eine Trackingmethode die oben beschriebene Anforderung für den bestehenden Use Case erfüllt, ist das entsprechende Feld mit *Erfüllung der* ● *Anforderung* gekennzeichnet. Bei dem Gegenteil, d. h. eine *Nicht-Erfüllung* der *Anforderung* werden die Trackingmethoden mit ○ ausgezeichnet. Dahingegen umfasst die letzte Kategorie die *teilweise Erfüllung der Anforderung* und ist mit ◗ gekennzeichnet.

Tabelle 7: Gegenüberstellung der Anforderungen und Trackingmethoden (eigene Darstellung)

Anforderung	**Trackingmethode**					
	Magn. Tracking	GPS	Inertial-Tracking	Marker	NFT	SLAM
Sichtfeld	●	○	●	○	●	●
sechs DOF	●	○	◗	●	●	●
Mobile Endgeräte	●	●	●	●	●	●
Arbeitsraum	○	○	●	●	●	●
Im Gebäude	●	○	●	●	●	●
Störanfälligkeit	○	◗	●	◗	◗	●
Zeitaufwand	○	●	●	◗	○	●
Genauigkeit	○	○	○	●	●	●
Kosten	○	●	●	●	○	●

Legende

 Erfüllung der Anforderung

 Teilweise Erfüllung der Anforderung

 Nicht-Erfüllung der Anforderung

Die erste zu betrachtende Trackingmethode ist das *magnetische Tracking*. Im Verhältnis zu den anderen Methoden, weist das magnetische Tracking die höchste Anzahl an Nicht-Erfüllung der Anforderung (fünf von neun) auf. Die Vorteile des magnetischen Trackings liegen vor allem darin, dass eine mögliche Verdeckung des Senders oder Empfängers keinen Einfluss auf die Performance des Systems hat. Damit kann die Methode innerhalb von Gebäuden eingesetzt werden. Ein großer Nachteil der Trackingmethode ist die Störanfälligkeit gegenüber elektromagnetischer Felder und magnetischer Materialien. Wie bereits aufgezeigt, ist die Produktionshalle im Werk Sindelfingen als auch die eingesetzten Maschinen überwiegend aus Stahl gefertigt. Damit führen die äußeren Gegebenheiten der Montagehalle zu umfassenden Störungen des Trackingsystems. Darüber hinaus sind der Rüstaufwand und die Kosten verhältnismäßig hoch. Für eine flächendeckende Nutzung des Trackingsystems müsste die gesamte Produktionshalle mit künstlichen Magnettrackern ausgerüstet werden. Zusätzlich nimmt die Stärke des Magnetfelds mit zunehmender Entfernung des Empfängers ab. Dies schränkt den vorhandenen Nutzungsraum von AR größenmäßig ein. Unter Einbeziehung der vorhandenen Gegebenheiten der Intralogistik ist das magnetische Tracking keine passende Trackingmethode und wird in dieser Arbeit nicht näher verfolgt.

Die nächste zu betrachtende Trackingmethode ist *GPS.* Hier werden fünf Anforderungen für das Trackingsystem in der Intralogistik nicht erfüllt. Obwohl GPS eines der bekanntesten laufzeitbasierten Trackingverfahren ist, kann es im Folgenden für die Implementierung des mobilen Systems nicht eingesetzt werden. Um das Tracking zu ermöglichen, muss der Empfang von mindestens drei Satelliten gewährleistet sein. Dabei muss jederzeit eine freie Sicht auf die Satelliten gegeben sein. Dieses Kriterium kann mit folgender Anwendung nicht ermöglicht werden, da das System innerhalb einer Produktionshalle eingesetzt werden soll. Der Empfang wird durch die Gegebenheiten der Produktionshalle abgeschirmt und umfasst damit eine hohe Störanfälligkeit aufgrund der baulichen Gegebenheiten. GPS basiertes Tracking zeichnet sich vor allem durch eine hohe Reichweite aus. Dennoch kann aufgrund der eigenschränkten Sicht auf die Satelliten der hier vorgegebene Arbeitsraum nicht abgedeckt werden. Ferner ist die Genauigkeit der einzublendenden Inhalte nicht gegeben. Die erzielte Genauigkeit kann in der Größenordnung von mehreren Metern liegen [Gr+2019a]. Vorteilhafte Eigenschaften von GPS liegen in dem geringen Rüstaufwand sowie in der Nutzung von mobilen Endgeräten. GPS als Trackingmethode wird aufgrund der Nachteile nicht weiter betrachtet.

Inertialtracking, als weitere Trackingmethode, zeichnet sich überwiegend durch erfüllte Anforderungen aus. Im Gegensatz zu GPS lässt es sich in Gebäuden anwenden und kann damit auch den vorgebenden Arbeitsraum abdecken. Darüber hinaus muss kein freies Sichtfeld gegeben sein. Aufgrund dem Vorhandensein der jeweiligen Sensoren in Smartphones und Tablets ist die Anforderung Einsatz mobiler Endgeräte gegeben. Ein großer Nachteil des Inertialtrackings umfasst die nicht vorhandene Genauigkeit. Während der Bestimmung der relativen Position und Winkelberechnung, findet keine Referenz zu einem festen Ausgangspunk in der Produktionshalle statt. Dies führt dazu, dass im Laufe der Zeit ein Drift der zugrundeliegenden Daten entsteht.

Damit findet das Tracking ungeachtet von dem zu augmentierenden Arbeitsbereich statt. Zeitgleich verhindert es eine Lokalisierung in Bezug auf die Produktionshalle. Trotz der fehlenden Lokalisierung lassen sich sechs DOF realisieren. Aufgrund dessen ist die Anforderung sechs DOF teils erfüllt. Entgegen der überwiegend vorteilhaften Eigenschaften des Trackingverfahrens, wird es aufgrund der Ungenauigkeit im Folgenden nicht weiter betrachtet. Die Lokalisierung, bezogen auf den vorhandenen Arbeitsraum, ist ein bedeutsamer Faktor, um den vorliegenden Use Case zu ermöglichen. Durch den fehlenden Bezug kann die Planungswelt mit der realen Welt nicht verglichen werden.

Die nächste Trackingmethode, das *Markertracking*, findet aufgrund vorteilhafter Eigenschaften und einfacher Handhabung bei vielen AR-Anwendungen Einsatz. Die Vorteile liegen darin, dass die Marker nahezu an jedem Ort eingesetzt werden können und es eine kostengünstige Methode mit hoher Genauigkeit ist. Die Marker sind per Ausdruck schnell verfügbar und können an jegliche Orte und Objekte innerhalb der Produktionshalle angebracht werden. Darüber hinaus ist aufgrund einer verbesserten Rechenleistung heutiger Smartphones und Tablets die Nutzung mobiler Endgeräte allgegenwärtig. Ein Nachteil des Verfahrens liegt wiederum in dem Anbringen der Marker und führt damit zu einem höheren Rüstaufwand. Dabei nimmt der Rüstaufwand mit der Größe des zu augmentierenden Arbeitsbereichs zu. Ein weiterer Punkt ist die Störanfälligkeit gegenüber äußeren Faktoren, wie z. B. Lichtverhältnisse oder Verschmutzungen im Rahmen der laufenden Produktion. Ein weiterer Nachteil des Markertrackings liegt darin, dass der Marker zu jederzeit in dem Sichtfeld des Nutzers sein muss und nicht verdeckt sein darf. Zum jetzigen Zeitpunkt können keine exakten Aussagen darüber getroffen werden, inwieweit der Rüstaufwand, die Störanfälligkeit sowie das gegebene Blickfeld einen

Einfluss auf das System haben. Aufgrund der vorteilhaften Eigenschaften besteht hier der Bedarf einer näheren Evaluierung im Laufe der vorliegenden Arbeit.

Eine Betrachtung der Trackingmethode *NFT* zeigt auf, dass zwei Anforderungen nicht erfüllt sind und eine teilweise erfüllt ist. Die Anforderungen Sichtfeld, innerhalb eines Gebäudes, Reichweite sowie Genauigkeit mit sechs DOF sind gegeben. Dennoch besteht ein großer Nachteil in dem Zeitaufwand für die Implementierung des Trackingsystems. Dies führt zu einer höheren Rüstzeit. NFT basiert auf der Extraktion von Featurepoints, indem vorab die entsprechenden Objekte eingescannt werden. Für einen möglichen Einsatz in einer Produktionshalle bedeutet dies, dass zuvor die Fläche mit den relevanten Objekten eingescannt werden muss. Im Nachgang müssen die gescannten Objekte der vorgesehenen Position im CAD-Layout zugeordnet werden. Ausgehend von der Größe ist dies mit einem sehr hohen Aufwand verbunden. Darüber hinaus besteht die Notwendigkeit in der Bereitstellung entsprechender Rechenleistung, um die erstellten Daten zu verarbeiten. Das Verhältnis von Aufwand sowie von Kosten zu Nutzen ist hier nicht gegeben. Folglich eignet sich die Trackingmethode NFT nicht für eine Anwendung in der Produktionshalle und wird damit nicht näher betrachtet.

Das letzte zu betrachtende Trackingverfahren ist *SLAM*. SLAM erfüllt alle Anforderungen für die Implementierung einer Trackingmethode in der Intralogistikplanung. Hier handelt es sich um einen Algorithmus, welcher eine Karte der Umgebung generiert und darin die eigene Lokalisierung ermöglicht. Damit liegt ein Vorteil gegenüber NFT darin, dass kein Vorwissen über das zu trackende Objekt oder der Umgebung vorliegen muss. Darüber hinaus kann es ohne das Anbringen von zusätzlichen Elementen sowie speziellen Anforderungen an die Hardware innerhalb von Gebäuden genutzt werden. Somit ist kein Rüstaufwand notwendig und die Kosten sind gering. Auf Basis der

Featurepoints in der merkmalbasierten Karte kann eine hohe Genauigkeit der virtuellen Elemente erreicht werden. Ferner wird ein Einsatz mobiler Endgeräte ermöglicht. Ausgehend von den vorteilhaften Eigenschaften sowie der Erfüllung aller Anforderungen, gilt es SLAM als Trackingmethode für das mobile Assistenzsystem im Folgenden näher zu evaluieren.

Zusammenfassend ist festzuhalten, dass für die prototypische Umsetzung zwei Trackingmethoden näher in Betracht gezogen werden. Dies umfasst zum einen das Markertracking und zum anderen das SLAM basierte Tracking. Wie in Kapitel 2.3.2 wird SLAM als Trackingmethode in der vorhandenen wissenschaftlichen Literatur als die Zukunft des Indoor-Trackings betitelt und findet vermehrt Betrachtung [SPS2019]. Dabei handelt es sich um eine relativ neue Trackingmethode. Ausgehend von der Neuartigkeit sowie fehlender Nachweise in der Intralogistikplanung besteht der Bedarf das Verfahren im Folgenden näher zu betrachten.

5.1.3 SLAM als Trackingmethode

SLAM als Trackingmethode wird in der vorhandenen wissenschaftlichen Literatur vermehrt mit positiven Eigenschaften hervorgehoben. Aufgrund der Neuartigkeit, SLAM als Trackingmethode einzusetzen, wird im Folgenden eine Literaturanalyse zu dem Thema AR und SLAM durchgeführt. Das Vorgehen wird an das Kapitel 3 (vgl. hierzu Abbildung 11) angelehnt. Das Ziel der Literaturanalyse besteht darin, Ergebnisse und Anwendungen von AR und SLAM zu identifizieren. Darüber hinaus sollen die Ergebnisse im Nachgang auf die Prototypen übertragen werden. Die relevanten Begrifflichkeiten für die Literatursuche basieren auf den festgelegten Definitionen aus Kapitel 2. Innerhalb dieser Arbeit werden die Begriffe AR und SLAM in den ausgewählten Datenbanken zur Keyword-Suche verwendet. An dieser Stelle wird auf die Datenbanken IEEExplore, ACM Digital Library und ScienceDirect zurückgegriffen.

In den Datenbanken wird innerhalb des Titels, des Abstracts sowie in den Schlagwörtern nach den festgelegten Begriffen gesucht. Durch die eingeschränkte Suche werden die Ergebnisse bei IEEExplore auf 118, bei ACM Digital Library auf 25 und bei ScienceDirect auf 18 reduziert. Dabei ist hervorzuheben, dass die Ergebnisse in den letzten Jahren kontinuierlich zugenommen haben. In Abbildung 25 sind die Ergebnisse der einzelnen Datenbanken in einem Balkendiagramm mit dem zeitlichen Verlauf dargestellt.

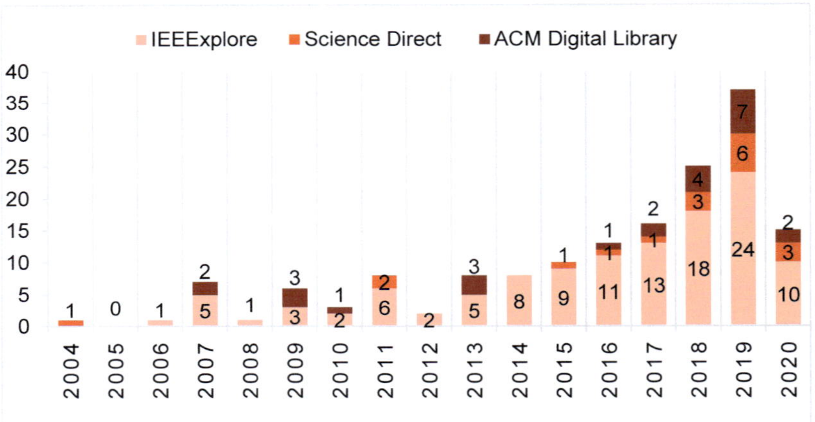

Abbildung 25: Ergebnisse der Literatursuche AR und SLAM (eigene Darstellung)

Nach Durchführung der Suche und der Strukturierung erfolgt in diesem Teil eine nähere Betrachtung auserwählter Arbeiten unter Einbeziehung der Zielsetzung. Dabei werden ebenso Ergebnisse ungeachtet des industriellen Umfelds betrachtet, um einen umfassenden Einblick in die Trackingmethode SLAM für AR zu erhalten. Die erste Arbeit von den Autoren *Martin et al.* zeigt auf, dass der Einsatz von SLAM als Trackingmethode inzwischen allgegenwärtig verfügbar ist [Ma+2014a]. Damit einher geht die Zunahme an leistungsfähigen Smartphones, welche mobile AR-Anwendungen ermöglichen.

Die Autoren empfehlen den Kartierungs- und den Lokalisierungsprozess zu entkoppeln, um die maximale Rechenleistung für die Nutzung zur Verfügung zu stellen [Ma+2014a]. Dahingegen wird in der Arbeit von *Munoz-montoya et al.* ein SLAM-basierter Ansatz für eine AR-App innerhalb eines Experiments eingesetzt [Mu+2019]. Das Experiment beinhaltet eine Evaluation des räumlichen Kurzzeitgedächtnisses mit 55 Teilnehmern. Neben dem Experiment besteht ein weiteres Ziel der Autoren in der Analyse von Indoor-Lokalisierungen.

In diesem Zusammenhang verweisen sie darauf, dass SLAM als Lokalisierungsmethode innerhalb von Gebäuden vermehrt zum Einsatz kommt. Eine detailliertere Literaturanalyse zeigt auf, dass SLAM-basiertes Tracking eine hohe Positionsgenauigkeit für AR-Anwendungen bieten kann. Darüber hinaus ermöglicht die Trackingmethode eine flächendeckende und durchgängige Anwendung von AR in Innenräumen. Zeitgleich werden keine zusätzlichen Elemente für das Tracking in der Umgebung benötigt. Aufgrund der Verfügbarkeit von leistungsfähigen Hard- und Software lassen sich inzwischen vermehrt AR-Anwendungen mit SLAM-basiertem Tracking auf mobilen Endgeräten nutzen. Zusammenfassend ist festzuhalten, dass aufgrund der positiven Eigenschaften, der Nutzer in der Lage ist, AR-Anwendungen an beliebigen Orten einzusetzen [Mu+2019].

Neben der vorteilhaften Eigenschaft SLAM als Trackingmethode für AR einzusetzen, existieren wissenschaftliche Nachweise in verschiedenen Bereichen sowie für Indoor- als auch Outdoor-Anwendungen. Ein weiteres Indoor-AR-System auf Basis von Project Tango betrachten die Autoren *Yeh et al.* in ihrer Arbeit [YL2018]. Das System ist in der Lage, die 3D-Umgebung zu konstruieren und die konstruierten Daten wiederzuverwenden, um das mobile Gerät zu relokalisieren. Die erstellte 3D-Punktewolke kann in eine Karte transformiert werden. Darauf basierend schätzt das System ein Navigationspfad, um den Nutzer zur vorgesehenen Position zu navigieren [YL2018].

Dahingegen untersuchen die Autoren *Arth et al.* eine Methode für eine flächendeckende Geo-Lokalisierung und globales Tracking mobiler Geräte in städtischen Outdoor-Umgebungen [Ar+2015]. Für die Erstellung einer 3D-SLAM Karte in dem Weltkoordinatensystem, kombinierten die Autoren die resultierende sechs DOF-Pose mit abgeleiteten Informationen aus einem Stadtplanmodell. Dabei verweisen sie auf die Robustheit und die Genauigkeit der Lokalisierungsmethode. Hierfür wird ein uneingeschränktes globales SLAM Mapping und die Lokalisierung mit beliebigen Kamerabewegungen an mehreren Sequenzen demonstriert [Ar+2015]. Neben den aufgezeigten Arbeiten existiert eine Anzahl an wissenschaftlichen Nachweisen, welche sich vor allem mit der Optimierung des Algorithmus beschäftigen. Beispielhaft sind hier die Arbeiten von *Mulloni et al.* [Mu+2013] oder *Moteki et al.* [Mo+2016] zu erwähnen.

Ausgehend von dem Einblick in die vorhandene Literatur lassen sich folgende Ergebnisse zusammenfassen. SLAM als Trackingmethode für den Einsatz von AR findet in der wissenschaftlichen Literatur sowie in der Praxis vermehrt Einsatz. Dabei lassen sich unterschiedliche Branchen sowie Indoor- als auch Outdoor-Anwendungen identifizieren. Analog zu der Literaturanalyse in Kapitel 3 konnten keine Nachweise des Einsatzes von SLAM für eine AR-basierte Intralogistikplanung identifiziert werden. Ferner lassen sich ebenso keine durchgängigen AR-Anwendungen mit SLAM als Trackingverfahren im produktiven Umfeld der Automobilindustrie ableiten. Vermehrt wird in der vorhandenen Literatur aufgezeigt, dass SLAM als Trackingmethode für AR mit mobilen Endgeräten, wie z. B. Smartphones, eingesetzt werden kann [Ma+2014a; Ma+2014b; KM2007; MT2017; YL2018]. Darüber hinaus wird neben der Zunahme an leistungsfähige mobile Endgeräte darauf verwiesen, dass eine Verwendung von Stereo- und Tiefensensoren bei einem SLAM-basierten Tracking verhältnismäßig zu genaueren Ergebnissen führen kann [MT2017; Mu+2019]. Abschließend ist festzuhalten, dass der Trackingtechnologie überwiegend positive Eigenschaften zugeschrieben werden. Dazu zählt u. a. die hohe Positionsgenauigkeit der digitalen Objekte, eine flächendeckende und durchgängige Nutzung ohne das Anbringen zusätzlicher Elemente sowie die Nutzung mit mobilen Endgeräten [MT2017; Ma+2014a].

Aufgrund der vorteilhaften Eigenschaften sowie der erfüllten Anforderungen im vorherigen Kapitel wird im Folgenden neben dem Markertracker ebenso SLAM-basiertes Tracking für die Erstellung der Prototypen eingesetzt. Bevor eine nähere Betrachtung des Prototyps erfolgt, wird zunächst das geeignete AR-Gerät als mobiles Assistenzsystem unter Einbeziehung der vorliegenden Informationen bestimmt.

5.2 Auswahl der Augmented Reality Endgeräte für das mobile Assistenzsystem

Wie bereits in Kapitel 2.3 dargestellt, umfasst das AR-System drei Komponenten. An dieser Stelle erfolgt eine Betrachtung der Darstellung sowie der Interaktion des mobilen Systems. Das Ziel besteht darin, ein geeignetes mobiles AR-Gerät für die folgenden Prototypen zu bestimmen. Für die Auswahl des AR-Geräts wird auf die Anforderungen des mobilen Assistenzsystems aus Kapitel 4.3 weitestgehend zurückgegriffen. An dieser Stelle werden ausschließlich Endgeräte betrachtet, die in einem Gerät die Ein- sowie Ausgabe umfassen. Damit werden ganzheitliche AR-basierte Assistenzsysteme erfasst, welche neben dem Tracking und der dazugehörigen Software ebenso die Darstellung sowie die Interaktion ermöglichen. Darüber hinaus werden ausschließlich Geräte betrachtet, welche die drei Kriterien von *Azuma* [Az1997] berücksichtigen. Diese sind die Kombination von realen und virtuellen Objekten, die Interaktion in Echtzeit sowie die 3D-Registrierung. Ferner werden analog den Anforderungen an die mobilen Assistenzsysteme kleine, leicht und universell einsetzbare Geräte betrachtet, welche ortsunabhängig genutzt werden können. Ausgehend davon werden im Folgenden montierte Projektoren im Raum, VST-HMDs sowie klassische Spiegelbrillen nach dem OST-Prinzip (vgl. hierzu Kapitel 2.3.3) nicht näher betrachtet. Dahingegen werden basierend auf dem OST-Prinzip die AR-Brillen *Microsoft HoloLens 2* [Mi2020] sowie die *Magic Leap One* [Ma2020] betrachtet. Zum Zeitpunkt der Erstellung der Arbeit sind diese die aktuellsten AR-Brillen auf dem Markt. Nach dem VST-Prinzip liegt der Fokus auf Handhelds, insb. Smartphones und Tablets. Auf dem Markt existiert derzeit eine Vielzahl an Smartphones, welche AR ermöglichen. Wichtig hierbei ist, dass die Smartphones mit Kameras, leistungsstarken Prozessoren sowie den entsprechenden Sensoren für die Lageschätzung ausgestattet sind. Darüber hinaus müssen die Geräte mit den AR-

Softwareplattformen kompatibel sein [Br2019b, S.317 u. S.333]. Innerhalb der Mercedes-Benz AG werden iPhones als Standardgeräte eingesetzt und im Folgenden näher betrachtet. In Tabelle 8 sind die Ergebnisse zusammengefasst, indem die einzelnen Geräte den Anforderungen gegenübergestellt sind.

Die erste Anforderung *Darstellung der Informationen* wird von allen drei Geräten erfüllt. Alle drei Geräte ermöglichen aufgrund der vorliegenden Registrierung eine 3D-Darstellung der Daten in Farbe. Darüber hinaus sind alle Geräte mit Kameras sowie Tiefen- und Bewegungssensoren ausgestattet, um die Umgebung im Sinne der *Analysefunktion* zu erfassen.

Die Funktion *Dokumentation der Ergebnisse* wird durch alle drei Geräte unterstützt. Durch Video- oder Bildaufnahmen der durchgeführten Planung, können relevante Ergebnisse festgehalten werden. Dabei können die aufgenommenen Bilder und Videos lokal auf den Geräten gespeichert und im Nachgang exportiert werden [Mi2020; Ma2020; Ap2020c].

Ferner lassen sich alle Geräte durchgängig auf einer Fläche von mindestens 100 m² einsetzen. Problematisch ist der Unterpunkt innerhalb von Gebäuden bei der MagicLeap. Der dazugehörige Controller wird durch magnetisches Tracking lokalisiert [Ma2020]. Wie bereits im vorherigen Kapitel aufgezeigt, kann es in der Produktionshalle aufgrund der baulichen Gegebenheiten zu umfassenden Störungen kommen. Darüber hinaus sind alle Gerät leicht *transportierbar*. Damit ist der oben aufgezeigte *Arbeitsraum* abdeckbar. Ein Vorteil des Smartphones gegenüber der AR-Brillen ist, dass diese bereits allgegenwärtig verfügbar sind und nicht separat in die Produktionshalle mitgebracht werden müssen.

Die Punkte *Arbeitssicherheit und Ergonomie* sind nicht bei allen drei Geräten gegeben. Ein Problem bei den AR-Brillen besteht darin, dass aufgrund der Bauform das periphere Sehen eingeschränkt ist. Dies zeigt sich vor allem bei der Magic Leap. Der Brillenrahmen ist durchgängig geschlossen und schränkt dadurch das Sichtfeld der Umgebung ein. Aufgrund der laufenden Produktion inklusive Stapler- und AGV-Verkehr, bringt die Bauform der Magic Leap ein erhöhtes Gefahrenrisiko für den Nutzer mit. Eine weitere Gefahr für den Nutzer ist die separate Recheneinheit der Magic Leap. Die Recheneinheit wird am Gürtel bzw. an der Hose befestigt und ist mit einem Kabel verbunden. Dies führt zum einem zu einer Einschränkung der Bewegungsfreiheit und zum anderen zu einem erhöhten Gefahrenpotential aufgrund eines eingeklemmten Kabels. Darüber hinaus ist es im Gegensatz zu der HoloLens 2 nicht möglich, eine eigene Brille unter dem Gestell zu tragen. Ein weiterer Nachteil der Brillen besteht in dem Gewicht. Die HoloLens 2 wiegt 556 Gramm und die Magic Leap 316 Gramm. Die Magic Leap ist aufgrund der separaten Recheneinheit leichter. Dahingegen liegt das Gewicht bei einem iPhone bei ca. 145-200 Gramm. Die HoloLens 2 lässt sich im Vergleich zu der Magic Leap aufgrund der Bauform flexibler an den Kopf anpassen. Das Field of View umfasst bei beiden Brillen ca. 50 Grad [Mi2020; Ma2020; Ap2020c].

Um die Nutzerakzeptanz zu steigern, ist eine einfache *Bedienbarkeit* des Assistenzsystems unabdingbar. Auf einem Smartphone kann mittels einem Touchscreen mit der augmentierten Planung interagiert werden. Die Nutzung von Touch ist den meisten Nutzer aus dem Alltag bekannt und kann damit einfach angewendet werden. Dahingegen müssen bei der HoloLens 2 die Gesten vorab gelernt werden und bedürfen einer kurzen Einführung. Für eine Interaktion mit der AR-basierten Planung erfolgt eine Auswahl durch das Anvisieren mit dem Zeigefinger in der Luft [Mi2020]. Bei der Magic Leap erfolgt die Interaktion mittels eines Controllers. Dies ermöglicht eine präzise Eingabe. Dabei trägt der Nutzer zusätzlich zu der Brille und der Recheneinheit eine weitere Einheit mit dem Controller in der Hand. Auch hier müssen die Kontrollbefehle vorab eingeführt werden [Ma2020].

Der nächste Punkt sind die benötigten Schnittstellen innerhalb der Anforderung *Bedienbarkeit*. Analog dem Trackingsystem, besteht die Notwendigkeit die geplanten CAD-Daten in der Produktionshalle lagerichtig einzublenden, um die digitalen Planungsdaten mit dem Ist-Stand der Produktion zu vereinen. Alle drei Geräte ermöglichen eine Schnittstelle zu dem CAD-Planungstool sowie die Lokalisierung in sechs DOF. Ferner sind alle drei Geräte mit einem WLAN-Zugang ausgestattet und können mittels USB an stationäre Rechner für ggf. weitere Datenübertragungen angeschlossen werden. Damit kann eine einfache Datenverfügbarkeit sichergestellt werden [Mi2020; Ma2020; Ap2020c].

Auch die *Rüstzeit* spielt für die Bedienbarkeit eine Rolle. Die Nutzung von Smartphones bietet den Vorteil, dass diese ohne größeren Aufwand für die AR-basierte Planung eingesetzt werden können. Hier muss lediglich die Anwendung auf dem Gerät gestartet werden. Dahingegen müssen die AR-Brillen vorab hochgefahren werden und die Anwendung gestartet werden. Dies umfasst dennoch einen niedrigen Zeitaufwand. Alle drei Geräte zeichnen durch eine geringe Rüstzeit aus.

Die letzte Anforderung *Genauigkeit* ist sowohl bei dem iPhone sowie bei der HoloLens 2 vollumfänglich gegeben. Aufgrund des magnetischen Trackings des Controllers der Magic Leap und der damit eingeschränkten Funktion sind die Anforderungen Tracking und Genauigkeit teilweise erfüllt. Darüber hinaus sind die Geräte mit den zuvor ausgewählten Trackingmethoden kompatibel. Unterschiede lassen sich vor allem in der Ausstattung der Sensoren und Rechenkapazität ableiten. Im Gegensatz zu dem iPhone sind sowohl die HoloLens 2 als auch die Magic Leap One zusätzlich mit Stereokameras und Tiefensensoren ausgestattet, welche das Tracking ermöglichen. Bei

Smartphones basiert die Lokalisierung auf Kamerasensoren und Bewegungssensoren. Dies kann einen Einfluss auf die Performance des Trackings haben.

Im Hinblick auf die vorliegenden *Kosten* unterscheiden sich die Geräte preislich. Ein leistungsstarkes iPhone liegt bei ca.800€-1200€, eine HoloLens 2 bei ca. 3100€ und die Magic Leap One bei ca. 2000€ [Mi2020; Ma2020; Ap2020c]. Das Verhältnis von Kosten zu Nutzen gilt es im weiteren Verlauf der Arbeit zu evaluieren.

Ausgehend von der Gegenüberstellung und dem Abwägen der Vor- sowie Nachteile werden für die folgenden Protoypen zwei Endgeräte als mobiles Assistenzsystem eingesetzt. Dazu zählt zum einen ein iPhone, welches aufgrund der allgegenwärtigen Verfügbarkeit eingesetzt werden kann. Zum anderen wird die HoloLens 2 aufgrund der zusätzlichen Stereokameras und Tiefensensoren ausgewählt.

Tabelle 8: Gegenüberstellung der Anforderungen zur Auswahl eines Endgeräts (eigene Darstellung)

	Anforderung	Beschreibung	iPhone	Holo-Lens2	Magic Leap
Funktionale Anforderungen	Darstellung der Informationen	Volumenmodell in Farbe	●	●	●
	Analysefunktion	Kamerabasierte Erkennung	●	●	●
	Tracking	Lokalisierung in sechs DOF	●	●	●
	Dokumentation	Bild- oder Videoaufnahmen	●	●	●
Nicht-Funktionale Anforderungen	Arbeitsraum	Mindestens 100m²	●	●	●
		Innerhalb von Gebäuden	●	●	○
	Transportfähigkeit		●	●	●
	Sicherheit	Arbeitssicherheit	●	◗	○
		Ergonomie	●	◗	○
	Bedienbarkeit	Interaktion	●	◗	◗
		Schnittstelle	●	●	●
	Zeitaufwand		●	●	●
	Genauigkeit		●	●	◗
	Kosten		1200 €	3100 €	2000 €

Legende

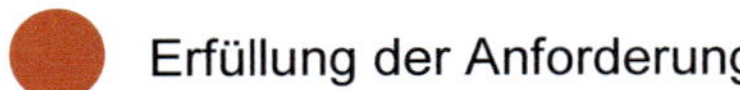

Nicht-Erfüllung der Anforderung

5.3 Prototypische Umsetzung

In diesem Kapitel erfolgt die Validierung des Use Cases mit Hilfe von Prototypen[6]. Die folgenden Prototypen sollen das Zusammenspiel der Faktoren digitaler Plandaten, AR sowie der Ist-Welt in der Produktionshalle ermöglichen. Dabei fungiert AR als das Bindeglied zwischen der digitalen Planungswelt und der realen Welt. Ziel ist es, mittels AR die CAD-Planungsdaten in der Produktionshalle lagerichtig einzublenden und einen Soll-Ist Abgleich vorzunehmen. Maßgeblich dabei ist, dass die zuvor erstellten Planungsobjekte, welche eine exakte Verortung im CAD-Layout haben, an exakt dieser Stelle in der Realität mittels AR eingeblendet werden. Zeitgleich wird ein mobiles Assistenzsystem mit der Basistechnologie AR betrachtet, welches den Planer umfassend unterstützt. Für die Umsetzung der Prototypen wird auf die zuvor festgelegten Komponenten des mobilen Assistenzsystems zurückgegriffen. Als mobiles Endgerät wird sowohl ein iPhone als auch die HoloLens 2 eingesetzt. Das Tracking und die Registrierung basiert zum einen auf SLAM und zum anderen auf Markern. Zunächst erfolgt die Erstellung der Prototypen und darauf aufbauend der Versuchsaufbau.

5.3.1 Erstellung des Prototyps – iPhone und SLAM

Für die Implementierung des Prototyps unter Verwendung eines SLAM-basierten Trackings sind verschiedene, aufeinander aufbauende Schritte notwendig. Die einzelnen Schritte sind in Abbildung 26 dargestellt. Damit die CAD-Planungsdaten lagerichtig in der Produktionshalle augmentiert werden können, wird zu Beginn mittels SLAM eine Featuremap der vorgesehenen Fläche in der Produktionshalle

---

[6] Folgende Prototypen wurden während der aktiven Betreuung einer Masterarbeit [We2020] in der Mercedes-Benz AG erstellt sowie in [RWS2020].

aufgenommen. Hierbei besteht die Notwendigkeit, auf die bereits erstellte Map erneut zugreifen zu können. Die Featuremap wird in einem zweiten Schritt mit dem vorhandenen CAD-Layout aus dem korrespondierenden Planungstool abgeglichen und überlagert. Dadurch erfolgt eine Kopplung der Featuremap mit dem CAD-Layout. Dieser Schritt ist notwendig, damit die Verortung einzelner Planungsobjekte im CAD-Layout einer Position in der Featuremap zugeordnet werden kann. Auf Basis dieser Informationen wird in dem dritten Schritt die Lokalisierung des mobilen AR-Endgeräts durchgeführt. Die Lokalisierung ermöglicht damit, dass die vorgesehenen Planungsobjekte aus dem CAD-Planungslayout an der richtigen Position in der Produktionshalle eingeblendet werden können.

Für die Implementierung des Trackingkonzepts wird auf Software Development Kits (SDK) zurückgegriffen. SDKs ermöglichen eine Unterstützung der Softwareentwicklung, indem diese vorhandene Programmierwerkzeuge und -anleitungen, Bibliotheken, Dokumentationsmöglichkeiten sowie Code-Beispiele zur Verfügung stellen. Dadurch wird Softwareentwicklern die Möglichkeit geboten, auf verschiedenen Plattformen verhältnismäßig einfach AR-Anwendungen zu erstellen [MI+2018]. Ferner unterstützen AR-SDKs die einzelnen Komponenten der AR-Anwendung, wie die AR-Recognition, das Tracking sowie das Rendering der augmentierten Inhalte [AG2015]. In der Praxis existiert eine Vielzahl an AR-SKDs. Dabei lassen sich die SDKs u. a. nach Lizenzen, unterstützenden Plattformen, eingesetzten Geräten, Trackingmethoden sowie einer Schnittstelle zu Unity unterscheiden. Beispielhaft unterstützen SDKs GPS-basiertes Tracking, marker- oder SLAM-basiertes Tracking. Auf dem Markt bekannte SDKs sind z. B. Wikitude, Vuforia, ARCore, Kudan sowie ARKit [AG2015; MI+2018]. An dieser Stelle findet keine nähere Betrachtung sowie Bewertung der verschiedenen SDKs statt. Nähere Informationen hierzu sind in den Arbeiten von *Armin und Govilkar* sowie *Mladenov et al.* aufzufinden [AG2015; MI+2018].

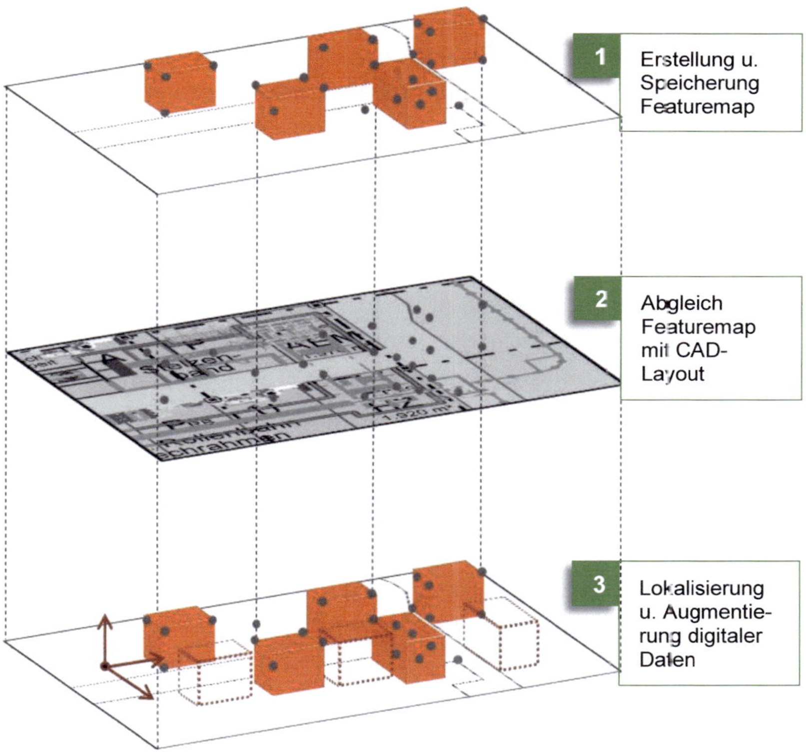

Abbildung 26: SLAM-basiertes Trackingkonzept in Anlehnung an [RWS2020]

Ausgehend von den bestehenden Anforderungen wird auf das *SDK ARKit* von Apple für den vorliegenden Prototyp aufgesetzt. ARKit wurde 2017 von Apple eingeführt und ermöglicht AR-Anwendungen auf allen iPhones und iPads ab dem Betriebssystem iOS 11 [Br+2019a, S.405]. Bei ARKit kommt das sogenannte *World Tracking* zum Einsatz, welches auf der Technik *visual-inertial odometry* basiert.

Dabei werden Informationen der Bewegungssensoren des iOS-Geräts mit einer Computerbildanalyse des aufgenommenen Bildes kombiniert. ARKit identifiziert Featurepoints in der Bildszene und verfolgt Positionsunterschiede der Features auf Basis einzelner Videoframes. Die dadurch entstandenen Informationen werden mit den Daten der Bewegungssensoren abgeglichen. Laut Apple soll dadurch die Position und die Bewegung des iOS-Geräts präzise bestimmt werden [Ap2020a]. Eine weitere Funktion von ARKit ist die *ARWorldMap.* Die Funktion ermöglicht die Aufnahme der Featuremap der zuvor bestimmten Umgebung. Zeitgleich kann die erstellte Featuremap abgespeichert werden und bei Bedarf erneut verwendet werden. Ferner werden Informationen der aufgenommen ARWorldMaps miteinander verglichen und mit den generierten Features ergänzt [Ap2020b]. Andere SDKs, wie z. B. ARCore oder Vuforia, bieten keine Möglichkeit zur Speicherung mit erneutem Zugriff der erstellten Maps. Mittels ARKit ist es derzeit nicht möglich, die erstellte Featuremap außerhalb der AR-Anwendungen mit dem CAD-Layout abzugleichen sowie relevante Planungsobjekte zu verorten. Für die Realisierung dieser Schritte wird ARKit durch das *SDK Placenote* erweitert. Das SDK bietet die weiteren, benötigten Funktionen zur Realisierung des Trackingkonzepts. Eine Funktion ist die *Spatial Capture App* zur Erstellung der Featuremap. Die Map kann anschließend in einer Cloud gespeichert werden und bei Bedarf von diversen iOS-Geräten geladen werden. Weiterhin wird ermöglicht, einzelne Planungsobjekte in der Map zu positionieren [Pl2020]. Aufgrund der Unterstützung der Placenote Funktionalitäten, wird für die Erstellung der Anwendung die Game-Engine Unity verwendet. Für die abschließende Erstellung der iOS-Anwendung, wird auf das Programm XCode zurückgegriffen. Basierend auf diesen Informationen wird im Folgenden der Prototyp erstellt. In Abbildung 27 ist der Aufbau des Prototyps illustriert.

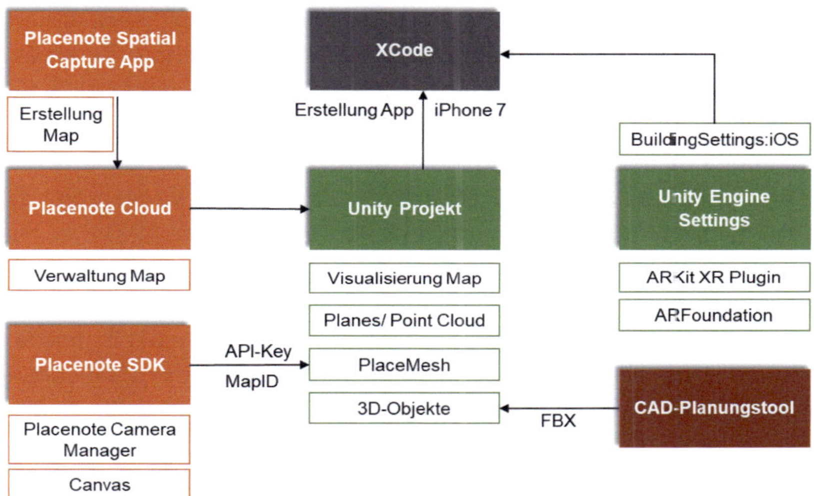

Abbildung 27: Aufbau des Prototyps unter Verwendung von SLAM-Tracking und iOS-Geräten (eigene Darstellung)

Zu Beginn der Prototyperstellung müssen einige Voreinstellung in dem dazugehörigen Unityprojekt vorgenommen werden. Damit die Funktionen von Placenote genutzt werden können, bezieht Unity ein Package von Placenote mit ein. Der Import kann über das Asset Menu erfolgen. Darüber hinaus werden die Packages ARFoundation und ARKit XR Plugin hinzugefügt. Neben den Packages muss in den Player Settings *allow unsafe code* und in den Build Settings die angestrebte Betriebsplattform iOS eingestellt werden.

In einem ersten Schritt wird mittels der *Spatial Capture App* die Featuremap erstellt. Für die Erstellung der Map wird der zuvor festgelegte Arbeitsraum in der Produktionshalle mit der Kamera des iPhones aufgenommen. Die dadurch erstellte Map besteht aus einzelnen Feautepoints sowie verschiedenen Ebenen. Im Anschluss wird die Map in der Placenout Cloud gespeichert und mit einer eindeutigen MapID gekennzeichnet.

Darauf aufbauend wird die erstellte Featuremap in Unity visualisiert. Für die Visualisierung wird das Script *PlaceMesh* aktiviert. Durch das Script kann der benötigte Placenote API-Key sowie die MapID aus dem Placenote Account übertragen werden. Nach erfolgreicher Aufnahme und Visualisierung der Map können aus dem CAD-Planungstool einzelne 3D-Planungsobjekte importiert werden. Für die Erstellung der CAD-Daten verwendet die Mercedes-Benz AG u. a. das *CAD-Programm Microstation*. Aus Microstation können FBX-Dateien exportiert und in Unity importiert werden. Anschließend müssen die importierten Daten lagerichtige zur erstellten Featuremap ausgerichtet werden. Eine Möglichkeit zur exakten Ausrichtung kann die Orientierung an markanten Featurepoints sein. Die markanten Punkte sind so zu wählen, dass mögliche Schlussfolgerungen auf vorhandene, reale Objekte erfolgen können. An dieser Stelle können zum Beispiel Stützenraster der Halle verwendet werden.

Um die relevante Map für das folgende Tracking während der Nutzung festzulegen, besteht abschließend die Notwendigkeit aus Placenote die Elemente *PlacenoteCameraManager* und *Canvas* dem Unityprojekt hinzuzufügen. Durch den PlacenoteCameraManager wird eine Hinterlegung der API-Key ermöglicht. Die zugehörige MapID kann in dem Element Canvas eingefügt werden.

Nachdem die Anwendung in Unity fertigstellt ist, wird in einem weiteren Schritt die dazugehörige App für das iPhone erstellt. Die Erstellung der App wird mit dem Programm *XCode* durchgeführt. Dafür muss vorab in Unity ein Projekt für XCode erstellt werden, welches anschließend in XCode geöffnet wird. In XCode müssen in den Einstellung das dazugehörige iOS 11 Betriebssystem festgelegt sowie die AppleID hinterlegt werden. Anschließend kann die fertige Anwendung auf dem iPhone installiert werden.

5.3.2 Erstellung des Prototyps – HoloLens 2 und hybrides Tracking

Auf Basis der identifizierten Trackingmethoden und mobilen Endgeräte wird ein zweiter Prototyp erstellt. Bei dem zweiten Prototyp wird die HoloLens 2 als mobiles Endgerät eingesetzt und eine hybride Trackingform angewendet. Das zuvor aufgezeigte Trackingkonzept kann unter Verwendung der HoloLens 2 nicht verwendet werden. Während dem Trackingprozess erfasst die HoloLens 2 auf Basis der vorhandenen Sensoren den festgelegten Arbeitsraum und erstellt eine Featuremap. Damit basiert das Tracking der HoloLens 2 auf einer SLAM-Technologie. Im Gegensatz zu dem zuvor aufgezeigten Prototyp ist es nicht möglich, erneut auf die zuvor erstellte Featuremap zurückzugreifen. Dementsprechend können die CAD-Objekte aus dem Planungstool nicht in der Map platziert werden. Darauf basierend findet bei dem Prototyp mit der HoloLens 2 eine weitere Trackingmethode Anwendung. Analog zu Kapitel 5.2.2 wird an dieser Stelle auf das markerbasierte Tracking zurückgegriffen. Um den Nachteilen des Markertrackings entgegen zu wirken, wird hier ein hybrides Tracking aus Marker – und SLAM-Tracking gewählt.

Auch dieser Prototyp wird mit der Game-Engine *Unity* erstellt. Um Anwendungen für die HoloLens 2 zu erstellen, wird das von Microsoft bereitgestellte *Mixed Reality Toolkit* (MRTK) verwendet. Zusätzlich zu dem MRTK wird das *SDK Vuforia* eingesetzt, da das MRTK kein Markertracking unterstützt. Auf Basis der Funktion *Extended Tracking* unterstützt das SDK Vuforia das Einbinden beider Trackingmethoden. Somit können beide Trackingmethoden in Kombination verwendet werden. In Abbildung 28 ist der Aufbau des Prototyps dargestellt.

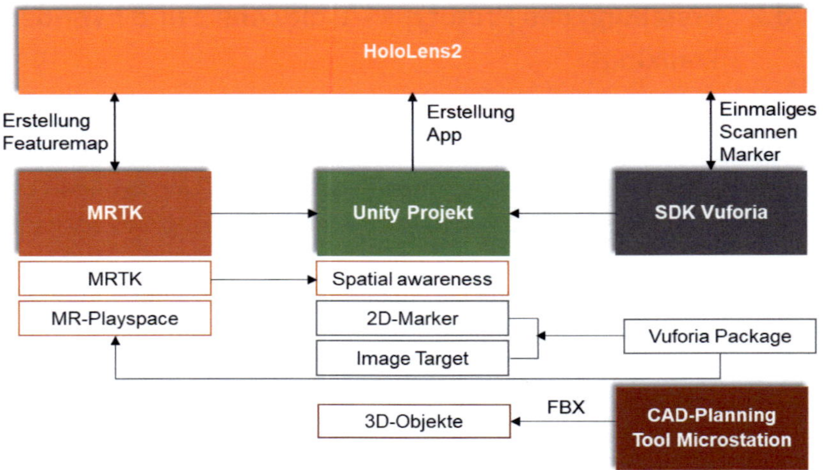

Abbildung 28: Aufbau des Prototyps unter Verwendung von hybridem Tracking und HoloLens2 (eigene Darstellung)

Zu Beginn der Prototyperstellung müssen Voreinstellungen sowohl in Vuforia als auch in Unity vorgenommen werden. In Vuforia können zunächst die relevanten Marker hinterlegt werden. In diesem Fall wird ein 2D-Flachmarker mit einem QR-Code als Bild in Vuforia hochgeladen. Nachdem ein neues Unityprojekt angelegt wurde, können unter den Build Settings die Zielplattform auf Universal Windows Platform eingestellt werden. Zeitgleich wird die HoloLens als Zielsystem hinterlegt und es erfolgt eine Umstellung der Architektur auf ARM.

Durch den anschließenden Import können die zusätzlichen Elemente MixedRealityToolkit und MixedRealityPlayspace dem Unityprojekt hinzugefügt werden. Mit Hilfe des MixedRealityToolkit können die Funktionen für die *Spatial Awareness* vorgenommen werden. Auf Basis der Spatial Awareness Funktion scannt die HoloLens 2 kontinuierlich den zugrundeliegenden Arbeitsraum, um darauf basierend die Umgebung in einer 3D-Featuremap zu rekonstruieren.

Dies ist somit die zugrundeliegende SLAM-Technologie. Hierbei wird die Spatial Awareness benötigt, um den vorliegenden Arbeitsraum zu interpretieren und darauf folgend die Map zu erstellen. Die Map besteht aus einem Polygonnetz. In den Einstellungen werden die Punkte *Observation Extents* sowie die *Display Options* adressiert. In den Display Optionen kann das dazugehörige Polygonnetz verwaltet werden. Hier können u. a. Einstellungen zu der Sichtbarkeit des Netzes vorgenommen werden. In der *Observation Extents* Einstellung wird die durch die Spatial Awareness erfasste Fläche des Arbeitsraums hinterlegt.

Nachdem die Einstellungen angepasst sind, kann das erstellte *Vuforia Package* mit dem dazugehörigen 2D-Flachmarker dem Unityprojekt hinzugefügt werden. Damit der Marker in Unity ausgewählt werden kann, muss das Vuforia Image Target mit der Komponente *Image Target Behaviour* dem Unityprojekt hinzugefügt werden. Dadurch kann das Image Target in der Unityszene platziert werden. Das Target enthält die Informationen des 2D-Flachmarkers. Abschließend werden die Vuforia Elemente zur MRTK *Main Camera* integriert. Die MRTK Main Camera befindet sich im MixedRealityPlayspace. In diesem Schritt besteht die Notwendigkeit, das *Vuforia Behaviour*- und das *Default Initialization Error Handler-Skript* hinzuzufügen.

Wie bereits in dem vorherigen Prototyp, müssen abschließend die CAD-Planungsdaten aus dem Planungstool hinzugefügt werden. Auch hier können die Planungsdaten aus Microstation exportiert werden und als FBX-Datei in das Unityprojekt importiert werden. Im Gegensatz zu dem vorherigen Prototyp besteht hier der zusätzliche Bedarf das dazugehörige Hallenlayout dem Projekt hinzuzufügen. Dies wird für die Visualisierung der Platzierung des 2D-Flachmarkers benötigt. Die Planungsdaten werden an das Image Target als Child angehängt. Sobald die HoloLens den 2D-Flachmarker erfasst, werden alle dazugehörige Daten eingeblendet.

In Abbildung 29 ist der Aufbau in Unity inklusive Hallenlayout, die dazugehörigen Planungsdaten sowie der 2D-Flachmarker aus Vuforia dargestellt.

Als letzter Schritt erfolgt die Erstellung der App, um die Anwendung auf der HoloLens 2 nutzen zu können. Zunächst wird in den Einstellungen unter *Universal Windows Platform* eine *Visual Studio Solution* Datei erzeugt. Anschließend kann die Datei in Visual Studio geöffnet werden. In Visual Studios wird die Datei für die Installation generiert. Nachdem die HoloLens 2 mit dem dazugehörigen Rechner verbunden ist, können die zuvor erstellten Dateien ausgewählt und anschließend auf der Brille installiert werden.

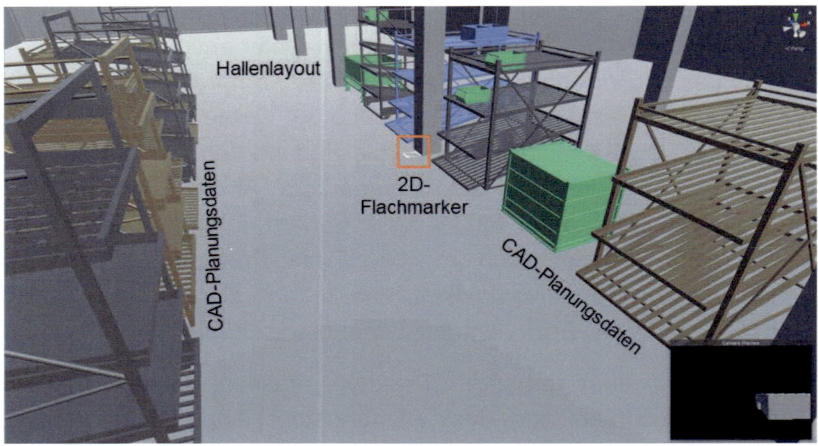

Abbildung 29: Szene aus Unity mit Layout, CAD-Daten und 2D-Flachmarker (eigene Darstellung)

5.3.3 Versuchsaufbau und Durchführung

Nachdem die zwei Prototypen erstellt sind, erfolgt an dieser Stelle eine nähere Betrachtung des Versuchsaufbaus und der Durchführung. Dazu wird der exakte Ablauf inklusive aller notwendigen Schritte bei Verwendung der Prototypen beschrieben. Dies umfasst die AR-gestützte Intralogistikplanung unter Verwendung eines mobilen Assistenzsystems. Die Erstellung und die Anwendung der Prototpyen wurde auf einer Testfläche der Mercedes-Benz AG vorgenommen, um Gefährdungen durch eine laufende Produktion zu minimieren. Die Testfläche verfügt über logistisches Equipment und ähnelt aufgrund der Gegebenheiten einem produktiven Umfeld. Eine ausführliche Evaluation erfolgt im nächsten Kapitel.

Die Vorbereitungen für den Einsatz beider Prototypen werden an dieser Stelle gemeinsam betrachtet. Basierend auf dem Use Case (siehe Kapitel 4.4, Abbildung 24) startet der Intralogistikplaner die Materialflussplanung mit den Teilaspekten Prozess- und Layoutplanung. Dabei wird die Planung vollumfänglich an dem Arbeitsplatz mit den dazugehörigen Planungstools ausgeführt. Anschließend erfolgt der Planungsschritt *Überprüfung des Layouts in der Halle*. An dieser Stelle begibt sich der Intralogistikplaner in die Produktionshalle, um die zuvor ausgeführte Planung mit dem mobilen Assistenzsystem basierend auf den Prototypen zu überprüfen.

Prototyp iPhone und SLAM

Zunächst wird der Versuchsaufbau mit dem ersten Prototyp näher betrachtet. Wie bereits aufgezeigt besteht hier die Notwendigkeit, die zu überprüfende Fläche vorab mittels der Placenote Spatial Capture App aufzunehmen. Daraus resultiert, dass der Planer sich sowohl für die Erstellung der Map als auch für den Planungsschritt Überprüfung des Layouts in die Produktionshalle begeben muss. Nachdem die Map aufgenommen wurde, müssen die oben genannten Schritte zur Ausführung des Prototyps durchgeführt werden. Dies umfasst u. a. den Import der Featuremap sowie den Import der Planungsdaten aus dem Planungstool. In Abbildung 30 ist eine Szene aus Unity dargestellt, welche die SLAM-basierte Featuremap sowie ein platziertes CAD-Planungsobjekt in Form eines Regals beinhaltet.

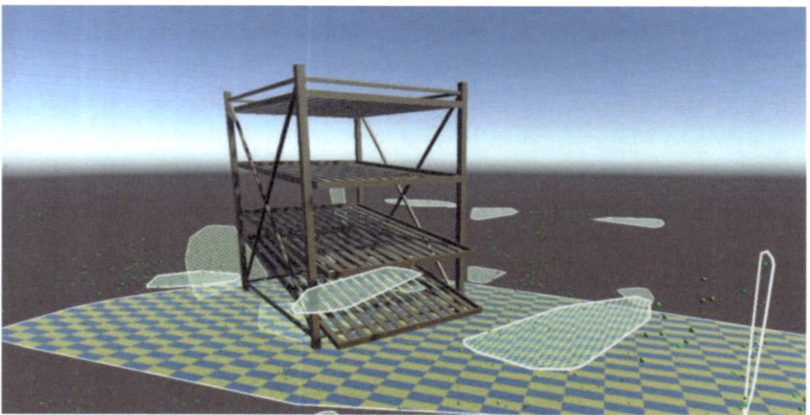

Abbildung 30: Szenenaufbau in Unity mit einer Featuremap und CAD-Planungsdaten (eigene Darstellung)

Nachdem die App auf dem iPhone installiert ist, kann der Planer die Anwendung nutzen. Sobald der Planer sich in dem zu überprüfenden Arbeitsraum befindet, startet dieser die App auf dem iPhone. In einem ersten Schritt wird versucht durch den Einsatz der Kamera die zugrundeliegende Featuremap in der Realität wiederzuerkennen. Sobald der Arbeitsraum erkannt wurde, werden die digitalen Planungsobjekte in der Realität eingeblendet. Dabei werden die Objekte exakt an der Position eingeblendet, an welcher diese zuvor im CAD-Layout verortet wurden. Durch die Einblendung der Daten ist der Planer in der Lage, die Planung digital abzusichern und mögliche Störkonturen zu überprüfen. Nach dem der Planer sich für die finale Planung entscheidet, kann er das Ergebnis mittels einer Bild- oder Videoaufnahme dokumentieren. Die Aufnahme kann entweder per Mail verschickt werden oder an den Rechner übertragen werden, indem das iPhone dort angeschlossen wird.

Prototyp HoloLens 2 und hybrides Tracking

Bei dem zweiten Prototyp mit der HoloLens 2 und dem hybriden Tracking besteht aufgrund des 2D-Flachmarkers kein Bedarf, den Arbeitsraum vorab zu scannen. Bevor der Planer die Layoutplanung in der Halle überprüfen kann, müssen für den festgelegten Arbeitsraum die CAD-Planungsdaten inklusive Layout aus dem Planungstool exportiert werden und als FBX-Datei in das Unityprojekt importiert werden. Anschließend erfolgt die Installation der Anwendung auf der HoloLens 2. Zusätzlich zu der Installation der Anwendung muss der 2D-Flachmarker ausgedruckt werden. Hier kann eine Größe von 28 cm x 28 cm gewählt werden.

Nach den Vorbereitungen begibt sich der Planer in die Halle. In dem zu untersuchenden Arbeitsraum wird der ausgedruckte Marker an die zuvor festgelegte Position hinterlegt. Anschließend wird die Anwendung auf der HoloLens 2 gestartet. In einem ersten Schritt erfasst die

HoloLens den Arbeitsraum und erstellt auf Basis der gescannten Umgebung die Map. Durch das Polygonnetz wird die Map visualisiert. Damit ein vollständiges Polygonnetz des Arbeitsraums verfügbar ist, muss der Nutzer die Fläche mit der Brille ablaufen und diese durch Umschauen abscannen. Sobald der Arbeitsraum vollständig erfasst ist, wird der 2D-Flachmarker mit der Brille eingescannt. Darauf aufbauend wird das Markertracking initialisiert. Für die Berechnung der Pose der HoloLens 2 wird sowohl die Position als auch die Rotation des Markers näher analysiert. Auf Basis der Informationen wird durch das SDK Vuforia die Pose des Markers in ein räumliches Koordinatensystem der HoloLense 2 übertragen. Ab diesem Punkt erfolgt das Tracking der HoloLens 2 auf Basis der spatial awareness Funktion. Sobald der 2D-Flachmarker erkannt und das Tracking initiiert wurde, werden die CAD-Planungsdaten in den Arbeitsraum eingeblendet. Auch hier werden die Objekte exakt an der Position eingeblendet, an welcher diese zuvor im CAD-Layout verortet wurden.

Der Planer kann sich nun frei im Raum bewegen und die Planung auf Richtigkeit überprüfen. Dabei muss der Marker aufgrund der zuvor erstellen Map nicht kontinuierlich im Sichtfeld bleiben. Ferner kann der Planer die digitalen Elemente schieben, rotieren sowie bei Bedarf in der Größe anpassen. Sobald der Planer sich für die vorliegende Planung entschieden hat, kann er die Szene durch eine Bild- oder Videoaufnahme dokumentieren. Zurück an dem Arbeitsplatz, kann der Nutzer durch das Anschließen der HoloLens an den Rechner die Aufnahmen übertragen. In Abbildung 31 ist auf der oberen Seite die Ansicht in Unity und auf der unteren Seite exakt die gleiche Szene in der Realität dargestellt.

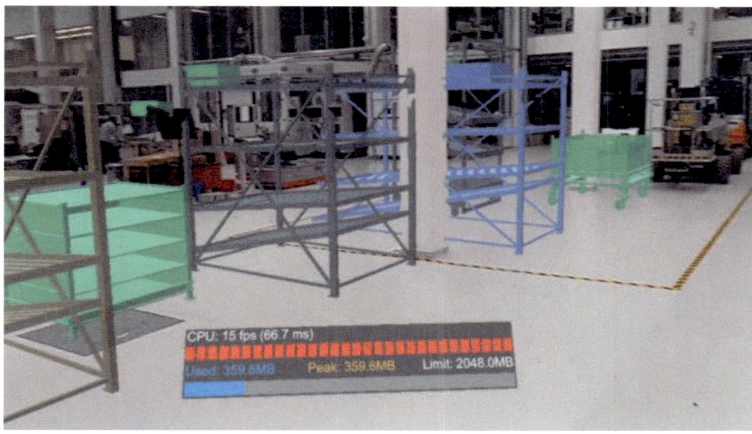

Abbildung 31: Szenenaufbau in Unity und in der Realität (eigene Darstellung)

6 Anwendung und Validierung der Implementierung

Basierend auf den umgesetzten Prototypen erfolgt in diesem Kapitel eine nähere Evaluation dieser. Für die Evaluation findet zunächst eine nähere Betrachtung der Prototypen unter Einbeziehung der zu erfüllenden Anforderungen statt. Darauf aufbauend wird ein Feldexperiment durchgeführt. Mit Hilfe des Experiments soll aufgezeigt werden, dass sich durch den Einsatz mobiler Assistenzsysteme die Layoutplanung verbessern kann. Abschließend werden relevante Faktoren aufgezeigt, welche einen Einfluss auf die Akzeptanz von AR in der Intralogistikplanung ausüben. Für die Evaluation der Akzeptanz wird das Technology Acceptance Model (TAM) empirisch ausgewertet.

6.1 Evaluation des Use Cases und der Prototypen

An dieser Stelle findet eine Evaluierung der Prototypen unter Einbeziehung der bestehenden Anforderungen des mobilen Assistenzsystems aus Kapitel 4.3 statt.

Prototyp iPhone und SLAM

Zunächst wird der erste Prototyp näher betrachtet. Hier wurde ein iPhone als mobiles Endgerät sowie SLAM als Trackingmethode eingesetzt. Die ersten drei funktionalen Anforderungen werden gesamtheitlich erfüllt. Mit Hilfe des Prototyps können die CAD-Planungsdaten lagerichtig auf der Testfläche mittels AR eingeblendet werden. Darüber hinaus werden die Planungselemente als Volumenmodelle in Farbe dargestellt und die Interaktion mit den Elementen ist sichergestellt. Die größten Probleme während der Nutzung des Prototyps wurden in den Anforderungen Tracking und abdeckbarer Arbeitsraum identifiziert.

Sobald der Planer sich in dem zu überprüfenden Arbeitsraum befindet, startet dieser die App auf dem iPhone. Dabei wird versucht durch den Einsatz der Kamera die zugrundeliegende Featuremap in der Realität wiederzuerkennen. Anschließend erfolgt das Einblenden der CAD-Planungsdaten. Diese Funktionalitäten funktionieren ausschließlich für einen kleinen Arbeitsraum mit bis zu $4m^2$. Bei einer Zunahme des Arbeitsraums entstehen Probleme während des Trackings. Zum Beispiel wird der vorgesehene Raum ab einer Fläche von $8m^2$ nicht mehr umfassend erkannt. Dies führt dazu, dass die zuvor hinterlegten Planungselemente nicht mehr lagerichtig eingeblendet werden können. Ein Grund des instabilen Trackings kann in der verwendeten Hardware liegen. Das Mapping und die Lokalisierung werden mit den vorhandenen Kamera- sowie Bewegungssensors des iPhones durchgeführt. Eine Möglichkeit, um dies zu umgehen, kann die Verwendung von Stereo- und Tiefensensoren sein. Durch den Einsatz der Sensoren sollen verhältnismäßig genauere Ergebnisse erreicht werden [MT2017; Mu+2019]. Darüber hinaus kann die vorhandene Rechenleistung der Hardware ein weiterer Grund sein. Um die entstehenden Informationen während des Trackingprozesses sowie während der Nutzung zu verarbeiten, besteht der Bedarf entsprechender Rechenleistung [Re+2010]. Auch hier kann durch den Einsatz eines anderen Endgeräts, wie z. B. der HoloLens, entgegengewirkt werden. Wie bereits aufgezeigt, besteht innerhalb der Intralogistikplanung der Bedarf an einem Arbeitsraum von mindestens $100\ m^2$. Eine produktive Nutzung des Prototyps hätte zur Folge, dass für jede $4m^2$ die oben beschriebenen Schritte durchgeführt werden müssen. Dies bedeutet das vorherige Aufnehmen des Arbeitsraums mit der Placenote Spatial Capture App, den Import der Featuremap sowie den Import der Planungsdaten aus dem Planungstool. Daraus resultieren mehrfache Vor-Ort-Begehungen in der Produktionshalle und dadurch ein erhöhter Mehraufwand für den Intralogistikplaner. Folglich ist die Erfüllung der Anforderung bzgl. des Zeitaufwands ebenso nicht gegeben.

Dahingegen sind die Anforderungen *Dokumentation der Ergebnisse, Transportfähigkeit* sowie *Ergonomie* gegeben. Nach der finalen Planung werden die Ergebnisse mittels einer Bild- oder Videoaufnahme dokumentiert. Die Aufnahme kann entweder per e-Mail verschickt werden oder an den Rechner übertragen werden. Aufgrund der Nutzung des iPhones kann das mobile Assistenzsystem durchgängig in der Produktionshalle eingesetzt werden und ist an keinen spezifischen Ort gebunden. Darüber hinaus ist es sehr leicht und kann ohne größeren Aufwand transportiert werden. Ferner ist die Anforderung *Sicherheit* nur eingeschränkt erfüllt. Ein Problem bei der Nutzung des iPhones liegt darin, dass das periphere Sehen eingeschränkt ist.

Der Nutzer kann ggf. mögliche Gefahren aufgrund einer laufenden Produktion inklusive Verkehr nicht rechtzeitig erkennen. Dahingegen ist die Datensicherheit aufgrund der Nicht-Erhebung personenbezogener und vertraulicher Daten gegeben. Eine nähere Betrachtung der Anforderung *Bedienbarkeit* und *Genauigkeit* wird in Kapitel 6.2 durchgeführt.

Prototyp HoloLens 2 und hybrides Tracking

In dem nächsten Schritt erfolgt eine nähere Betrachtung des zweiten Prototyps unter Einbeziehung der bestehenden Anforderungen. Hier wurde eine Anwendung auf der HoloLens 2 mit einem hybriden Trackingverfahren entwickelt. Es werden überwiegend alle Anforderungen erfüllt. Die erste funktionale Anforderung *Bereitstellung und Vorbereitung relevanter Daten* können durch den Export der 3D-Planungsdaten aus dem CAD-System und dem anschließenden Import als FBX-Datei in Unity sichergestellt werden. Die Anforderungen *Darstellung der Informationen* sowie *Analysefunktion* sind ebenso erfüllt. In Abbildung 32 ist der Versuchsaufbau dargestellt. Auf der linken Seite sind die Testfläche sowie der platzierte 2D-Flachmarker zu erkennen. Auf der rechten Seite ist die aufgenommene AR-Szene inklusive dem Polygonnetz dargestellt. Darüber hinaus sind hier die farbigen Volumenmodelle zu erkennen.

Abbildung 32: Versuchsaufbau des Prototyps mit HoloLens 2 und hybridem Tracking (eigene Darstellung)

Eine detaillierte Ansicht der vorliegenden Funktionalitäten des mobilen Assistenzsystems sowie der AR-Szene befindet sich in Abbildung 33. Auf der linken Seite ist ein Regal inklusive der Vektoren zur Verschiebung des Regals dargestellt. Mit Hilfe der Vektoren können die Regale entlang der zwei Achsen verschoben werden. Darüber hinaus ist auf dem linken Bild die Funktionalität *Überprüfung auf Kollision* zu erkennen. Das digitale Regal kollidiert mit einem realen LT. Dies wird durch das Einfärben des Gitters in Rot erkennbar. Auf der rechten Seite in Abbildung 33 ist das User Interface des Prototyps dargestellt. Dort können die Funktionalitäten Schieben, Rotation sowie Größenänderung ausgewählt werden. In dem inneren Kreis sind zusätzliche Funktionen hinterlegt. Dazu zählen u. a. Funktionen zum Löschen, zum Ein – und Ausschalten der Sichtbarkeit des Polygonnetzes und zur Beendigung des Programms. Durch diese Funktionalitäten unterstützt das Assistenzsystem den Nutzer vollumfänglich während der Planung sowie bei der Entscheidungsausführung durch das Einblenden verschiedener Alternativen. Der finale Planungsstand kann abschließend mit der Bildschirmaufnahme der HoloLens2 dokumentiert werden. Damit ist auch die Anforderung *Dokumentationsfunktion* erfüllt.

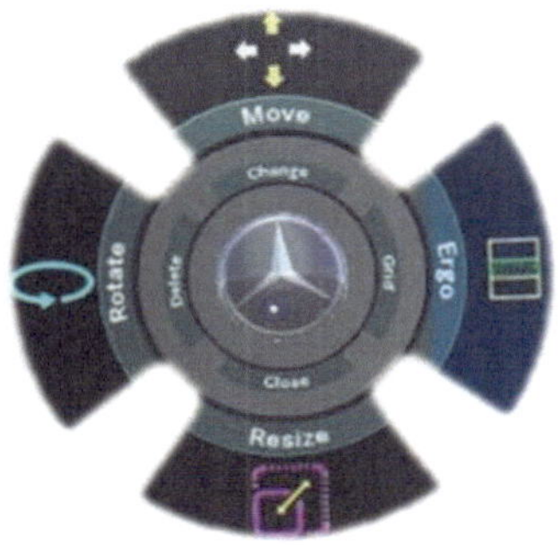

Abbildung 33: User Interface des Prototyps mit HoloLens 2 (eigene Darstellung)

Darauf aufbauend erfolgt eine nähere Betrachtung der Anforderungen *Tracking* sowie *abdeckbarer Arbeitsraum*. Die Anwendung lässt sich problemlos auf einer Fläche von 100m² anwenden. Im Gegensatz zu dem ersten Prototyp bleiben auch bei zunehmender Größe des Arbeitsraums die digitalen Elemente an der vorgesehenen Position. Darüber hinaus erfolgen das Tracking sowie die Visualisierung in Echtzeit. In diesem Zusammenhang findet eine flüssige Darstellung der digitalen Planungsobjekte mit über 30 frames per second (fps) statt. Dabei konnte ein Zusammenhang der flüssigen Darstellung mit dem Einblenden des Polygonnetzes während der Nutzung festgestellt werden. Durch das Ausblenden des Netzes sinken die gerenderten Aufnahmen teilweise unter 10 fps. Dadurch können die Planungselemente unflüssig erscheinen. Bei einem eingeblendeten Netz liegt die Rate durchweg bei 30 fps (vgl. hierzu Abbildung 34, rechte Seite). Des Weiteren lassen sich Probleme innerhalb der Erfassung des Arbeitsraums und der darauf basierenden Kartenerstellung identifizieren. Während diesen Schritten kann es zu einer Artefaktbildung in der Luft kommen. In Abbildung 34 ist auf der linken Seite eine mögliche Artefaktbildung dargestellt. Die Bildung kann während der Erfassung des Arbeitsraums durch sich bewegende Personen oder Elemente entstehen. Dadurch werden feste Objekte erkannt, obwohl keine mehr vorhanden sind. Die Anwendung kann trotz der Bildung einwandfrei eingesetzt werden. An dieser Stelle können lediglich Irritationen durch die zusätzlichen Objekte bei dem Nutzer entstehen.

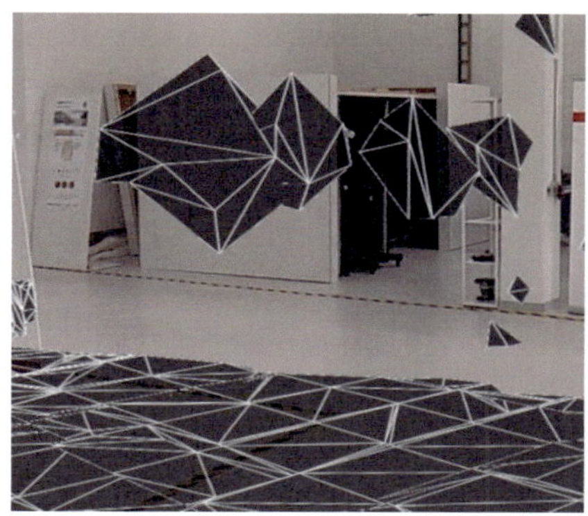

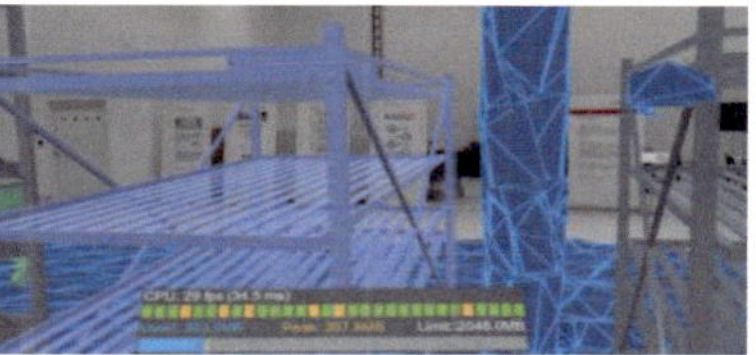

Abbildung 34: Artefaktbildung während des Trackings sowie die Darstellung der AR-Szene mit und ohne Polygonnetz (eigene Darstellung)

Die nächsten zu betrachtenden Anforderungen sind die *Transportfähigkeit* und die *Sicherheit.* Das mobile Assistenzsystem kann durch den Einsatz der HoloLens2 überall in der Produktionshalle eingesetzt werden und ist an keinen spezifischen Ort gebunden. Der Punkt Datensicherheit ist aufgrund der Nicht-Erhebung personenbezogener und vertraulicher Daten gegeben. Darüber hinaus kann durch den Einsatz der HoloLens2 die Arbeitssicherheit gewährleistet werden. Hier besteht vor allem ein Vorteil darin, dass das periphere Sehen nicht eingeschränkt wird. Dadurch kann das Verletzungsrisiko aufgrund einer laufenden Produktion inklusive Verkehr reduziert werden. Abschließend wird der Punkt Ergonomie näher betrachtet. Trotz des Gewichts der HoloLens2 bestehen keine ergonomischen Einschränkungen während der Nutzung. In diesem Beispiel wird die Brille ca. 20 Minuten für die Absicherung der Planung getragen. Im Gegensatz zu AR-Pickanwendungen soll das mobile Assistenzsystem nicht dauerhaft für eine Schicht eingesetzt werden. Hier liegt der Fokus auf einzelnen Planungstätigkeiten mit einer begrenzten Einsatzdauer.

Eine nähere Betrachtung der Anforderung *Bedienbarkeit* wird in Kapitel 6.2 durchgeführt. An dieser Stelle kann festgehalten werden, dass aufgrund der Verknüpfung zum CAD-Planungsprogramm ausschließlich relevante Informationen zur Verfügung gestellt werden. Darüber hinaus ist die Beschaffung der benötigten Eingabedaten kein zusätzliches Hindernis für die Planer. Der Export der 3D-Planungsdaten aus dem CAD-System und dem anschließenden Import als FBX-Datei in Unity stellt eine leicht zu bedienende Benutzerschnittschnelle zwischen Mensch und der Systemanwendung dar.

Darüber hinaus wurde der benötigte *Zeitaufwand* als eine weitere Anforderung aufgestellt. Das zugrundeliegende Assistenzsystem zeichnet sich durch einen geringen Rüstaufwand aus. Bevor die Applikation genutzt werden kann, muss lediglich der zuvor ausgedruckte Marker platziert werden, die HoloLens 2 gestartet sowie der zu überprüfende Arbeitsraum erfasst werden. Dahingegen besteht ein höherer Aufwand in den Vor- sowie Nachbereitungen. Für die Nutzung des mobilen Assistenzsystems und für die Absicherung der Planung besteht vorab die Notwendigkeit, die entsprechenden Daten in das Unity-Projekt zu importieren und die oben aufgezeigten Schritte durchzuführen. Für die Erstellung der Anwendung werden ca. 30 Minuten benötigt. Die Vorbereitungen des Unity-Projekts können für jede Anwendung übernommen werden. Ein Problem kann hierbei das Programm Unity sein. Dies wird im Bereich der Intralogistikplanung nicht als Standardprogramm genutzt und somit sind Vorkenntnisse der Planer nicht vorhanden. Folglich besteht der Bedarf an Unity-Schulungen für die Erstellung der Anwendung. Im Vergleich zu den Vorbereitungen zeichnen sich die Nachbereitungen durch einen geringeren Zeitaufwand aus. Die Übertragung der Dokumentation der Planungsergebnisse lässt sich innerhalb von ein paar Minuten durchführen.

Eine weitere Anforderung des mobilen Assistenzsystems ist die *Genauigkeit.* Eine nähere Betrachtung der Genauigkeit erfolgt in Kapitel 6.2. Hier ist festzuhalten, dass aufgrund des hybriden Trackings eine hohe Genauigkeit erreicht werden kann. Wie bereits aufgezeigt, umfasst die Anforderung *Kosteneffektivität* das Verhältnis des finanziellen Aufwands zu erwarteten Nutzen auf. An dieser Stelle ist eine Bewertung des Prototyps im Hinblick auf den zu erwartenden Nutzen nicht möglich. Diese Bewertung wird im Folgenden Kapitel 6.2 vorgenommen. Dahingegen kann der finanzielle Aufwand näher betrachtet werden. Die Investitionskosten sind vor allem die bestehenden Lizenzkosten sowie die Anschaffung der HoloLens-Brillen. Für eine kommerzielle Nutzung von Unity müssen ca. 1800€ Lizenzkosten pro Jahr bezahlt werden. Darüber hinaus besteht der Bedarf in der Anschaffung der Brillen mit ca. 3150€. Aufgrund der Multiusertauglichkeit sind ungefähr fünf Brillen für die Intralogistikplanung ausreichend.

Eine mögliche Weiterentwicklung der Prototypen kann die Schaffung einer automatisierten Schnittstelle zwischen dem mobilen Assistenzsystem und dem Planungssystem sein. Dadurch könnte die AR-basierte Planung direkt in das Planungssystem übertragen werden. Der Einsatz einer solchen Schnittstelle wurde die erneute Anpassung der Planung am Arbeitsplatz eliminieren, den Zeitaufwand reduzieren sowie Übertragungsfehler reduzieren. Eine weitere Entwicklungsmöglichkeit kann in einer kollaborativen Nutzung der Anwendung liegen. Dadurch können mehrere Planer gleichzeitig die AR-basierte Planung überprüfen. In diesem Zusammenhang ist eine remote-Unterstützung ebenso denkbar.

.

6.2 Experimentelle Erprobung mobiler Assistenzsysteme

Im folgenden Kapitel erfolgt eine nähere Betrachtung der mobilen Assistenzsysteme und deren Auswirkungen auf die identifizierten intralogistischen Planungsprozesse anhand eines Experiments[7]. Hierbei besteht das Ziel des Experiments darin aufzuzeigen, inwieweit der Einsatz der Assistenzsysteme den bestehenden Planungsschritt *Vor-Ort-Begehungen zur Überprüfung des Layouts* verbessern kann. Zeitgleich ist von Interesse, welche Rolle die Basistechnologie AR dabei spielt. Dafür soll der Planungsschritt Layoutplanung mit den dazugehörigen Vor-Ort-Begehungen sowohl ohne den Einsatz als auch mit mobilen Assistenzsystemen näher untersucht werden. Für die Messung der Verbesserung besteht der Bedarf an relevanten Variablen sowie das Aufstellen von Hypothesen, welche anschließend deskriptiv sowie empirisch ausgewertet und diskutiert werden.

6.2.1 Operationalisierung der Variablen und Herleitung der Hypothesen

Für die Messung der Ergebnisse innerhalb des Experiments besteht der Bedarf an abhängigen Variablen. Die erste Variable ist die *Zeitreduktion* für die Ausführung der Layoutplanung. In der Arbeit von *Shan et al.* wird darauf verwiesen, dass AR-basiertes Planen zu einer Zeitreduktion der Planungsschritte führen kann [SJH2010]. Darüber hinaus zeigen die Autoren *Souza Cardoso et al.* anhand einer Literaturanalyse auf, dass in 32% der identifizierten Arbeiten die Reduzierung der auszuführenden Arbeitszeit als ein mögliches Potential von AR genannt wurde [SMZ2020].

---

[7] Die Erstellung des Experiments wurde während der aktiven Betreuung einer Masterarbeit [Ba2019] in der Mercedes-Benz AG durchgeführt.

In dieser Arbeit spielt der Faktor Zeit ebenso eine bedeutsame Rolle. Aufgrund der kurzfristigen Änderungen und fehlenden Informationen über den aktuellen Stand der Produktion, besteht die Notwendigkeit, vorhandene Probleme schnell zu identifizieren. Damit einher kann basierend auf den Gegebenheiten, die Planung kurzfristig angepasst werden kann. Daraus lässt sich die erste Hypothese ableiten:

Hypothese 1:

Durch den Einsatz von mobilen Assistenzsystemen können Zeitreduktionen während der Layoutplanung realisiert werden.

Die nächste zu untersuchende Variable fokussiert sich u. a. auf die Eigenschaften des mobilen Assistenzsystems mit der Basistechnologie AR. Wie bereits aufgezeigt sollen die mobilen Assistenzsysteme mit der Basistechnologie AR durch eine zielgerechte Darstellung von Informationen der steigenden Komplexität in der Logistik entgegenwirken. Durch die Assistenzfunktion bei vorliegenden Entscheidungen, in dem verschiedene Alternativen eingeblendet werden können, soll der Intralogistikplaner umfassend bei seiner Arbeit unterstützt werden. Durch die visuelle Unterstützung soll der vorliegende Planungsprozess vereinfacht werden. Somit wird als weitere Variable die *Vereinfachung der Layoutplanung* durch mobile Assistenzsysteme mit AR überprüft. Für die Messung der Vereinfachung kann auf die aktive Beanspruchung der Teilnehmer während der Nutzung zurückgegriffen werden. Eine Möglichkeit zur Messung der Beanspruchung bietet der NASA-Task-Load Index [NA1986; JER2018; Ho+2013]. Daraus ergibt sich folgende Hypothese:

Hypothese 2:
Durch den Einsatz von mobilen Assistenzsystemen kann eine Vereinfachung der Layoutplanung erreicht werden.

Eine weitere Variable ist die *Flexibilität.* Basierend auf Kapitel 3 und der dazugehörigen Literaturanalyse konnte festgestellt werden, dass die Automobilindustrie vor zahlreichen Herausforderungen steht und die Produktion dementsprechend angepasst werden muss. Dies führt dazu, dass u. a. die Komplexität eines Produktionssystems ansteigt. Um diesen Herausforderungen gerecht zu werden, besteht der Bedarf an einem hohen Flexibilitätsgrad. Darüber hinaus ist die Flexibilität innerhalb der Intralogistikplanung (vgl. Kapitel 4.2.1) von Bedeutung. Aufgrund des volatilen Umfelds soll die Intralogistikplanung in der Lage sein, kurzfristige Anpassungen aufgrund der veränderten Anforderungen des Produktionsprozesses vorzunehmen. An dieser Stelle unterstützt das mobile Assistenzsystem mit AR durch die vorliegenden Funktionen. Folglich soll anhand der Hypothese mit der Variable Flexibilität die Auswirkungen auf eine mögliche Verbesserung aufgezeigt werden:

Hypothese 3:
Durch den Einsatz von mobilen Assistenzsystemen ist der Planer während der Layoutplanung flexibler.

Die ersten drei Hypothesen lassen sich aufgrund der Erhebung und der Messung mittels empirischer Verfahren exakt auswerten. Dennoch existieren weitere Variablen, bei welcher die Notwendigkeit einer näheren Untersuchung durch eine deskriptive Auswertung besteht. In diesem Zusammenhang ist eine weitere relevante Variable die *Fehlerreduktion.* Hier wurden u. a. die Reduzierung von Planungsfehlern [He+2018], von Pickfehlern [Re+2009a] sowie die Verbesserung der auszuführenden Arbeit [SMZ2020] genannt. Eine Verbesserung der Arbeitsqualität sowie die Reduzierung von Fehlern kann durch eine informationsbasierte Unterstützung erreicht werden [Bü+2017]. Darüber hinaus verweisen die Autoren *Jetter et al.* darauf, dass durch den allgegenwärtigen Zugriff auf relevante Informationen das Potential von möglichen Fehlern sinkt [JER2018]. Ferner zeigen sie eine Anzahl an Studien auf, welche eine Fehlerreduzierung durch den Einsatz von AR nachgewiesen haben [Ta+2003; Ho+2013; JER2018]. Folglich ist die Überprüfung der Variable Fehlerreduktion von Bedeutung, da basierend auf Kapitel 4.2.3 identifiziert wurde, dass innerhalb der Layoutplanung Übertragungs- und Folgefehler entstehen können. Diese Variable umfasst folgende Annahme:

Annahme:

Durch den Einsatz von mobilen Assistenzsystemen können Fehler während der Layoutplanung reduziert werden.

Auf Basis der oben genannten Anforderung des mobilen Assistenzsystems ist die *Genauigkeit* der Darstellung virtueller Objekte ein weiterer zu untersuchender Faktor (vgl. Kapitel 4.3). Neben der hier aufgestellten Anforderung, wird in der Literatur auf die Erhöhung der Genauigkeit durch den Einsatz von AR verwiesen. Im Bereich der Planung spielt die Genauigkeit eine bedeutsame Rolle. Die zu überprüfenden AR-Elemente sollen lagerichtig eingeblendet werden, um geeignete Ergebnisse zu erhalten. Darüber hinaus sollen die digitalen Inhalte so in der realen Welt angezeigt werden, dass die Position und die Maße mit der realen Welt verschmelzen [Pe+2007; Qu+2018; Ho+2013]. Ausgehend von dem abdeckbaren Arbeitsraum, wird an dieser Stelle eine Toleranz der Abweichung von 10 cm festgelegt. Die Annahme ist wie folgt:

Annahme:

Durch den Einsatz von mobilen Assistenzsystemen kann die Genauigkeit der Layoutplanung erhöht werden.

6.2.2 Experimentaufbau

Für die Analyse im Hinblick auf eine Verbesserung intralogistischer Planungsprozesse durch den Einsatz mobiler Assistenzsysteme wird ein wissenschaftliches Experiment durchgeführt. Dabei wird das Verhalten einzelner Variablen in verschiedenen Szenarien anhand eines Feldexperiments untersucht. Für das vorliegende Experiment werden die eben aufgezeigten Punkte Zeit, Vereinfachung, Flexibilität, Fehlerrate sowie Genauigkeit als abhängige Variablen betrachtet. Dahingegen werden verschiedene Planungsszenarien mit mobilen Assistenzsystemen als unabhängige Variablen eingesetzt. Das Feldexperiment wird auf einer Testfläche der Mercedes-Benz AG im Werk Sindelfingen durchgeführt. Die Testfläche ähnelt aufgrund der Gegebenheiten einem produktiven Umfeld und ist mit entsprechendem Logistikequipment ausgestattet. Ferner werden als Zielgruppe Mitarbeiter der Abteilung Intralogistikplanung der Mercedes-Benz AG festgelegt. Dabei sind die individuellen Fachkenntnisse nicht von Bedeutung, da eine heterogene Auswahl an Teilnehmern von Vorteil ist.

Zu Beginn des Experimentes erhalten alle Teilnehmer eine kurze Einführung bzgl. des Ablaufs des Experiments sowie die dazugehörigen Umfragebögen. Mit Hilfe der Umfragebögen wird die Datenerhebung für die anschließende Auswertung durchgeführt. Die Dauer des Experiments wird auf ca. 60 Minuten angesetzt. Die Aufgabe der Teilnehmer besteht darin, vier Planungsszenarien mit unterschiedlichen Systemen zu testen. Hierbei sollen die Teilnehmer im Sinne der Layoutplanung die vorliegende Fläche optimal beplanen. Darüber hinaus werden innerhalb des Experiments sowohl verschiedene Trackingmethoden als auch verschiedene mobile Endgeräte eingesetzt. Um Lerneffekte bei den Teilnehmern auszuschließen, variiert die Reihenfolge der Durchführung der einzelnen Szenarien. Dabei umfasst das Experiment folgende Szenarien, welche in Tabelle 9 zusammengefasst sind.

Das *Szenario 1* umfasst den für diese Arbeit identifizierten Prozess der Layoutplanung mit den Vor-Ort-Begehungen zur Überprüfung des Layouts. Das Ziel des Szenarios 1 besteht darin, die vorliegenden Gegebenheiten für die Planung zu überprüfen sowie abzusichern. Analog zu dem Standardvorgehen ist der Einsatz digitaler Planungstools nicht vorgesehen. Aufgrund dessen sollen die Teilnehmer die vorliegende Montagestation mit Hilfe eines Zollstocks, einem Blatt Papier sowie Stiften ausmessen. Auf Basis der Messungen soll durch den Einsatz von vorhandenen Regalen und LT überprüft werden, wie viele Elemente in der Montagestation platziert werden können. Abschließend werden die Ergebnisse händisch auf dem Papier eingezeichnet und die Maße hinterlegt. Das Szenario 1 dient als Grundlagenszenario.

Bei *Szenario 2* werden die Teilnehmer mit einem digitalen Planungstool unterstützt. Für das Szenario 2 wird die interne Mercedes-Benz AR-Anwendung *AURA* eingesetzt. AURA wird in der Mercedes-Benz AG u. a. für geometrische Analysen in der Produktentstehung eingesetzt. Beispielhaft können Soll-Ist Abgleiche von Werkstückträgern durchgeführt und anschließend dokumentiert werden [Bl2019, S. 102ff.]. Für die Nutzung der vorhandenen Anwendung AURA besteht der Bedarf eines Windows Surfaces. Darüber hinaus basiert AURA u. a. auf dem Markertracking. Für die Durchführung des Experiments wird ein 40 cm x 40 cm x 40 cm großer Würfel mit Flachmarkern auf jeder Seite eingesetzt. Neben den bereits bestehenden Prototypen aus Kapitel 5 wird AURA zusätzlich für das Experiment eingesetzt, um das reine Markertracking (vgl. 5.1.1) zu überprüfen. In Vorbereitung für das Experiment wurden die dazugehörigen CAD-Daten des Planungssystems in AURA hochgeladen sowie die Maße des Markerwürfels hinterlegt.

Mit Hilfe von AURA sollen die Teilnehmer den identischen Prozess wie in Szenario 1 durchspielen. Dies umfasst die Absicherung der Montagestation mit digitalen Regalen und LT. Für den Einsatz des AR-Systems besteht vorab die Notwendigkeit, den Markerwürfel innerhalb der Montagestation zu positionieren. Damit die digitalen Elemente lagerichtig eingeblendet werden können, muss der Marker an der linken unteren Ecke der Station platziert werden. Sobald das Surface den Marker erkennt, werden die digitalen Regale und LT in der Station vollumfänglich eingeblendet. Die Teilnehmer können anschließend mit den Elementen interagieren. In Abbildung 35 ist auf der linken Seite das Szenario 1 und auf der rechten Seiten das Szenario 2 abgebildet.

Abbildung 35: Aufbau Experiment Szenario 1 und Szenario 2 (eigene Darstellung)

Sowohl das dritte als auch das vierte Szenario basieren auf den zuvor aufgezeigten Prototypen (vgl. Kapitel 5.3). Innerhalb des *Szenarios 3* kommt ein SLAM-basiertes Trackingverfahren und ein mobiles Endgerät zum Einsatz. Analog zu den ersten zwei Szenarien soll auch hier eine Montagestation beplant werden. Dazu müssen die Teilnehmer vorab den vordefinierten Arbeitsraum mit Hilfe der integrierten Kamera erfassen. Sobald der Raum erfasst ist, können die Teilnehmer die virtuellen Objekte in der vorgesehenen Fläche positionieren und auf Passgenauigkeit überprüfen. Dabei besteht die Möglichkeit aus diversen Planungselementen auszuwählen sowie diese zu verschieben und zu drehen.

Bei dem *Szenario 4* kommt analog zu dem vorliegenden Prototyp eine HoloLens zum Einsatz. Für die Layoutplanung müssen die Teilnehmer innerhalb des vierten Szenarios vorab den festgelegten Arbeitsraum mit der HoloLens scannen. Daraufhin können die virtuellen Objekte in Form von Regalen und LTs in der Fläche positioniert werden. Für eine exakte Überprüfung können die Planungselemente ausgetauscht, verschoben, rotiert sowie in der Größe geändert werden. Bei Szenario 2, 3 und 4 müssen die Teilnehmer jeweils einen Screenshot des geplanten Arbeitsraums für die anschließende Evaluation machen.

Tabelle 9: Zusammenfassung der Szenarien für das Experiment (eigene Darstellung)

Szenario	Aufgabe	Hard-ware	Software	Tracking
1	• Vermessung des Arbeitsraums mit Zollstockes • Überprüfung, wie viele Regale und LT in der Station platziert werden können • Einzeichnung der Ergebnisse auf einem Blatt Papier	-	-	-
2	• Platzierung Markerwürfel in der linken unteren Ecke der Station • Erfassung Markerwürfel • Beplanung und Absicherung des Arbeitsraums mit den digitalen Elementen • Überprüfung Passgenauigkeit • Screenshot Ergebnis	Mobile Device	Mercedes-Benz Softwarelösung AURA	Marker
3	• Abscannen der vorliegenden Station • Beplanung und Absicherung einer Station mit den digitalen Elementen • Überprüfung Passgenauigkeit • Screenshot des Ergebnis	Mobile Device	Prototyp 1	SLAM
4	• Abscannen der vorliegenden Station • Beplanung und Absicherung einer Station mit den digitalen Elementen • Überprüfung Passgenauigkeit • Screenshot Ergebnis	HoloLens	Prototyp 2	SLAM

Neben den Screenshots müssen die Teilnehmer noch den dazugehörigen Umfragebogen ausfüllen sowie die benötigte Zeit für die Durchführung pro Szenario dokumentieren. Der Umfragebogen enthält zum einen demografische Fragen und zum anderen die Fragen zur Erhebung des NASA-Task-Load Index (siehe Abbildung 36). Der demografische Teil umfasst Fragen zu dem jeweiligen Geschlecht, des Alters, des Abschlusses sowie zu den bereits vorhandenen Erfahrungen mit AR und den intralogistischen Planungsprozessen.

Mit Hilfe des NASA-Task-Load Index kann anhand von verschiedenen Dimensionen die subjektiv empfundene Beanspruchung während der Ausführung einer gewissen Tätigkeit oder Aufgabe bestimmt werden. Die Dimensionen sind die geistige, körperliche sowie zeitliche Anforderung, die Leistung, die Anstrengung sowie das Frustrationsniveau. Die dazugehörigen Antwortskalen umfassen 20 Abstufungen. An dieser Stelle ist von Interesse, inwieweit die Teilnehmer den Einsatz des Systems mit AR als Entlastung der täglichen Arbeitstätigkeit ansehen. Abbildung 36 fasst die dazugehörigen Fragen des NASA-Task-Load Indexes sowie zu dem Punkt Flexibilität zusammen [NA1986].

Wie viel geistige Anforderung war bei der Informationsaufnahme und bei der Informationsverarbeitung erforderlich (z. B. Denken, Entscheiden, Rechnen, Erinnern, Hinsehen, Suchen ...)?

Sehr wenig — Sehr viel

Wie viel körperliche Aktivität war erforderlich (z. B. ziehen, drücken, drehen, steuern, aktivieren ...)?

Sehr wenig — Sehr viel

Wie empfanden Sie den Umgang mit den Anwendungen? Waren diese eher langsam und geruhsam oder schnell und hektisch?

Langsam — Hektisch

Wie erfolgreich haben Sie Ihrer Meinung nach die vom Versuchsleiter gesetzten Ziele erreicht?

Perfekt — Fehlerhaft

Wie hart mussten Sie arbeiten, um Ihren Grad an Aufgabenerfüllung zu erreichen?

Sehr wenig — Sehr viel

Wie unsicher, entmutigt, irritiert, gestresst und verärgert (versus sicher, bestätigt, zufrieden, entspannt und zufrieden mit sich selbst) fühlten Sie sich während der Aufgabe?

unsicher, entmutigt, irritiert, gestresst — sicher, bestätigt, zufrieden, entspannt und zufrieden

Flexibilität:
Wie flexibel empfanden Sie die Planung mit der eingesetzten Technik?

Sehr unflexibel — Sehr flexibel

Abbildung 36: Fragen zur Erfassung des NASA-Task-Load Index in Anlehnung an [NA1986] sowie zur Erfassung der Flexibilität

6.2.3 Deskriptive Auswertung

Nach der Durchführung des Experiments werden die zugrundliegenden Ergebnisse zunächst deskriptiv ausgewertet. Darauf aufbauend erfolgt eine umfassende Interpretation sowie Diskussion der Ergebnisse. Alle Ergebnisse befinden sich im Anhang B. Insgesamt haben 12 Teilnehmerinnen und 24 Teilnehmer an dem Experiment teilgenommen. In Abbildung 37 ist die Altersverteilung der Teilnehmer illustriert. Eine Alterspanne von 20 Jahre bis 43 Jahre ist gegeben, wobei die Altersgruppe von 24 Jahren bis 28 Jahren überwiegend vertreten ist.

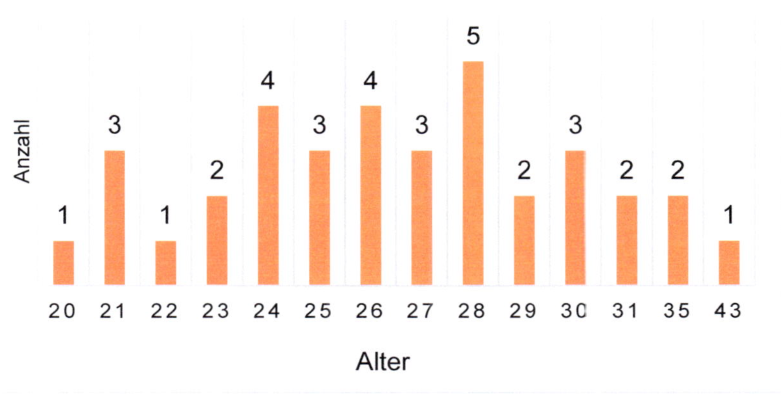

Abbildung 37: Altersverteilung der Teilnehmer bei dem Experiment (eigene Darstellung)

In einem weiteren Schritt werden die Abschlüsse der Teilnehmer erfasst. Insgesamt haben 9 der Teilnehmer einen Abschluss der allgemeinen Hochschulreife, 16 einen Bachelor- und 11 einen Masterabschluss. Anschließend werden die Erfahrungen im Bereich AR und intralogistischen Planungsprozessen erhoben. Für die Erhebung der Erfahrungen wurde eine 5-Punkte-Likert-Skala eingesetzt. Dabei unterliegen die Antwortmöglichkeiten für die Auswertung einzelnen, aufsteigenden Zahlen (trifft nicht zu=1 und trifft zu=5).

In Abbildung 38 sind die dazugehörigen Ergebnisse zusammengefasst. Die Ergebnisse der AR-Erfahrungen zeigen auf, dass die Mehrheit noch keine umfassenden Erfahrungen gesammelt hat. Dies wird mit einem Mittelwert von 2,1 unterstrichen. Dahingegen liegen überwiegend positive Erfahrungen im Bereich Planungsprozesse vor. Die Ergebnisse sind normalverteilt mit einem Mittelwert von 3,53.

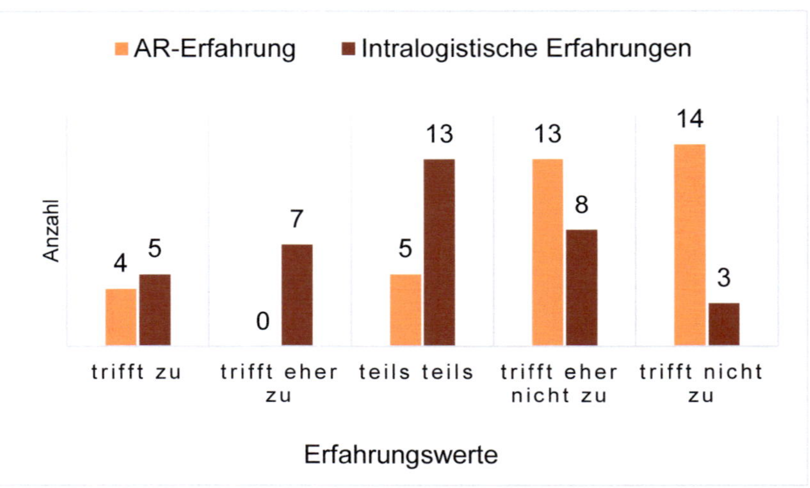

Abbildung 38: Ergebnisse der Erfahrungswerte (eigene Darstellung)

Um die einzelnen Szenarien miteinander vergleichen zu können, werde diese zunächst nach der benötigten Zeit ausgewertet. Während des Experiments wurde die benötigte Zeit der einzelnen Teilnehmer je Szenario gestoppt. Wie in Tabelle 10 zu erkennen ist, weist das Szenario 4 den höchsten Mittelwert mit 05:14 Minuten auf. Ferner zeichnet sich das Szenario 4 durch den höchsten Minimumwert mit 02:35 Minuten als auch den höchsten Maximalwert mit 09:30 Minuten aus. Das Szenario 2 umfasst den niedrigsten Durchschnittswert mit 02:15 Minuten sowie den niedrigsten Maximalwert mit 05:00 Minuten. Hierauf folgt das Szenario 3 mit einem Mittelwert von 03:10 Minuten.

Das SLAM-Tracking kennzeichnet sich durch den geringsten Minimumwert mit 52 Sekunden. An dritter Stelle ist das Szenario 1 mit 03:54 Minuten. Hier liegt die größte Streuung der Zeitwerte vor.

Tabelle 10: Ergebnisse der Zeitmessungen pro Szenario (eigene Darstellung)

	Szenario 1 (min, sek)	Szenario 2 (min, sek)	Szenario 3 (min, sek)	Szenario 4 (min, sek)
Mittelwert	03:54	02:15	03:10	05:14
Minimum	01:45	00:58	00:52	02:35
Maximum	08:19	05:00	07:04	09:30

Anschließend lassen sich die weiteren Variablen *Vereinfachung der Layoutplanung* mit Hilfe des NASA-Task-Load Indexes sowie die *Flexibilität* auswerten. Diese Variablen wurden mit dem zusätzlichen Umfragebogen erhoben. In Abbildung 39 sind die Mittelwerte des NASA-Task-Load Indexes pro Dimension für alle Szenarien zusammengefasst. Eine nähere Betrachtung der Mittelwerte der Dimension *geistige Anforderung* zeigt auf, dass das Szenario 4 mit 9.94 den höchsten Mittelwert hat. Dahingegen zeichnet sich das Szenario 2 mit dem geringsten Mittelwert aus. Die Teilnehmer geben bei dem Szenario 2 an, dass die Nutzung eine geringere geistige Anforderung verlangt. Auch bei Szenario 1 wird von einer geringen geistigen Anforderung ausgegangen. Die zweite Dimension *körperliche Anforderung* weist den höchsten Mittelwert von 9 bei Szenario 1 auf. Im Gegensatz dazu haben die AR-basierten Szenarien einen sehr geringen Wert um 5. Folglich haben die Teilnehmer hinterlegt, dass bei Szenario 1 eine größere körperliche Anstrengung notwendig ist als bei den restlichen Szenarien. Die nächste Dimension misst, inwieweit die Teilnehmer die Nutzung der Anwendung als hektisch oder als ruhig ansehen. An dieser Stelle weist das Szenario 3 den höchsten Mittelwert mit 10,03 auf.

Dies verdeutlicht, dass die Teilnehmer sowohl das Szenario 1 sowie Szenario 2 und 4 deutlich entspannter empfunden haben als Szenario 3. Mit Hilfe der darauffolgenden Dimension *Leistungsbeurteilung* wird erhoben, inwieweit die Teilnehmer ihre eigene Leistung während der Ausführung der Aufgabe als zufriedenstellend einschätzen. Je höher der Wert ist, desto unzufriedener sind die Teilnehmer. An dieser Stelle hat das Szenario 4 mit 10,72 den höchsten Wert. Dahingegen zeichnet sich das Szenario 1 mit einem sehr geringen Wert von 6,58 aus. In einem weiteren Schritt wird durch die Dimension *Anstrengung des Aufwands* für die Zielerreichung aufgezeigt. Mit 5,42 hat das Szenario 2 den geringsten Mittelwert. Darauf folgt das Szenario 1, das Szenario 3 und abschließend das Szenario 4. Hier ist anzunehmen, dass mit steigenden Trackinganforderungen und Handhabung neuer mobiler Endgeräte der wahrgenommene Aufwand ansteigt. Die letzte Dimension *Frustration* zeigt das Zufriedenheitslevel der Teilnehmer während der Nutzung auf. Bei der sechsten Frage wird eine umgekehrte Skala verwendet (entmutigend=1 und bestätigend=20). Hier ist festzuhalten, dass das Szenario 1 an dieser Stelle den höchsten Mittelwert mit 14,22 gegenüber den restlichen Szenarien aufzeigt. Folglich sind die Teilnehmer während der ursprünglichen Layoutplanung mit sich zufrieden und fühlen sich bestätigt. Bei dem Szenario 2 und 3 liegen die Antworten im Mittelfeld. Das Szenario 4 mit einem Mittelwert von 8,22 zeigt auf, dass die Teilnehmer während der Ausführung vermehrt unsicher sowie entmutigt waren.

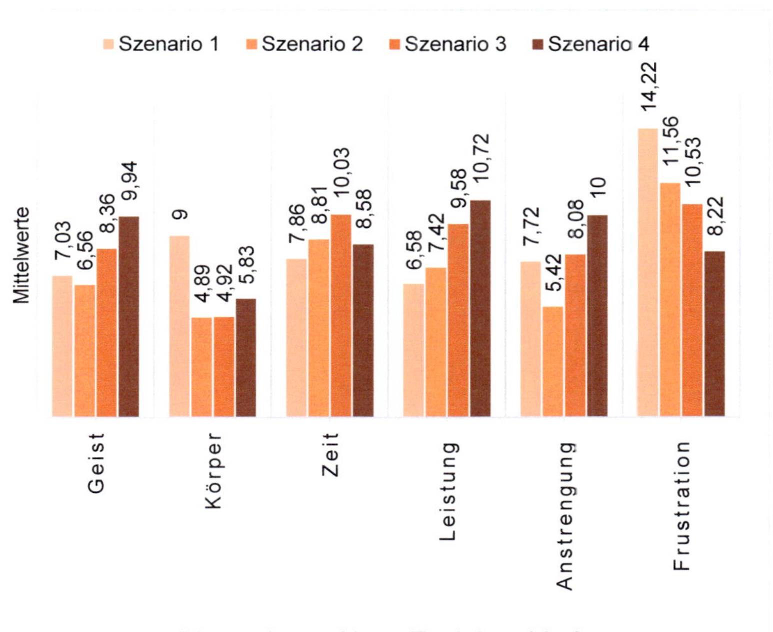

Abbildung 39: Ergebnisse NASA-Task Load Index für alle Szenarien (eigene Darstellung)

Unter Einbeziehung der Ergebnisse kann der NASA-Task-Load Index zusammengefasst werden. Für eine Auswertung der Fragen besteht die Notwendigkeit einer Summenbildung der einzelnen Antworten. Je höher der Wert der Summe, desto höher nehmen die Teilnehmer die Komplexität zur Ausführung der Ausgabe wahr. Die Summe kann einen maximalen Wert von 100 annehmen. Dafür werden den diversen Antwortmöglichkeiten einzelne, aufsteigende Zahlen zugeordnet (sehr wenig=1 und sehr viel=20). Bei der sechsten Frage wird eine umgekehrte Skala verwendet (entmutigend=1 und bestätigend=20).

Auf Basis der Skalenniveaus müssen für das weitere Vorgehen die Summe der Fragen 1-5 gebildet und anschließend die sechste Frage subtrahiert werden. Basierend auf Tabelle 11 weist das Szenario 4 den höchsten Wert mit 36,86 auf. Daraus ist abzuleiten, dass die Teilnehmer bei der Nutzung der HoloLens für die Planung die höchste Komplexität wahrnehmen. Dahingegen hat das Szenario 2 den geringsten Wert.

Tabelle 11: Zusammenfassung Ergebnisse NASA-Task-Load Index (eigene Darstellung)

	Szenario 1	Szenario 2	Szenario 3	Szenario 4
Mittelwert	23,97	21,53	30,44	36,86

In einem weiteren Schritt wird die Variable *Flexibilität* ausgewertet. Mit Hilfe der dazugehörigen Frage soll erhoben werden, inwieweit die Teilnehmer die jeweiligen Szenarien während der Planung als flexibel empfinden. Abbildung 40 zeigt die Anzahl der ausgewählten Antwortoptionen auf. Die zugrundeliegende Skala umfasst 20 Antwortoptionen. Aufgrund einer vereinfachten Darstellung wurden für Abbildung 40 Cluster mit jeweils vier Antwortoptionen zusammengefasst. In diesem Fall hat das Szenario 3 den höchsten Mittelwert mit 14,31. Das Szenario 2 mit 12,39 und das Szenario 4 mit 12,56 zeigen ebenso hohe Mittelwerte im Vergleich zum Grundlagenszenario mit 10,25 auf. Die Teilnehmer gehen davon aus, dass AR-basierte Systeme im Vergleich zu dem Szenario 1 eine höhere Flexibilität bietet.

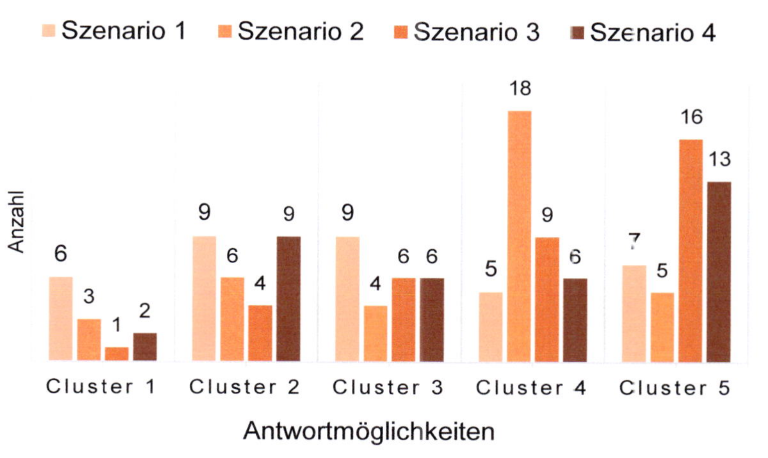

Abbildung 40: Ergebnisse für die Variable Flexibilität aller Szenarien (eigene Darstellung)

Für die Auswertung der zugrundeliegenden Annahmen erfolgt eine nähere Betrachtung der Fehlerraten der einzelnen Szenarien. Zunächst wird das Szenario 1 ausgewertet. Hier bestand die Aufgabe darin, dass die Teilnehmer den vorliegenden Arbeitsraum im Sinne der Layoutplanung händisch optimal planen. Dafür war es notwendig, den entsprechenden Arbeitsraum zu messen, die Regale optimal anzuordnen und anschließend die Ergebnisse sowohl zu skizzieren als auch die Maße zu dokumentieren. Basierend auf den Skizzen mit Notizen wird die Auswertung vorgenommen. In einem ersten Schritt werden die Messungen der Flächenlänge als auch der Flächenbreite betrachtet. Die Maße der zu planenden Montagestation beträgt 5,7m*2,23 m. Wie in Abbildung 41 zu erkennen ist, haben lediglich 6 Teilnehmer die Flächenlänge richtig gemessen. Es kommt zu Abweichungen mit bis zu 3 m. Dies zeigt ein hohes Fehlerpotential auf. In diesem Fall repräsentiert der Wert „0,00“ das Fehlen der Messung.

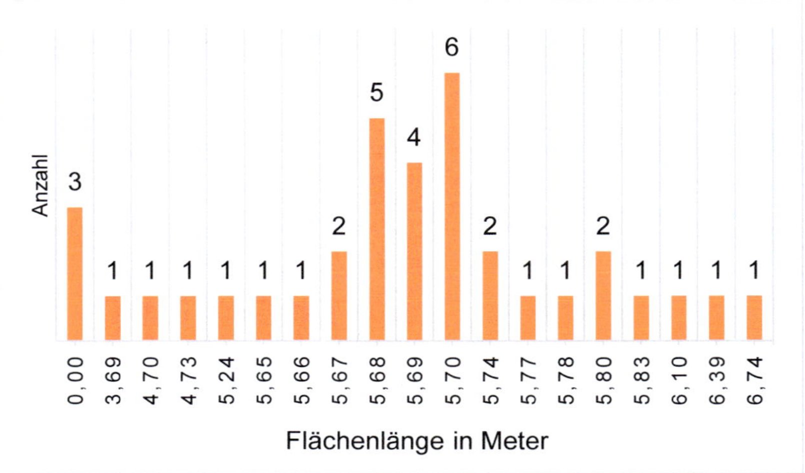

Abbildung 41: Ergebnisse der Messungen der Flächenlänge in Meter Szenario 1 (eigene Darstellung)

Bei der Messung der Flächenbreite betragen die Abweichungen ca. 1 m (vgl. Abbildung 42). Neben der Flächenlänge und -breite bestand die Notwendigkeit darin das bestehende Regal zu vermessen, um es optimal in der Zone zu platzieren. Wie aus Abbildung 43 erkenntlich ist, liegen hier die Abweichungen im Zentimeterbereich. Insgesamt haben drei Teilnehmer vergessen, das Regal abzumessen. Abschließend soll der Abstand zu dem bestehenden Regal von der jeweils rechten und linken Seite im Verhältnis zu der Montagestation gemessen werden. Insgesamt haben 8 Teilnehmer ganzheitlich vergessen die Abstände zu messen oder in der Skizze zu notieren.

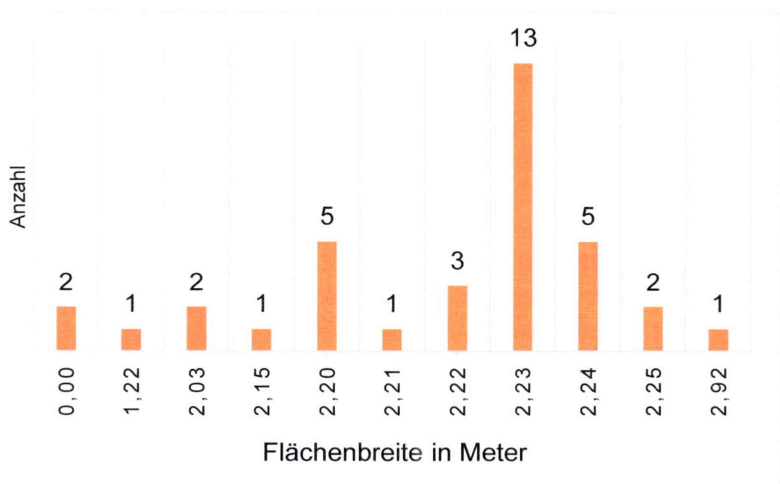

Abbildung 42: Ergebnisse der Messungen der Flächenbreite in Meter Szenario 1 (eigene Darstellung)

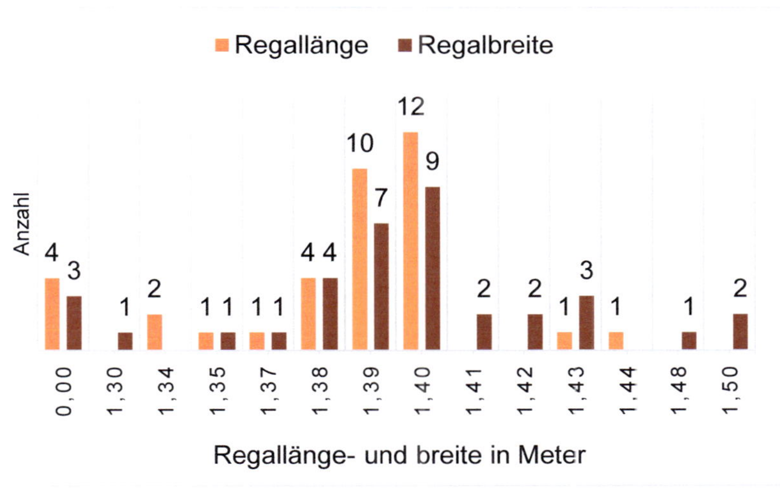

Abbildung 43: Ergebnisse der Messungen der Regallänge und -breite in Meter Szenario 1 (eigene Darstellung)

Damit die zugrundeliegenden Ergebnisse für das weitere Vorgehen eingesetzt werden können, besteht die Notwendigkeit die Daten zu clustern. Dafür werden die vorliegenden Messdaten in jeweils 0,02 m Cluster unterteilt. Diese Unterteilung wird aufgrund der festgelegten zulässigen Abweichungen von insgesamt 10 cm bestimmt. Anschließend werden die Cluster mit Punkten von null bis fünf bewertet. Im Anhang B ist der Bewertungsmaßstab hinterlegt. Beispielhaft erhält damit das Cluster der optimalen Flächenlänge (5,68-5,72 m) fünf Punkte, da das Ergebnis vollumfänglich richtig gemessen wurde. Insgesamt lässt sich ein Mittelwert für das Szenario 1 von 3,51 bestimmen. Dadurch lassen sich folgende Ergebnisse in Tabelle 12 festhalten.

Tabelle 12: Auswertung Fehlerrate Szenario 1 mit Clusterbildung (eigene Darstellung)

Bewertung	Flächen-länge	Flächen-breite	Regal-länge	Regal-breite	Rechte-Seite	Linke-Seite
1	11	6	4	5	13	17
2	2	0	0	1	2	0
3	2	1	2	1	1	1
4	6	5	3	5	12	4
5	15	25	27	24	8	14
Mittelwert	3,33	4,14	4,36,	4,17	3,00	2,94

Für die Auswertung der weiteren Szenarien werden die aufgenommenen Screenshots näher betrachtet. Eine einheitliche Auswertung wurde durch eine Bewertung einer definierten Checkliste vorgenommen (siehe Anhang B). Die Auswertung der Bilder anhand der Checkliste wurde von zwei Personen durchgeführt, um die Datengüte sicherzustellen. Darüber hinaus wurde aus Gründen der Vergleichbarkeit eine 5-Punkte-Bewertungskala eingesetzt. In diesem Zusammenhang bedeutet eine eins, dass das Ergebnis die Anforderung nicht erfüllt und eine fünf, dass die Ausführung optimal durchgeführt wurde. Bei dem Szenario 2 mit dem Marker wird zur Erfassung der Fehlerrate die Bewertung anhand der Sichtbarkeit sowie unter Einbeziehung der weiteren Variablen Genauigkeit der virtuellen Elemente in dem vorgegebenen Arbeitsraum durchgeführt. Im Bereich der Sichtbarkeit ist von Interesse, ob der Arbeitsraum sowie die digitalen Elemente umfassend zu erkennen sind und ob der Marker an der richtigen Stelle platziert wurde.

Für den Punkt Genauigkeit werden die Screenshots u. a. dahingehend untersucht, ob die virtuellen Elemente lagerichtig im Bild verortet, am Boden verankert sind und aufrecht stehen. In Abbildung 44 sind die Bewertungspunkte für das Szenario 2 im Hinblick auf die Fehlerrate unter Einbeziehung der Sichtbarkeit und Genauigkeit dargestellt. Für den Punkt Sichtbarkeit liegt ein Mittelwert von 3,72 und für den Punkt Genauigkeit ein Mittelwert von 3,89. Die hohen Mittelwerte verdeutlichen einen sicheren Umgang mit dem Marker während der Nutzung.

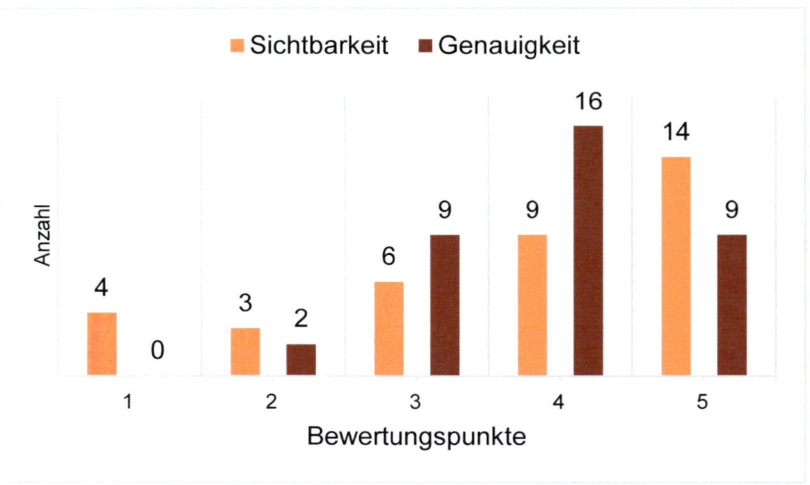

Abbildung 44: Zusammenfassung der Bewertungspunkte für die Fehlerrate Szenario 2 (eigene Darstellung)

Für das Szenario 3 mit dem SLAM-basierten Ansatz werden die Screenshots analog zu dem zuvor aufgezeigten Vorgehen ausgewertet. Die Ergebnisse dazu sind in Abbildung 45 dargestellt. Für den Punkt Richtigkeit lässt sich ein Mittelwert von 3,19 ableiten. Für den Punkt Genauigkeit beträgt der Mittelwert 3,39. Für den Faktor Richtigkeit besteht ein Median von 3. Dies zeigt auf, dass die Hälfte der Teilnehmer überwiegend die Aufgabe fehlerfrei gelöst haben und die andere Hälfte überwiegend fehlerhaft. Für das Szenario 4 kann keine Auswertung im Hinblick auf die Variablen Fehlerrate sowie Genauigkeit erfolgen. Viele der Teilnehmer haben während dem Experiment zum ersten Mal eine HoloLens genutzt. Dies führte dazu, dass die Teilnehmer trotz Einführung nicht in der Lage waren Screenshots der geplanten Szene durchzuführen. Für eine nähere Auswertung stehen zu wenige Daten zur Verfügung.

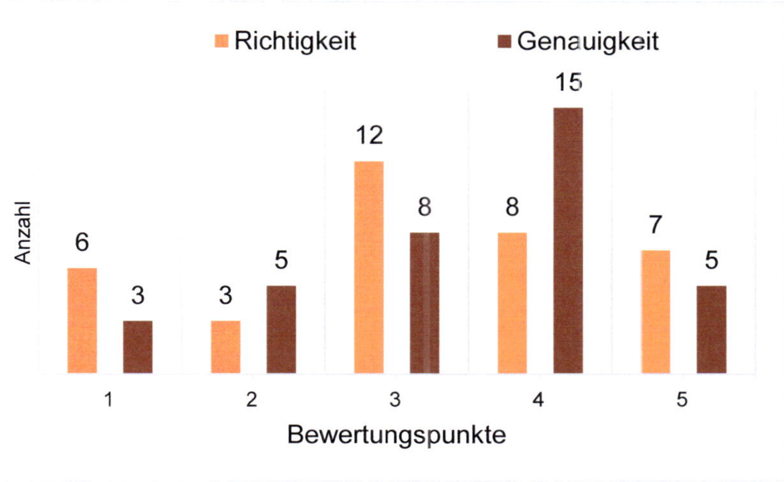

Abbildung 45: Zusammenfassung der Bewertungspunkte für die Fehlerrate Szenario 3 (eigene Darstellung)

6.2.4 Empirische Betrachtung und Interpretation der Hypothesen

Für die Auswertung der Hypothesen besteht die Notwendigkeit diese anhand von Hypothesentests näher zu untersuchen. Da die Hypothesen auf möglichen Einflussfaktoren der mobilen Assistenzsysteme basieren, werden die Abweichungen der Mittelwerte auf Signifikanz überprüft. Eine Möglichkeit um die Mittelwertabweichungen zu überprüfen ist der Hypothesentest nach *Wilcoxon*. Bei dieser Methode wird ein Vortest mit einem Nachtest verglichen. Folglich werden bei den Auswertungen die Szenarien 2-4 mit dem Grundlagenszenario im Hinblick auf Mittelwertabweichungen überprüft. Sobald keine identischen Mittelwerte vorliegen, besteht ein signifikanter Unterschied der Messwerte. Folglich liegt entweder eine Verbesserung oder eine Verschlechterung durch den Einsatz mobiler Assistenzsysteme vor. Das zugrundeliegende Signifikanzniveau ist 5%. Darüber hinaus müssen die Daten intervall- oder ordinalskaliert sein. Ein Vorteil der Methode liegt darin, dass die Daten keine Normalverteilung aufweisen müssen. Für das Vorgehen ist folgende Gleichung gültig [Un2021]:

$$z = \frac{\mathrm{W} - \mu_W}{\sigma_W}$$

Wobei:

W = Teststatistik W als Minimum der Rangsummen

μ_W = Erwartungswert des W-Wertes unter Gültigkeit der Nullhypothese

σ_W = Standardfehler des W-Wertes

Zunächst wird die *Hypothese 1* empirisch ausgewertet und anschließend interpretiert. Hier soll aufgezeigt werden, dass sich durch den Einsatz mobiler Assistenzsysteme Zeitreduktionen während der Layoutplanung erreichen lassen. Für eine Normierung und weitere Betrachtung der Werte besteht die Notwendigkeit, die Ergebnisse in Minutenwerte umzuwandeln. In Tabelle 13 sind die dazugehörigen Ergebnisse zusammengefasst. Basierend auf den Ergebnissen kann eine deutliche Zeitreduktion von Szenario 2 im Vergleich zu Szenario 1 festgestellt werden. Die zugrundeliegende Irrtumswahrscheinlichkeit beträgt 0,00%. Darüber hinaus lässt sich ein geringerer Zeitwert bei Szenario 3 im Vergleich zu Szenario 1 statistisch mit einer Irrtumswahrscheinlichkeit von 2,5% nachweisen.

Tabelle 13: Zusammenfassung SPSS Output für Hypothese 1 Experiment

	Szenario 1	Szenario 2	Szenario 3	Szenario 4
Mittelwert	3,92	2.26	3,18	5,25
Std. abweichung	1.5	1,15	1,69	1,85
Minimum	1,75	0,58	0,87	2,58
Maximum	8,33	05:00	7,06	9,5

Teststatistik ausgehend von Szenario 1

Z		-4,006[a]	-2,236[a]	-3,056[b]
Sig. (2-seitig)		,000	,025	,002

a: Basiert auf positiven Rängen; b: Basiert auf negativen Rängen

Somit kann die *Hypothese 1* sowohl für das Szenario 2 als auch für Szenario 3 bestätigt werden. Lediglich bei Szenario 4 entsteht ein höherer Zeitwert als bei dem Szenario 1. Dies wird durch den höheren Mittelwert sowie den negativen Rängen verdeutlicht. Folglich kann für Szenario 4 keine Verbesserung der benötigten Zeit nachgewiesen werden. Ein Grund dafür kann sein, dass viele der Teilnehmer (27 von 36) noch fast keine bis vollumfänglich keine AR-Erfahrungen (vgl. Abbildung 38) haben. Dementsprechend sind diese Teilnehmer auch nicht mit der Nutzung einer HoloLens vertraut. Bevor die Teilnehmer umfassend mit der Layoutplanung starten, besteht der Bedarf an einer Einführung sowie einem Lernprozess, um die Brille bedienen zu können. Eine vermehrte Nutzung der HoloLens könnte die Erfahrung steigern und dadurch den Zeitwert bei der Nutzung der Layoutplanung reduzieren. Demgegenüber wurden bei den Szenarien 2 und 3 mobile Endgeräte eingesetzt, mit welchen die Teilnehmer vertraut waren. Zusammenfassend ist festzuhalten, dass durch den Einsatz mobiler Assistenzsysteme mit AR eine Reduzierung der Zeit während der Layoutplanung erreicht werden kann. Folglich kann der Planer bei kurzfristigen Änderungen der Planung die vorliegenden Probleme identifizieren und schneller als ohne den Einsatz von AR darauf reagieren.

Darauf aufbauend erfolgt eine nähere Bertachtung der *Hypothese 2* und damit der Vereinfachung der Layoutplanung durch den Einsatz mobiler Assistenzsysteme. In Tabelle 14 sind die Ergebnisse dargestellt. Die Erhebung der Vereinfachung basiert auf den Fragen des NASA-Task Load Indexes und dem Vorgehen der deskriptiven Auswertung. Trotz des niedrigeren Mittelwerts von Szenario 2 zu Szenario 1 lässt sich eine Verringerung der Komplexität mit mobilen Assistenzsystemen nicht signifikant nachweisen. Zeitgleich besteht ebenso keine Vereinfachung der Layoutplanung durch den Einsatz des SLAM-basierten Ansatzes (Szenario 3). Die Irrtumswahrscheinlichkeit beträgt 9,9 %. Der Wert ist damit deutlich über dem festgelegten Signifikanzniveau.

Tabelle 14: Zusammenfassung SPSS Output für Hypothese 2 Experiment

	Szenario 1	Szenario 2	Szenario 3	Szenario 4
Mittelwert	23,97	21,53	30,44	36,86
Std.abweichung	19,820	19,19	21,731	21,657

Teststatistik ausgehend von Szenario 1

Z		-,533[a]	-1,650[b]	-3,174[b]
Sig. (2-seitig)		,594	,099	,002

a: Basiert auf positiven Rängen; b: Basiert auf negativen Rängen

Dahingegen liegt ein signifikanter Unterschied zwischen Szenario 4 und Szenario 1 mit einer Irrtumswahrscheinlichkeit von 0,2 % vor. Dennoch zeigt eine nähere Betrachtung der Auswertung auf, dass die Rangzuordnung bei der Bildung der einzelnen Paardifferenzen mit negativem Vorzeichen versehen sind. Dies bedeutet, dass eine Erhöhung der Komplexität durch den Einsatz der HoloLens während der Layoutplanung im Vergleich zu Szenario 1 vorliegt.

Die *Hypothese 2* kann unter Einbeziehung des NASA-Task Load Indexes nicht bestätigt werden. Hier wurde vor allem verdeutlicht, dass durch den Einsatz der HoloLens die vorliegende Komplexität ansteigt. Dies zeigt sich in hohen Werten der Dimensionen Leistungsbeurteilung sowie Frustrationslevel. Viele Teilnehmer waren unzufrieden, fühlten sich gestresst sowie frustriert während der Nutzung der HoloLens (vgl. Abbildung 39). Diese Ergebnisse bauen auf die vorherigen Erkenntnisse auf, dass bei den Teilnehmern keine Vorkenntnisse der HoloLens-Nutzung vorhanden sind.

Eine nähere Analyse der Szenarien 2 und 3 mit dem Grundlagenszenario zeigt auf, dass die Teilnehmer eine geringere körperliche Anstrengung während der Nutzung des mobilen Assistenzsystems wahrnehmen. Bei dem Szenario 2 ist die geistliche Anforderung sowie der Grad der Aufgabenerfüllung geringer als bei dem Standardprozess.

Eine weitere Möglichkeit, um die Vereinfachung zu überprüfen, besteht darin den Fokus auf den *tatsächlichen Aufwand* sowie die *dazugehörige Flexibilität* zu überprüfen. In diesem Kontext werden die Fragen des Zufriedenheitsgrades (Frage 3, Frage 4 und Frage 6) außer Acht gelassen. Tabelle 15 fasst die dazugehörigen Mittelwerte und Irrtumswahrscheinlichkeiten zusammen. Basierend auf den Ergebnissen existiert ein signifikanter Unterschied zwischen Szenario 2 und Szenario 1 mit einer Irrtumswahrscheinlichkeit von 1,1%. Darüber hinaus ist ebenso die Signifikanz von Szenario 3 zu Szenario 1 nachweisbar. Folglich liegt eine Vereinfachung der Layoutplanung bei Szenario 2 und Szenario 3 im Vergleich zu dem Grundlagenszenario vor. Basierend auf dem tatsächlichen Aufwand der durchzuführenden Tätigkeiten kann die Hypothese für das Szenario 2 und Szenario 3 bestätigt werden. Bei dem Szenario 4 liegt keine Signifikanz der Mittelwerte vor.

Tabelle 15: Zusammenfassung SPSS Output für tatsächlicher Aufwand Hypothese 2 Experiment

	Szenario 1	Szenario 2	Szenario 3	Szenario 4
Mittelwert	13,50	4,47	7,06	13,22
Std.abweichung	15,652	12,901	13,89	14,53

Teststatistik ausgehend von Szenario 1

Z		-2,556[b]	-2,161[b]	-,197[b]
Sig. (2-seitig)		,011	,031	,844

a: Basiert auf positiven Rängen, b: Basiert auf negativen Rängen

Darauf aufbauend erfolgt die nähere Betrachtung der *dritten Hypothese*. Mit Hilfe dieser Hypothese soll aufgezeigt werden, dass durch den Einsatz mobiler Assistenzsysteme mit AR die Flexibilität während der Nutzung ansteigt. Die Erhebung der Flexibilität wurde mit Hilfe des Umfragebogens durchgeführt. In diesem Zusammenhang bedeutet ein höherer Wert ein höherer Grad an Flexibilität. Wie in Tabelle 16 ersichtlich kann kein signifikanter Unterschied zwischen dem Szenario 2 und Szenario 1 aufgrund der Irrtumswahrscheinlichkeit mit 8,6 % nachgewiesen werden. Bei dem Szenario 4 wird die Signifikanz mit 12,6% ebenfalls nicht nachgewiesen. Dahingegen besteht ein signifikanter Unterschied mit 3% zwischen Szenario 3 und Szenario 1. Dies bedeutet, dass durch den Einsatz von SLAM-basiertem Tracking die Flexibilität bei Szenario 3 ansteigt.

Tabelle 16: Zusammenfassung SPSS Output für Hypothese 3 Experiment

	Szenario 1	Szenario 2	Szenario 3	Szenario 4
Mittelwert	23,97	21,53	30,44	36,86
Std.abweichung	19,820	19,19	21,731	21,657

Teststatistik ausgehend von Szenario 1

Z		-,1,717[b]	-2,927[b]	--1,530[b]
Sig. (2-seitig)		,086	,003	,126

a: Basiert auf positiven Rängen; b: Basiert auf negativen Rängen

Die Hypothese 3 kann lediglich für das Szenario 3 bestätigt werden. Wie bereits in Kapitel 5.1.3 aufgezeigt, wird SLAM als Trackingmethode in der vorhandenen wissenschaftlichen Literatur als die Zukunft des Indoor-Trackings bezeichnet. Aufgrund der Zunahme leistungsfähiger Endgeräte können mobile AR-Anwendungen nahezu überall ermöglicht werden. Durch den Einsatz eines SLAM-basierten Assistenzsystems kann die benötigte Flexibilität in der Intralogistikplanung ermöglicht werden. Folglich liegt hier ein höherer Grad an Flexibilität als ohne den Einsatz des mobilen Systems vor. Für das Szenario 2 und Szenario 4 konnte keine höhere Flexibilität nachgewiesen werden. Bei Szenario 2 können die Gründe in dem Vorhandensein des Markerwürfels liegen. Dieser müsste für jede Anwendung separat in die Produktionshalle getragen und richtig platziert werden. Aufgrund der Größe ist dieser nicht handlich. Dadurch kann die Flexibilität des Intralogistikplaners eingeschränkt sein.

Sowohl die Bestätigungen als auch die Nicht-Bestätigungen der Hypothesen bezogen auf die einzelnen Szenarien sind in Tabelle 17 zusammengefasst.

Tabelle 17: Zusammenfassung der Hypothesenergebnisse (eigene Darstellung)

	Szenario 1 mit Szenario 2	Szenario 1 mit Szenario 3	Szenario 1 mit Szenario 4
Hypothese 1: Zeitreduktion	Bestätigt	Bestätigt	Nicht bestätigt
Hypothese 2: Vereinfachung	Nicht bestätigt	Nicht bestätigt	Bestätigt
Hypothese 3: Flexibilität	Nicht bestätigt	Bestätigt	Nicht bestätigt

Abschließend erfolgt eine nähere Betrachtung der Punkte *Fehlerrate und Genauigkeit*. Für das Szenario 4 kann keine nähere Auswertung erfolgen. Viele der Teilnehmer haben aufgrund der fehlenden Kenntnisse keine Screenhots der geplanten Szene durchgeführt. Eine Analyse im Hinblick auf die Fehlerrate und die Genauigkeit zeigt zunächst auf, dass sich die Mittelwerte sehr ähneln. Dennoch konnte bei dem Szenario 1 eine hohe Fehlerrate durch das Vermessen der Station festgehalten werden. Hier entstanden Abweichungen von bis zu 3 m und es wurde häufig vergessen die Maße sowie die Ergebnisse zu notieren. Dies führt zu einer hohen Fehlerrate sowie Ungenauigkeit der bestehenden Planung. Darüber hinaus können analog zu Kapitel 4.2.3 Folge- sowie Übertragungsfehler entstehen und dadurch die

Planung beeinflussen. Innerhalb des Szenarios 2 konnte im Gegensatz zu Szenario 1 eine höhere Genauigkeit und geringere Fehlerrate erreicht werden. Die Gründe liegen vor allem darin, dass sich die digitalen Elemente an der Position des Markerwürfels orientieren. Die Teilnehmer mussten die Elemente nicht selbstständig in der Zone platzieren. Problematisch bei Szenario 2 war vor allem das Platzieren des Würfels. Einige Teilnehmer haben den Würfel nicht exakt im Nullpunkt des zu planenden Arbeitsraums positioniert. Eine fehlerhafte Platzierung führt zu einem fehlerhaften Einblenden der digitalen Elemente und damit zu einer fehlerhaften Layoutplanung. Im Gegensatz zu Szenario 2 zeichnet sich das Szenario 3 durch eine geringere Genauigkeit und Fehlerrate aus. In der vorhandenen Literatur wird darauf verwiesen, dass mittels einem SLAM-basierten Ansatz eine höhere Genauigkeit als mit anderen Trackingmethoden erreicht wird. Dies konnte an dieser Stelle nicht bestätigt werden. Mögliche Gründe können u. a. die fehlenden AR-Erfahrungen sein. Eine nähere Betrachtung der Screenshots zeigt auf, dass digitale Elemente in dem Arbeitsraum vorhanden sind. Dennoch sind diese nicht lagerichtig platziert. Folglich entstanden Schwierigkeiten bei der Interaktion mit der erweiterten Realität. Abschließend ist festzuhalten, dass trotz der Alltagstätigkeit der Intralogistikplaner Fehler bei der Planung entstehen können. Zum Zeitpunkt der Erstellung der Arbeit konnte durch den Einsatz mobiler Assistenzsysteme eine geringe Reduzierung der Fehler nachgewiesen werden. An dieser Stelle ist vor allem von Interesse, inwieweit umfassende AR-Erfahrungen zu einer höheren Genauigkeit und geringeren Fehlerrate führen können. Dies gilt es in einem weiteren Experiment zu überprüfen.

6.3 Technologieakzeptanz mobiler Assistenzsysteme in der Intralogistikplanung

Im vorherigen Teil konnte aufgezeigt werden, dass durch den Einsatz mobiler Assistenzsysteme mit AR bei Szenario 2 und 3 eine Zeitreduktion, bei Szenario 4 eine Vereinfachung und Szenario 3 eine höhere Flexibilität der Planung vorliegt. Eine Verbesserung der intralogistischen Planung kann jedoch nur stattfinden, wenn die mobilen Assistenzsysteme eingesetzt sowie akzeptiert werden. Ausgehend davon besteht das Ziel des folgenden Kapitels darin die relevanten Faktoren aufzuzeigen, welche einen Einfluss auf die Akzeptanz ausüben. Für die Evaluation der Akzeptanz wird zunächst das für diese Arbeit gültige TAM näher betrachtet. Darauf aufbauend werden die benötigten Variablen operationalisiert sowie die Hypothesen aufgestellt. Diese werden anschließend deskriptiv sowie empirisch ausgewertet und umfassend diskutiert.

6.3.1 Theoretische Grundlagen

Das *Technology Acceptance Model* (TAM) von *Davis* ist ein theoretisches Modell, welches die Benutzerakzeptanz von Technologien sowie von Informationssystemen aufzeigt [Da1986]. Die Grundlage des TAMs bildet das Modell *Theory of Reasoned Action* von Ajzen und Fishbein [FA1975; Da1986].

Die Kernaussage des TAMs besteht darin, dass die tatsächliche Nutzung einer Technologie, Actual System Use (ASU), von der Stärke der Nutzungsabsicht eines Individuums, Behavioral Intention to Use (BI) abhängig ist. Die Nutzungsabsicht BI wird wiederum von der persönlichen Einstellung bezüglich des Gebrauchs einer Technologie, Attitude Towards Using, beeinflusst. Des Weiteren existieren innerhalb des Modells zwei weitere Variablen, welche einen Einfluss auf die Attitude Towards Using haben.

Dazu zählen zum einen die wahrgenommene Benutzerfreundlichkeit, Perceived Ease of Use (PEU) und zum anderen die wahrgenommene Nützlichkeit, Perceived Usefulness (PU) [Da1986]. PU ist definiert als „the degree to which an individual believes that using a particular system would enhance his or her job performance" [Da1986, S.26]. Dahingegen lässt sich PEU wie folgt definieren: "the degree to which an individual believes that using a particular system would be free of physical and mental effort" [Da1986, S.26]. Anhand von empirischen Überprüfungen wurde aufgezeigt, dass das TAM ebenso ohne das Konstrukt Attitude Towards Using umfassend eingesetzt werden kann [VD2000; DBW1989]. Ausgehend davon ist in Abbildung 46 das für diese Arbeit zugrundeliegende TAM dargestellt.

Basierend auf Abbildung 46 wird für die Untersuchung der Akzeptanz von mobilen Assistenzsystemen mit AR in der Intralogistikplanung zunächst die Nutzungsabsicht BI durch den Einsatz von PEU und PU näher untersucht. Darauf aufbauend können Rückschlüsse, bzgl. der tatsächlichen Nutzung von AR in der Intralogistikplanung auf Basis der Absicht AR zu nutzen, gezogen werden.

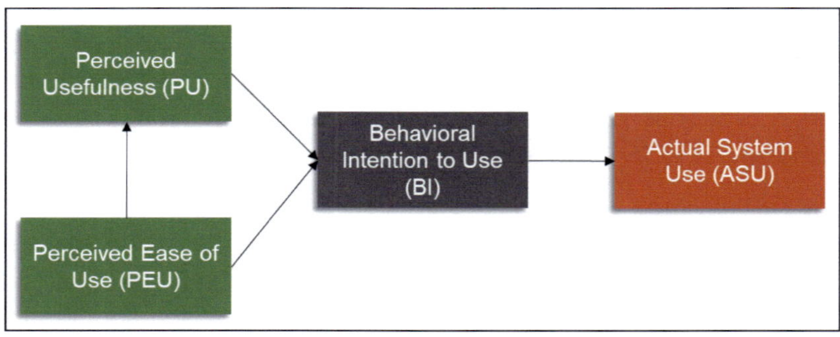

Abbildung 46: Das Technology Acceptance Model in Anlehnung an [Da1986]

6.3.2 Operationalisierung der Variablen und Herleitung der Hypothesen

Wie soeben aufgezeigt, können die Variablen PU und PEU als Determinanten zur Überprüfung der Akzeptanz herangezogen werden. Die Grundlage dafür bilden empirische Überprüfungen, auf Basis dessen ein einheitlicher Maßstab zur Messung der Determinanten abgeleitet wurde. In einem anschließenden mehrstufigen Verfahren entwickelt Davis sechs standardisierte Fragebogen-Items für PEU und PU [Da1989]. Diese Items für PEU und PU werden in dieser Arbeit zu Untersuchung der Akzeptanz herangezogen und können an dieser Stelle übertragen werden.

Für das Ableiten der ersten Hypothese wird zunächst die Variable PU näher betrachtet. Durch das Konstrukt PU kann aufgezeigt werden, dass ein Mehrwert für den Benutzer während der Nutzung einer Anwendung entstehen kann. Vorausgesetzt hierbei ist, dass der Nutzer überzeugt ist, dass die bestehende Anwendung die Arbeitsleistung verbessert. Somit umfasst PU die Dimensionen Effektivität der Arbeit und Produktivität in Bezug auf die Anwendung [Da1989]. Neben der Steigerung der Produktivität und der damit einhergehenden Verbesserung der Arbeitsleistung, spielen in dem Konstrukt die Eigenschaften Erleichterung und Nützlichkeit eine ebenso bedeutsame Rolle. Hiermit soll aufgezeigt werden, dass durch die bestehende Anwendung die Ausführung der Arbeit einfacher wird sowie für den Nutzer hilfreich ist. Zusammenfassend ist PU das Ausmaß, in dem eine Person glaubt, dass die Nutzung einer Anwendung seine Arbeitsleistung verbessert und ihn bei der Ausführung unterstützt [Da1989].

Darauf basierend können diese Kenntnisse auf die bestehende Arbeit übertragen werden. In Kapitel 3.2 wurden diverse Arbeiten identifiziert, welche aufzeigen, dass der Einsatz von AR bestehende Prozesse verbessern kann. Dazu zählt z. B. die Verbesserung von Produktionsprozessen in Bezug auf Produktivität und Sicherheit [Ed+2020]. Ein weiteres Beispiel zeigt auf, dass bestehende Arbeitsprozesse durch eine vereinfachte Darstellung der Informationen verbessern werden können [KV2019]. Zeitgleich konnte aufgezeigt werden, dass AR eine zielgerichtete und maßstabsgetreue Visualisierung relevanter Informationen ermöglicht. Dadurch wird dem Nutzer eine Erleichterung bei der Ausführung seiner Tätigkeit herbeigeführt. Hier wurde z. B. das visuelle Vorstellungsvermögen während eines Layoutplanungsprozesses unterstützt [NO2013]. In einem weiteren Schritt können die Dimension auf den vorliegenden Use Case sowie auf die Prototypen übertragen werden. Das mobile Assistenzsystem mit AR soll den Planer während der Absicherung der Layoutplanung sowie bei Soll-Ist Abgleichen unterstützen. Dadurch sollen Fehler in der Planung rechtzeitig erkannt sowie Folgefehler reduziert werden. Darüber hinaus kann das mobile Assistenzsystem ortsunabhängig in der Produktionshalle eingesetzt werden sowie den Planer bei der Entscheidung unterstützen. Hiermit soll die Arbeit des Planers erleichtert werden. Basierend auf den Ausführungen ist PU ein geeignetes Item, um die Nutzungsabsicht von AR in der Intralogistikplanung zu messen. Somit lässt sich folgende Hypothese ableiten:

Hypothese 1:

Die wahrgenommene Nützlichkeit (PU) des Benutzers hat einen signifikanten Einfluss auf die Nutzungsabsicht (BI) von AR in der Intralogistikplanung.

Darauf aufbauend wird die zweite Variable PEU näher betrachtet. Auch wenn eine Anwendung als nützlich angesehen wird, kann ein Nutzer davon ausgehen, dass dieser nicht in der Lage ist, die Anwendung zu bedienen. An dieser Stelle greift die Variable PEU. Diese ist mit den Eigenschaften physische und mentale Anstrengung sowie eine leichte Erlernbarkeit der Anwendung hinterlegt. PEU charakterisiert sich durch Leichtigkeit. Die Anwendung soll frei von jeglichen Schwierigkeiten oder großer Anstrengungen während der Nutzung sein. Ferner kann angenommen werden, dass je leichter eine Anwendung zu benutzen ist, desto eher wird diese akzeptiert [Da1989]. Auch diese Annahmen werden auf die vorliegende Arbeit übertragen. Basierend auf der Definition von MMS wird deutlich, dass das Zusammenwirken von Menschen mit einem technischen System maßgeblich ist. Dabei fungiert die Schnittstelle zwischen dem Menschen und der Maschine als Kommunikationsbrücke zwischen dem Nutzer und dem technischen System.

Im Zusammenhang von MMS spielen Assistenzsysteme eine bedeutsame Rolle. MMS in Form von Assistenzsystemen sind vor allem durch eine informationelle Verkopplung von Nutzer und Mensch gekennzeichnet. Dabei ist die dazugehörige Interaktion von Bedeutung. Wie bereits in Kapitel 4.3 aufgezeigt, soll das vorliegende mobile Assistenzsystem eine intuitive Interaktion herbeiführen, indem ausschließlich relevante Funktionalitäten zur Verfügung gestellt werden. Darüber hinaus sollen ausschließlich planungsrelevante Informationen zur Verfügung gestellt werden. Diese sollen leicht verständlich visualisiert werden. Neben der Visualisierung der Informationen ist die Bereitstellung dieser von Bedeutung. Damit soll eine einfache und schnelle Datenverfügbarkeit sichergestellt werden. Diese Informationen wurden als Ausgangsbasis für den Use Case und die dazugehörigen Prototypen angewendet. Aufgrund dessen eignet sich das Item PEU ebenso, um die Nutzungsabsicht von AR in der Intralogistikplanung zu messen.

Somit lautet die nächste Hypothese wie folgt:

Hypothese 2:
Die wahrgenommene Benutzerfreundlichkeit (PEU) des Benutzers hat einen signifikanten Einfluss auf die Nutzungsabsicht (BI) von AR in der Intralogistikplanung.

Abschließend besteht die Notwendigkeit, die dritte Hypothese im Sinne des Models aufzustellen. Innerhalb des Models wird aufgezeigt, dass bei dem Vorhandensein einer Nutzungsabsicht eine tatsächliche Nutzung eintritt. Dies gilt es mit folgender Hypothese zu überprüfen:

Hypothese 3:
Die Nutzungsabsicht (BI) des Benutzers hat einen signifikanten Einfluss auf tatsächliche Nutzung (AUS) von AR in der Intralogistikplanung.

6.3.3 Empirische Betrachtung und Auswertung

Im Folgenden werden die zuvor aufgestellten Hypothesen auf Signifikanz getestet. Dafür findet zunächst eine nähere Betrachtung der Datenerhebung sowie eine deskriptive Auswertung statt. Darauf aufbauend werden die Hypothesen unter Einbeziehung einer multiplen Regressionsanalyse ausgewertet. Diese Ergebnisse werden abschließend interpretiert sowie in einer Diskussion näher beleuchtet.

6.3.3.1 Datenerhebung

Für die Datenerhebung wird auf eine internetgestützte Befragung als Standardinstrument der empirischen Sozialforschung zurückgegriffen. Die Gründe für den Einsatz der internetgestützten Befragung liegen vor allem in einer schnellen und einfachen Datenverfügbarkeit sowie in dem Nichtvorhandensein einer Beeinflussung des Interviewers [SHE2014, S.368]. Als Instrument zur Datenerhebung wird ein Fragebogen verwendet. Für die Erstellung des Fragebogens werden geschlossene Fragen mit Einfachnennung ausgewählt. Somit ist eine festgelegte Anzahl an Antwortmöglichkeiten vorgegeben. Dabei kann jeweils nur eine mögliche Antwort ausgewählt werden. Das Spektrum der Antwortmöglichkeiten wird mittels der Skalen eindeutig eingegrenzt [Po2014, S.47-97]. Die zugrundeliegende Skalenmethode ist die 5-Punkte-Likert-Skala. In diesem Zusammenhang findet eine Verbalisierung der Antwortmöglichkeiten statt. Diese sind „trifft nicht zu“, „trifft eher nicht zu“, „teils teils“, „trifft eher zu“ sowie „trifft zu“. Für die anschließende Auswertung unterliegen diese Antwortmöglichkeiten einzelnen, aufsteigenden Zahlen (trifft nicht zu=1 und trifft zu=5). Durch den Mittelpunkt wird der Befragte nicht gezwungen eine bestimmte Richtung zu wählen. Dabei kann die Gefahr bestehen, dass der Befragte die Mitte als eine Art Fluchtkategorie sieht [Po2014, S.80ff.; SHE2014, S.176-180]. Bei der Variable ASU für die Hypothese 3 wird eine Antwortskala mit ja=1 und nein=2 eingesetzt.

Der Fragebogen untergliedert sich in fünf Teile. Zu Beginn erfolgt eine kurze Einführung in die Thematik inklusive Bilder und Videos von den zuvor erstellten Prototypen. Darauf aufbauend wird die tatsächliche Nutzung von AR in der Intralogistikplanung abgefragt. Die nächsten Teile umfassen die Fragen zu PEU, PU sowie BI. Zu PEU und PU werden jeweils vier Aussagen im Zusammenhang von AR in der Intralogistikplanung aufgestellt. Bei BI und ASU ist es jeweils eine Aussage. Die dazugehörigen Aussagen sowie der Aufbau des Fragebogens sind in Tabelle 18 zusammengefasst. Die Online-Befragung wurde innerhalb der Mercedes-Benz AG im Werk Sindelfingen durchgeführt. Dabei wurden Mitarbeiter der Abteilung für Logistikplanung der S- und E-Klasse befragt. Bevor die Umfrage per E-Mail verschickt wurde, wurde den Befragten eine Einführung in die Thematik gegeben. Dafür wurden Live-Demos der zugrundeliegenden Prototypen aufgezeigt.

Tabelle 18: Zusammenfassung Fragebogen inklusive Variablen und den dazugehörigen Aussagen (eigene Darstellung)

		Ausprägungen	**Aussagen**
Hypothesen	Hypothese 1	PU 1	• Ich denke, dass Augmented Reality in der Intralogistikplanung meine Arbeit erleichtert.
		PU 2	• Ich denke, dass Augmented Reality in der Intralogistikplanung für mich während der Arbeit sehr nützlich ist.
		PU 3	• Ich denke, dass Augmented Reality in der Intralogistikplanung mir einen hohen Nutzen während der Arbeit bringt.
		PU4	• Ich denke, dass Augmented Reality in der Intralogistikplanung meine Effektivität im Arbeitsalltag erhöhen kann

	Hypothese 2	PEU 1	• Ich denke, dass ich AR in der Intralogistikplanung anwenden kann.
		PEU 2	• Ich denke, dass Augmented Reality in der Intralogistikplanung einfach anzuwenden ist.
		PEU 3	• Ich denke, dass Augmented Reality in der Intralogistikplanung schnell verfügbar ist.
		PEU 4	• Ich denke, dass das Anwenden von Augmented Reality in der Intralogistikplanung für mich verständlich ist.
	Hypothese 3	ASU	• Haben Sie bereits Erfahrungen mit Augmented Reality in der Intralogistikplanung gesammelt?
	Abhängige Variable	BI	• Ich kann mir vorstellen Augmented Reality in meinem Arbeitsalltag zu nutzen.
	Demografische Fragen		• Bitte geben Sie Ihr Geschlecht an. • Bitte machen Sie Angaben zu Ihrem Alter. • Bitte machen Sie Angaben zu Ihrem Bildungsabschluss • Wie lange sind Sie bereits in der Intralogistikplanung? • Wie gut sind Sie mit intralogistischen Planungsprozessen vertraut?

6.3.3.2 Deskriptive Auswertung

Mit Hilfe der deskriptiven Auswertung werden die vorliegenden Ergebnisse in Form von Häufigkeitsverteilungen dargestellt. Dadurch soll aufgezeigt werden, wie oft eine Antwortmöglichkeit von den Befragten ausgewählt wurde. Skalenoptionen über dem Skalenmittelpunkt 3 entsprechen einer überwiegend positiven und Werte darunter einer überwiegend negativen Zustimmung der Teilnehmer. Der Fragebogen wurde insgesamt von 110 Personen aufgerufen, wobei 90 Personen den Bogen vollständig beendet haben. Dies entspricht einer Beendigungsquote von 81,82%. Im Durchschnitt benötigten die Teilnehmer 6,38 Minuten, um den Fragebogen auszufüllen. Alle Ergebnisse der Umfrage befinden sich in Anhang C.

Zu Beginn werden die Ergebnisse der *abhängigen Variable ASU* betrachtet. Hier wurde abgefragt, ob die Teilnehmer AR bereits genutzt haben. Insgesamt haben 66% der Teilnehmer bereits AR-Erfahrungen und haben somit die Option „ja“ gewählt. Dahingegen haben 44% der Intralogistikplaner der Mercedes-Benz AG noch keine Erfahrungen gesammelt.

Des Weiteren wurde die *unabhängige Variable PU* mit den einzelnen Aussagen PU1, PU2, PU3 sowie PU4 abgefragt. In Abbildung 47 sind die Ergebnisse zusammengefasst. Die Mittelwerte der einzelnen Aussagen sind wie folgt: PU1 = 3,69, PU2 = 3,59; PU3 = 3,47 und PU4 = 3,52. Folglich kann aufgezeigt werden, dass die Mehrheit der Teilnehmer denkt, dass AR in der Intralogistikplanung ihre Arbeit erleichtern kann, die Anwendung nützlich ist, einen hohen Nutzen bringt sowie die Effektivität im Arbeitsalltag erhöhen kann. Eine nähere Betrachtung zeigt auf, dass ca. 41% der Teilnehmer eher zustimmen, dass AR während der Intralogistikplanung sehr nützlich sein kann. Der Gesamtmittelwert der vier Aussagen liegt bei 3,56. Alle vier Aussagen haben einen Median von 4. Dies zeigt auf, dass mindestens die Hälfte der Teilnehmer eine Antwortoption über sowie unter 4 gewählt haben.

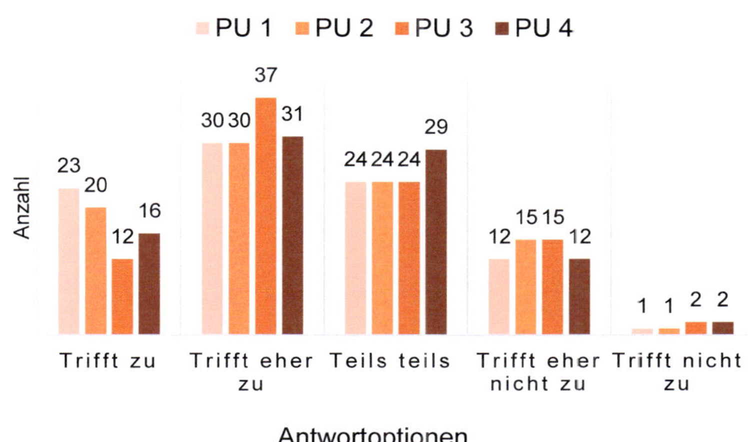

Abbildung 47: Ergebnisse der wahrgenommenen Nützlichkeit PU (eigene Darstellung)

Darauf folgend wurde die *unabhängige Variable PEU* mit den Aussagen PEU1, PEU2, PEU3 sowie PEU4 erhoben. Abbildung 48 zeigt die Ergebnisse auf. Die Mittelwerte der einzelnen Aussagen sind für PEU1 = 3,94; PEU2 = 3,62; PEU3 = 2,79 sowie PEU4 = 4,02. Den höchsten Mittelwert weist hier PEU4 auf. Eine Betrachtung der Abbildung 48 zeigt auf, dass ca. 34% der Teilnehmer der Aussage voll zustimmen und 43 % eher zustimmen. Folglich denkt die Mehrheit der Teilnehmer, dass die Nutzung von AR in der Intralogistikplanung verständlich ist. Ferner geht die Mehrheit davon aus, dass AR einfach anzuwenden ist. Dahingegen zeigt der Mittelwert von PEU3 auf, dass die Teilnehmer denken AR sei nicht schnell verfügbar. Hier stimmen knapp 30 % für „teils teils" und 38% stimmen der Aussage eher nicht zu. Der Gesamtmittelwert der vier Aussagen liegt bei 3,59. Bis auf PEU3 haben alle Aussagen einen Median von 4. Bei PEU3 ist der Median 3.

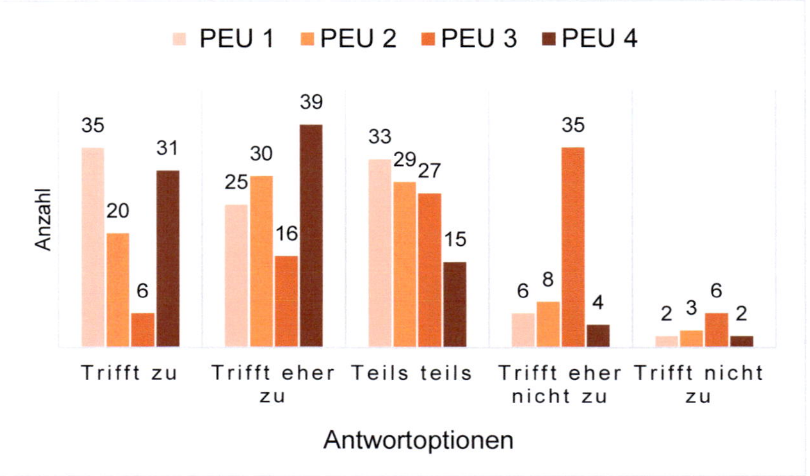

Abbildung 48: Ergebnisse der wahrgenommenen Benutzerfreundlichkeit PEU (eigene Darstellung)

Ferner wird Nutzungsabsicht BI ausgewertet (vgl. Abbildung 49). Bei BI beträgt der Mittelwert BI = 3,94 und der Median ist 4. Insgesamt können sich 34,44% der Teilnehmer vollumfänglich vorstellen AR in dem Arbeitsalltag zu nutzen. 41,11% der Teilnehmer stimmten der Aussage mit „trifft eher zu“ zu. Lediglich eine Person kann sich absolut nicht vorstellen, AR in dem Arbeitsalltag einzusetzen.

Abschließend erfolgt eine Auswertung der demografischen Erhebung. Auf der letzten Seite des Fragebogens wurden persönliche Fragen zu Geschlecht, Alter, Berufsausbildung sowie Logistikerfahrungen erhoben. Tabelle 19 zeigt Ergebnisse der Altersgruppe in Jahren. Die Altersgruppe 31-35 war mit 31,11% am stärksten vertreten. Eine nähere Betrachtung der Bildungsabschlüsse zeigt auf, dass 28 Teilnehmer einen Bachelor-, 36 einen Master- und 22 einen Diplomabschluss haben. Darüber hinaus wurden im diesem Teil die Erfahrungen der intralogistischen Planungsprozesse erhoben. 30% der Teilnehmer sind sehr und 44,4% sind mit der Intralogistikplanung vertraut.

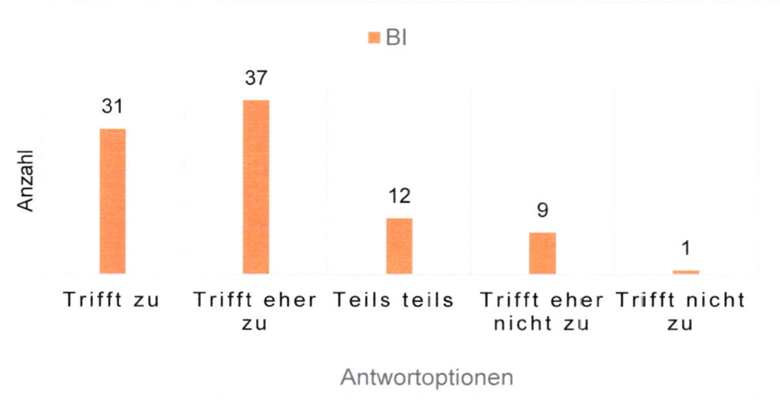

Abbildung 49: Ergebnisse der Nutzungsabsicht BI (eigene Darstellung)

Tabelle 19: Ergebnisse der Altersgruppen in Jahren (eigene Darstellung)

Altersgruppe	Personen	Prozent
20-25	9	10%
26-30	21	23.33%
31-35	28	31.11%
36-40	12	13.33%
41-45	9	10.00%
46-50	3	3.33%
51-55	5	5.56%
55-60	3	3.33%

6.3.3.3 Regressionsgestützte Auswertung

Für die Überprüfung der aufgestellten Hypothesen wird eine multiple Regressionsanalyse durchgeführt. Mit Hilfe der Regressionsanalyse kann eine abhängige Variable durch unabhängige Variablen erklärt werden. Dadurch können Kausalbeziehungen aufgezeigt werden. Im Folgenden soll mittels der Regressionsanalyse die Akzeptanz von AR in der Intralogistikplanung durch die unabhängigen Variablen PU und PEU erklärt werden. Daraus lässt sich die für diese Arbeit folgende gültige Regressionsfunktion für die Hypothese 1 und Hypothese 2 ableiten:

$$BI = b_0 + b_1 * PEU + b_2 * PU$$

Wobei:

BI:	Abhängige Variable Nutzungsabsicht
b_0:	konstantes Glied der Regressionsfunktion
b_j:	Regressionskoeffizient mit j=1, 2, …, J
PU:	unabhängige Variable: Wahrgenommene Nützlichkeit
PEU:	unabhängige Variable: Wahrgenommene Benutzerfreundlichkeit

Für die Auswertung der Regressionsanalyse wird auf die Software SPSS von IBM zurückgegriffen. An dieser Stelle werden zunächst die Ergebnisse der Analyse betrachtet. Darauf aufbauend erfolgt in einem weiteren Schritt eine umfassende Interpretation und Diskussion der Ergebnisse. Zunächst werden die Gütemaße der Ergebnisse betrachtet. In Tabelle 20 ist die Modellzusammenfassung des SPSS Outputs dargestellt. Das Bestimmtheitsmaß R^2 zeigt auf, dass 49,3% der Akzeptanz von AR in der Intralogistikplanung durch die unabhängigen Variablen PU und PEU erklärt wird. Aufgrund dessen liegt eine hohe Anpassungsgüte vor. Der multiple Korrelationskoeffizient mit R=0,702 umfasst die Korrelation zwischen den unabhängigen Variablen und BI.

In diesem Fall liegt eine hohe positive Korrelation vor. Darüber hinaus liegt keine Autokorrelation zwischen den Residuen vor, da der Durbin-Watson einen Wert von 2,311 aufweist.

Tabelle 20: Modellzusammenfassung[b] SPSS Output für Hypothese 1 und Hypothese 2 TAM

Modell	R	R-Quadrat	Korrigiertes R-Quadrat	Standardfehler Schätzers	Durbin-Watson-Statistik
1	,702[a]	,493	,482	,751	2,311

a: Einflussvariable: (Konstante); PEU Ergebnisse, PU Ergebnisse;
b: Abhängige Variable

Darauf aufbauend wird das Gesamtmodel auf Signifikanz analysiert. Des Weiteren wird überprüft, ob sich der Korrelationskoeffizient signifikant von 0 unterscheidet. In Tabelle 21 sind die dazugehörigen Ergebnisse dargestellt. Der Signifikanzwert liegt bei p=0,000 mit F(2,87) = 42,358. Die unabhängigen Variablen PEU und PU sagen die Nutzungsabsicht BI statistisch signifikant voraus. Für das Testverfahren wurde eine F-Statistik genutzt, welche einer F-Verteilung zugrunde liegt.

Tabelle 21: ANOVA[b] - Varianzanalyse SPSS Output für Hypothese 1 und Hypothese 2 TAM

Modell		Quadratsumme	df	Mittel der Quadrate	F	Sig.
1	Regression	47,718	2	23,859	42,358	,000[a]
	Nicht standardisierte Residuen	49,004	87	,563		

Abschließend werden die Steigungskoeffizienten anhand von Tabelle 22 für die Erstellung der Regressionsgleichung betrachtet. Dabei sind die Steigungskoeffizienten wie folgt: b_1=0,423 und b_2=0,617 und die Konstante ist b_0= 0,662. Mit Hilfe der Koeffizienten können Auswirkungen auf die abhängige Variable BI, bei Änderung einer unabhängigen Variablen, aufgezeigt werden. Mit Hilfe der Beta-Werte können die Koeffizienten verglichen werden. PU mit $\beta = 0{,}382$ weist den höchsten Beta-Wert auf. Darüber hinaus gibt Tabelle 22 die p-Werte für die zu überprüfenden Hypothesen wieder. Sowohl für PU als auch PEU ergibt sich eine Signifikanzwert von $p=0{,}001$. Darüber hinaus liegt keine Multikollinearität vor (Vgl. Anhang C).

Es lässt sich folgende Regressionsgleichung ableiten:

$$BI = 0{,}662 + 0{,}423 * PU + 0{,}617 * PEU.$$

Tabelle 22: Koeffizient[b] SPSS Output für Hypothese 1 und Hypothese 2 TAM

		Nicht std. Koeffizienten		Std. Koeffizienten		
Modell		Regressionskoeffizient B	Std.-Fehler	Beta	T	Sig.
1	Konstante	,662	,373		1,773	,080
	PU Ergebnisse	,423	,121	,382	3,512	,001
	PEU Ergebnisse	,617	,178	,377	3,463	,001

a: Einflussvariable: (Konstante); PEU Ergebnisse, PU Ergebnisse;
b: Abhängige Variable

Die Hypothese 3 wird ebenso mit Hilfe einer Regressionsanalyse ausgewertet. In diesem Fall wird die abhängige Variable ASU durch die unabhängige Variable BI erklärt. Das Bestimmtheitsmaß R^2 mit 3,5% deutet auf eine geringe Varianzaufklärung hin. Auch hier liegt keine Autokorrelation zwischen den Residuen vor, da ein Durbin-Watson Wert von 2 vorliegt. Die Signifikanz beträgt p=0,078 mit F (1, 88) =3,179 (vgl. Anhang C).

Basierend auf den Ergebnissen lassen sich die Komponenten der Regressionsgleichung für Hypothese 3 bestimmen:

$$ASU = 1.682 - 0{,}086 * BI$$

6.3.4 Interpretation und kritische Würdigung

Nachdem die Auswertung der Ergebnisse im vorherigen Kapitel durchgeführt wurde, erfolgt an dieser Stelle die Interpretation der vorliegenden Ergebnisse. Durch die *Hypothese 1* kann aufgezeigt werden, dass die wahrgenommene Nützlichkeit einen hochsignifikanten Einfluss auf die Nutzungsabsicht BI ausübt. Folglich kann die Hypothese 1 mit p=0,000 bei einem Signifikanzniveau von 5% bestätigt werden. Unter Einbezug des Regressionskoeffizienten lassen sich die Auswirkungen auf BI bei Veränderungen von PU aufzeigen. Eine Erhöhung von PU um eine Einheit führt zu einer Erhöhung von BI um 0,423 Einheiten. Folglich würde die Akzeptanz von AR in der Intralogistikplanung mit einem höheren PU steigen. Aufgrund der Bestätigung der Hypothese können folgende Ergebnisse festgehalten werden. Die Anwender zeigen eine höhere Bereitschaft AR in der Intralogistikplanung zu nutzen, wenn das mobile Assistenzsysteme erleichternde und nützliche Funktionen aufweist. Darüber hinaus bestätigt die Mehrheit der Teilnehmer, dass AR in der Intralogistikplanung die auszuführende Arbeit erleichtern wird und einen Mehrwert für die Nutzer bringt. Wie bereits in Kapitel 3.2 sowie bei der Herleitung der Hypothesen aufgezeigt, können mittels AR bestehende Prozesse sowie die auszuführende Arbeit verbessert werden. Durch die Analyse kann festgehalten werden, dass die Mehrheit der Teilnehmer von einer Steigerung der Arbeitsleistung durch den Einsatz von AR in der Intralogistikplanung ausgehen. Zusammenfassend kann aufgezeigt werden, dass AR in der Intralogistikplanung akzeptiert und folglich auch genutzt wird, wenn die Anwender von einer nützlichen Anwendung ausgehen.

Mit Hilfe der *Hypothese 2* kann aufgezeigt werden, dass die wahrgenommene Benutzerfreundlichkeit einen hochsignifikanten Einfluss auf die Nutzungsabsicht BI ausübt. Auch die Hypothese 2 kann aufgrund des p-Werts von 0,000 bei einem Signifikanzniveau von 5% bestätigt werden. Aufgrund des Regressionskoeffizienten von b2=0,617 führt eine Erhöhung von PEU um eine Einheit zu einer Erhöhung von BI um 0,617 Einheiten. Folglich liegt hier ein positiver Zusammenhang zwischen BI und PEU vor. Darüber hinaus kann aufgezeigt werden, dass die Nutzer eine höhere Bereitschaft von AR in der Intralogistikplanung aufzeigen, wenn eine einfache und leicht verständliche Anwendung vorliegt. Ferner nimmt die Mehrheit an, dass AR während der Intralogistikplanung angewendet werden kann. Wie bereits aufgegeigt, soll das vorliegende System eine intuitive Interaktion herbeiführen, indem ausschließlich relevante Funktionalitäten zur Verfügung gestellt werden. Darüber hinaus sollen ausschließlich planungsrelevante Informationen zur Verfügung gestellt werden und diese leicht verständlich visualisiert werden. Neben der Visualisierung sind die dazugehörigen Schnittstellen von Bedeutung. Damit soll eine einfache und schnelle Datenverfügbarkeit sichergestellt werden. Abschließend kann zusammengefasst werden, dass eine höhere Akzeptanz der mobilen Assistenzsysteme in der Intralogistikplanung vorliegt, wenn die aufgezeigten Anforderungen des mobilen Assistenzsystems (vgl. Kapitel 4.3) Anwendung finden.

Als letzter Schritt wird die *Hypothese 3* auf Signifikanz überprüft. Die Hypothese 3 mit p=0,078 kann bei dem festgelegten Signifikanzniveau von 5% nicht bestätigt werden. Bei einem festgelegten Signifikanzniveau von 10% übt BI einen schwachen signifikanten Einfluss auf ASU aus. Dies bedeutet, dass 10% des Zusammenhangs zufällig entstanden sein könnte und diese 10% nicht auf die Grundgesamtheit verallgemeinerbar ist. Darüber hinaus liefert die Regressionsgleichung einen negativen Steigungskoeffizienten.

Dieser ist in Abbildung 50 abgebildet. Auf der horizontalen Achse sind die Ergebnisse für BI hinterlegt. Hier konnten die Teilnehmer zwischen fünf Antwortoptionen wählen. Dahingegen bestand bei der Variable ASU lediglich die Möglichkeit zwischen „ja“ und „nein“ zu wählen. In diesem Fall ist ja=1 und nein=2. Die Ergebnisse von ASU sind auf der vertikalen Achse.

Eine nähere Betrachtung der Abbildung 50 zeigt auf, dass bei einem niedrigen Wert von BI keine tatsächliche Nutzung von AR in der Intralogistikplanung vorliegt. Dahingegen liegt vermehrt eine tatsächliche Nutzung vor, wenn die Nutzungsabsicht BI ansteigt.

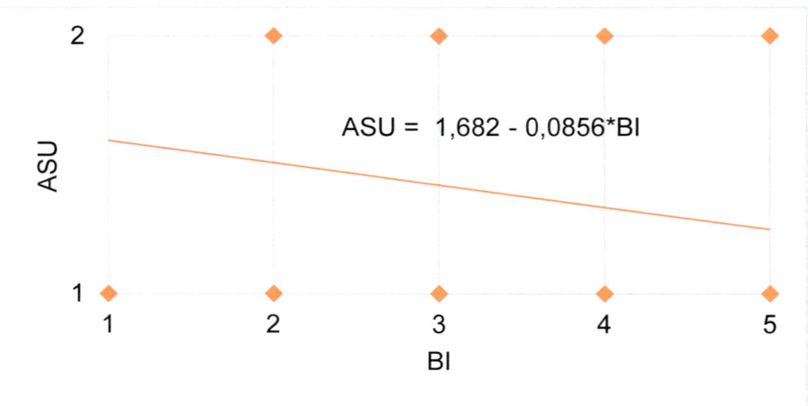

Abbildung 50: Zusammenhang zwischen BI und ASU

In der vorhandenen Literatur ist aufzufinden, dass u. a. BI als der beste Prädiktor für die tatsächliche Nutzung einer Technologie eingesetzt werden kann. Folglich soll die tatsächliche Nutzung dadurch unterstrichen werden [DBW1989]. Eine nähere Betrachtung der deskriptiven Auswertung zeigt auf, dass sich 34,44% der Teilnehmer vollumfänglich vorstellen können AR in dem Arbeitsalltag der Intralogistikplanung zu nutzen. 41,11% der Teilnehmer stimmten der Aussage mit „trifft eher zu" zu. Lediglich eine Person kann sich absolut nicht vorstellen, AR in dem Arbeitsalltag einzusetzen. Mit Hilfe des Mittelwerts von 3,94 ist festzuhalten, dass die Mehrheit einer möglichen Nutzung positiv zugeneigt ist.

Die vorliegenden Ergebnisse unterliegen gewissen Einschränkungen. Zunächst wurde für die Untersuchung ein linearer Zusammenhang angenommen. Es wurde keine Alternative in die Betrachtung gezogen. Ferner wurden keine weiteren externen Variablen zur Beeinflussung der unabhängigen Variablen miteinbezogen. Diese wurden lediglich auf Basis des Models angenommen. Innerhalb des TAMs sind keine weiteren Variablen vorhanden. Durch die Operationalisierung der Variablen konnten die unabhängigen Variablen auf den Kontext dieser Arbeit übertragen werden. Das Vernachlässigen der externen Faktoren ist ein kritischer Punkt des TAMs. Um dies zu umgehen, könnte in einem weiteren Schritt auf das TAM2, das TAM3 sowie auf weitere Modelle der Akzeptanzforschung aufgesetzt werden. Dazu zählen z. B. die Unified Theory of Acceptance and Use of Technology 1 und 2. Eine weitere Einschränkung unterliegt der Stichprobe. Es wurde lediglich eine Umfrage innerhalb der Intralogistikabteilung der Mercedes-Benz AG durchgeführt. Hier könnten Umfragen in weiteren industriellen Zweigen durchgeführt werden.

Zusammenfassend ist festzuhalten, dass durch die durchgeführte Umfrage relevante Faktoren, welche einen Einfluss auf die Akzeptanz ausüben, bestimmt wurden. Hier zählt die wahrgenommene Nützlichkeit PU und die wahrgenommene Benutzerfreundlichkeit PEU. Die Anwender zeigen eine höhere Bereitschaft AR in der Intralogistikplanung zu nutzen, wenn das mobile Assistenzsysteme erleichternde und nützliche Funktionen aufweist. Ferner bestätigt die Mehrheit der Teilnehmer, dass AR in der Intralogistikplanung die auszuführende Arbeit erleichtern wird. Darüber hinaus wird AR in der Intralogistikplanung eingesetzt, wenn eine einfache und leicht verständliche Anwendung vorliegt.

7 Schlussbetrachtung und Ausblick

Im folgenden Kapitel werden die Ergebnisse der Arbeit unter Einbeziehung der Zielsetzung zusammengefasst. Dabei werden die zugrundeliegenden Forschungsfragen erneut aufgegriffen und beantwortet. Nach einer kritischen Würdigung erfolgt ein Ausblick, um den offenen Forschungsbedarf aufzuzeigen.

7.1 Zusammenfassung der Ergebnisse und kritische Würdigung

In dieser Arbeit wurde ein Use Case und darauf basierende Prototypen für eine AR-basierte Intralogistikplanung in der Automobilindustrie entwickelt. Dabei lag der Fokus auf der Schaffung eines mobilen Assistenzsystems, welches eine durchgängige AR-basierte Intralogistikplanung in der Endmontage der Automobilindustrie unterstützt. Hierfür wurde die Arbeit dem Design Science Paradigma zugeordnet.

Für die Erreichung des übergeordneten Ziels wurde die Arbeit in weitere Teilzeile und korrespondierte Forschungsfragen untergliedert. Das erste Teilziel bestand in der Sammlung und der Sichtung der vorhandenen wissenschaftlichen Literatur sowie der bestehenden Ergebnisse zu dem Thema AR in der Intralogistikplanung. Insgesamt konnten sieben Arbeiten im Bereich AR-basierte Planung bestimmt werden, bei welchen mobile Endgeräte eingesetzt wurden. Keine der Arbeiten bezieht sich auf die Intralogistikplanung nach der zugrundeliegenden Definition dieser Arbeit. Im Bereich der Intralogistik, bezogen auf AR, wurde vermehrt die operative Intralogistik, wie z. B. die Kommissionierung und das Picken, betrachtet. Obwohl auf dem Markt zahlreiche Technologien bestehen und diese in verschiedenen Anwendungsbereichen eingesetzt werden, existieren derzeit in der Intralogistikplanung keine flächendeckenden Anwendungen in einer Fabrikhalle.

Basierend auf der durchgeführten Literaturanalyse konnte eine Lücke von mobilen AR-Anwendungen im Bereich der Intralogistikplanung identifiziert werden. Insbesondere in großflächigen Produktionshallen gibt es derzeit noch keine AR-gestützten Assistenzsysteme für die Intralogistikplanung.

Innerhalb der identifizierten Arbeiten wurde mehrfach darauf verwiesen, dass die Produktion im industriellen Umfeld einem Wandel unterliegt und der Bedarf an flexiblen und anpassungsfähigen Fabriken besteht. Folglich steht die Intralogistik in der Automobilbranche ebenso zahlreichen Herausforderungen gegenüber. Ausgehend von den positiven Eigenschaften von AR, wurde ein mobiles Assistenzsystem mit der Basistechnologie AR festgelegt, um der Komplexität in der Intralogistik entgegenzuwirken sowie die vorhandene Planung in diesem Umfeld zu unterstützen. Dabei handelt es sich um ein gesamtheitliches Assistenzsystem, welches sowohl Hardware als auch Software als Gesamtes umfasst. Basierend auf den Ergebnissen der Literaturanalyse wurde die erste Forschungsfrage näher betrachtet. Diese umfasste die Voraussetzungen für eine AR- gestützte Assistenzsysteme in der Intralogistikplanung. Ausgehend von der Stellung der Materialflussplanung entlang der gesamten Intralogistikplanung, wurden Prozessschritte der Materialflussplanung näher betrachtet. Innerhalb der Materialflussplanung lag der Fokus auf dem Planungsschritt Überprüfung des Layouts vor Ort, da dieser den Einsatz eines mobilen Assistenzsystems für eine AR-gestützte Intralogistikplanung ermöglichte.

Unter Einbeziehung der zweiten Forschungsfrage wurden die Ergebnisse übertragen, indem ein AR-basiertes Assistenzsystem als eine durchgängige Lösung für die Intralogistikplanung abgebildet wurde. Der vorliegende Use Case spiegelt das Zusammenspiel folgender drei Faktoren wieder: die digitale Layoutplanung der Intralogistik, das mobile Assistenzsystem mit der Basistechnologie AR sowie die Ist-Welt des Layouts in der. Die digitale Layoutplanung entspricht dem aktuellen Planungsstand der Intralogistik. Dem gegenüber steht die reale

Welt der Produktionshalle, welche sich durch kontinuierliche Änderungen auszeichnet. Aufgrund des volatilen Umfelds in der Produktionshalle entspricht der Planungsstand der Intralogistik nicht dem Status-Quo in der Produktionshalle. Um diesen Abweichungen der Planungsstände entgegenzuwirken, wird das mobile Assistenzsystem mit AR eingesetzt. Das mobile Assistenzsystem fungiert als Bindeglied zwischen der digitalen Planungswelt und der realen Welt in der Produktionshalle. Aufgrund der Funktionalitäten kann das System den Planer bei der Absicherung sowie bei einem Soll-Ist-Abgleich unterstützen.

An dieser Stelle spielt die Basistechnologie AR eine Rolle. Analog dem Begriffsverständnis wird durch den Einsatz von AR die reale Welt und die virtuelle Welt miteinander verknüpft. Diese Eigenschaft findet hier Anwendung, um die digitale Planungswelt mit der realen Welt in der Produktionshalle zu verbinden.

Dabei unterstützt das Assistenzsystem die Intralogistikplaner durchgängig bei Planungsentscheidungen durch das Einblenden von Planungsalternativen in der Produktionshalle. Dies zeichnet sich vor allem durch einen Informationsprozess aus, indem dem Planer digitale Planungsdaten der intralogistischen Layoutplanung zur Verfügung gestellt werden. Zeitgleich wird ein hoher Grad an Flexibilität innerhalb des volatilen Umfelds für den Planer ermöglicht. Eine allgegenwertige Verfügbarkeit der digitalen Planungsdaten führt zu einer erhöhten Transparenz der bestehenden Planungsprozesse.

Für die Evaluation des Anwendungsfalls und zur Erfüllung des nächsten Teilziels wurden zwei Prototypen konzeptioniert und entwickelt. Die Prototypen basieren darauf das Zusammenspiel der Faktoren digitaler Plandaten, AR sowie der Ist-Welt in der Produktionshalle zu ermöglichen. Mit Hilfe der Prototypen ist es möglich mittels AR die CAD-Planungsdaten in der Produktionshalle lagerichtig einzublenden und einen Soll-Ist Abgleich durchzuführen.

Maßgeblich dabei ist, dass die zuvor erstellten Planungsobjekte, welche eine exakte Verortung im CAD-Layout haben, an exakt dieser Stelle in der Realität mittels AR eingeblendet werden. Für die Umsetzung der Prototypen wurde auf die zuvor festgelegten Komponenten des mobilen Assistenzsystems zurückgegriffen. Darauf basierend wurden als mobile Endgeräte sowohl ein iPhone als auch die HoloLens 2 evaluiert. Das Tracking und die Registrierung basieren zum einen auf Markern und zum anderen auf SLAM. SLAM wurde in der vorhandenen wissenschaftlichen Literatur mit positiven Eigenschaften hervorgehoben und findet in der Praxis vermehrt Einsatz. Aufgrund der Neuartigkeit, SLAM als Trackingmethode für AR einzusetzen, wurde zunächst eine Literaturanalyse zu dem Thema AR und SLAM durchgeführt. Analog zu der Literaturanalyse in Kapitel 3 konnten keine Nachweise des Einsatzes von SLAM für eine AR-basierte Intralogistikplanung identifiziert werden. Ferner lassen sich ebenso keine durchgängigen AR-Anwendungen mit SLAM als Trackingverfahren im produktiven Umfeld der Automobilindustrie ableiten.

Der erste Prototyp basiert auf einem iPhone unter Verwendung des SLAM-basierten Trackings. Damit die CAD-Planungsdaten lagerichtig in der Produktionshalle augmentiert werden können, wird zu Beginn mittels SLAM eine Featuremap der vorgesehenen Fläche in der Produktionshalle aufgenommen. Die Featuremap wird anschließend mit dem vorhandenen CAD-Layout abgeglichen und überlagert. Auf Basis dieser Informationen wird in dem dritten Schritt die Lokalisierung des mobilen AR-Endgeräts durchgeführt. Die Lokalisierung ermöglicht damit die Einblendung der vorgesehenen Planungsobjekte aus dem CAD-Planungslayout an der richtigen Position in der Produktionshalle. Bei einer näheren Evaluation des Prototyps funktionierte diese ausschließlich für einen kleinen Arbeitsraum mit bis zu $4m^2$. Bei einer Zunahme des Arbeitsraums entstanden Probleme während des Trackings. Zum Beispiel wurde der vorgesehene Raum ab einer Fläche von $8m^2$ nicht mehr umfassend erkannt. Dies führte dazu, dass die zuvor hinterlegten Planungselemente nicht mehr lagerichtig eingeblendet werden können. Ein Grund des instabilen Trackings kann in der verwendeten Hardware liegen. Das Mapping und die Lokalisierung werden mit den vorhandenen Kamera- sowie Bewegungssensoren des iPhones durchgeführt. Darüber hinaus kann die vorhandene Rechenleistung der Hardware ein weiterer Grund sein. Um die entstehenden Informationen während des Trackingprozesses sowie der Nutzung zu verarbeiten, besteht der Bedarf entsprechender Rechenleistung.

Eine Möglichkeit, um diese Probleme zu umgehen, kann die Verwendung von Stereo- und Tiefensensoren sein. Diese Probleme werden mit dem zweiten Prototyp umgangen. Bei dem zweiten Prototyp werden die HoloLens 2 sowie ein hybrides Tracking eingesetzt. Das hybride Tracking basiert zum einen auf der SLAM-Technologie der HoloLens und zum anderen auf dem markerbasierten Tracking. Im Gegensatz zu dem ersten Prototyp ist es hier nicht möglich, erneut auf die zuvor erstellte Featuremap zurückzugreifen. Aufgrund dessen wurde auf das markerbasierte Tracking zurückgegriffen, um die CAD-Objekte aus dem Planungstool in der Map platzieren zu können. Die Anwendung kann problemlos auf einer Fläche von 100m² eingesetzt werden.

Folglich zeigen die implementierten Prototypen als Proof of Concept auf, dass ein AR-basiertes Assistenzsystem als eine durchgängige Lösung für die Intralogistikplanung eingesetzt werden kann. Dabei liefern die Prototypen sowie der Use Case einen Beitrag (Forschungsfrage 2), wie ein AR-basiertes Assistenzsystem gestaltet werden kann.

Für die Erreichung des letzten Teilziels und Beantwortung der weiteren Forschungsfragen, wurde eine umfassende Evaluation durchgeführt. Mit Hilfe des durchgeführten Feldexperiments konnte nachgewiesen werden, dass der Einsatz von AR-basierter Assistenzsystemen die Intralogistikplanung verbessert (siehe Forschungsfrage 3). Zunächst kann aufgezeigt werden, dass die Nutzung AR-basierter Systeme im Vergleich zu der klassischen Planung zu einer Zeitreduktion führt. Durch den Einsatz einer AR-basierten Planung mit marker- sowie SLAM-basierten Trackingverfahren benötigt der Planer weniger Zeit während der Layoutplanung in der Produktionshalle. Darüber hinaus kann zusammengefasst werden, dass durch den Einsatz des mobilen Assistenzsystems mit der SLAM-Trackingmethode die Flexibilität während der Layoutplanung ansteigt. Eine weitere Verbesserung der Planung lässt sich im Hinblick auf den tatsächlichen Aufwand während der Planung nachweisen. Durch den Einsatz sinkt der tatsächliche Aufwand der durchzuführenden Tätigkeiten im Vergleich zu der Layoutplanung ohne Assistenzsystem.

Ferner kann auf Basis des Experiments festgehalten werden, dass während der ursprünglichen Planung ohne Assistenzsysteme eine hohe Fehlerrate durch das Vermessen der Station entstanden ist. Hierbei kam es zu Abweichungen von bis zu 3m. Dahingegen kann eine hohe Genauigkeit und geringere Fehlerrate durch den Einsatz des Assistenzsystems mit Markertracking erreicht werden. Die Gründe liegen vor allem darin, dass sich die digitalen Elemente an der Position des Markerwürfels orientieren. Problematisch hierbei war vor allem das Platzieren des Würfels. Dahingegen zeichnen sich die oben aufgezeigten Prototypen durch eine geringere Genauigkeit und höhere Fehlerrate aus. Mögliche Gründe können u. a. die fehlenden AR-Erfahrungen sein. Ferner kann die Annahme, dass der Einsatz von mobilen Assistenzsystemen zu einer Vereinfachung der Layoutplanung führen kann, an dieser Stelle nicht bestätigt werden.

Dabei unterliegt das Experiment gewissen Einschränkungen. Die evaluierten Ergebnisse können ausschließlich auf den identifizierten Prozess der Layoutplanung übertragen werden. Der Einsatz mobiler Assistenzsysteme bei weiteren Planungsschritten wurde nicht untersucht. Darüber hinaus wurde das Experiment ausschließlich an einem Standort durchgeführt und eine standortübergreifende Durchführung hat nicht stattgefunden. Besonderheiten weiterer Standorte der Intralogistikplanung wurden somit nicht betrachtet.

Abschließend erfolgt die Betrachtung der letzten Forschungsfragen und der Zielsetzung. Dabei wurden mittels einer Umfrage relevante Faktoren bestimmt, welche einen Einfluss auf die Akzeptanz von AR-basierter Assistenzsystemen in der Intralogistikplanung ausüben. Hierzu zählt die wahrgenommene Nützlichkeit PU und die wahrgenommene Benutzerfreundlichkeit PEU. Die Anwender zeigen eine höhere Bereitschaft AR in der Intralogistikplanung zu nutzen, wenn das mobile Assistenzsystem erleichternde und nützliche Funktionen aufweist. Durch die Analyse der wahrgenommenen Nützlichkeit kann festgehalten werden, dass die Mehrheit der Teilnehmer von einer Steigerung der Arbeitsleistung durch den Einsatz von AR in der Intralogistikplanung ausgehen. Darüber hinaus kann aufgezeigt werden, dass die Nutzer eine höhere Bereitschaft von AR in der Intralogistikplanung aufzeigen, wenn eine einfache und leicht verständliche Anwendung vorliegt. Ferner nimmt die Mehrheit an, dass AR während der Intralogistikplanung angewendet werden kann. Es kann aufgezeigt werden, dass eine höhere Akzeptanz der mobilen Assistenzsysteme in der Intralogistikplanung vorliegt, wenn die aufgezeigten Anforderungen des mobilen Assistenzsystems aus Kapitel 4.3 Anwendung finden. Zusammenfassend ist festzuhalten, dass AR in der Intralogistikplanung akzeptiert und folglich auch genutzt wird, wenn die Anwender von einer nützlichen Anwendung ausgehen.

Die vorliegenden Ergebnisse des TAMs unterliegen gewissen Einschränkungen. Zunächst wurde für die Untersuchung ein linearer Zusammenhang angenommen. Es wurde keine weitere Alternative in Betrachtung gezogen. Ferner wurden keine weiteren externen Variablen zur Beeinflussung der unabhängigen Variablen miteinbezogen. Das Vernachlässigen der externen Faktoren ist ein kritischer Punkt des TAMs. Eine weitere Einschränkung unterliegt der Stichprobe. Es wurde lediglich eine Umfrage innerhalb der Intralogistikabteilung der Mercedes-Benz AG im Werk Sindelfingen durchgeführt. Weitere Standorte sowie industrielle Zweige wurden nicht miteinbezogen.

In dieser Arbeit wurden sowohl das übergeordnete Ziel als auch die Teilziele erreicht, indem ein Use Case und darauf basierende Prototypen erstellt wurden. Die umgesetzten Prototypen liefern einen Beitrag, wie ein mobiles Assistenzsystem mit der Basistechnologie AR in der Intralogistikplanung gestaltet werden kann. Zeitgleich wurde darauf basierend festgehalten, welcher Nutzen dadurch generiert werden kann sowie welche Faktoren einen Einfluss auf die Akzeptanz von AR ausüben. Darüber hinaus wurde durch den SLAM-basierten Prototyp erstmalig eine Anwendung implementiert, welche durchgängig in einer Produktionshalle für die Intralogistikplanung eingesetzt werden kann.

Abschließend ist festzuhalten, dass die vorliegenden Ergebnisse und die Durchführung des Experiments in enger Abstimmung mit Partnern der Automobilindustrie stattgefunden haben. Folglich wurden insbesondere Anforderungen der Intralogistikplanung aus der Automobilindustrie berücksichtigt.

7.2 Ausblick

Im vorherigen Kapitel wurde bereits die kritische Würdigung inklusive der zugrundeliegenden Restriktionen dieser Arbeit aufgeführt. Darauf aufbauend erfolgt in diesem Teil der Ausblick weiterer offener Themen.

Für eine Generalisierung der vorliegenden Ergebnisse besteht der Bedarf weitere Logistikprozesse im industriellen Umfeld näher zu betrachten. Da bereits für die Layoutplanung Verbesserungspotentiale aufgezeigt werden konnten, sollten dahingehend weitere Planungsbereiche untersucht werden. Durch weitere Verbesserungen der intralogistischen Planungsprozesse könnte die gesamtheitliche Intralogistik entlang der SC profitieren.

Des Weiteren lassen sich weitere Forschungsbedarfe im Hinblick auf die zugrundeliegenden Prototypen aufzeigen. Eine mögliche Weiterentwicklung der Prototypen kann die Schaffung einer automatisierten Schnittstelle zwischen dem mobilen Assistenzsystem und dem Planungssystem sein. Dadurch kann die AR-basierte Planung direkt in das Planungssystem übertragen werden. Der Einsatz einer solchen Schnittstelle würde die erneute Anpassung der Planung am Arbeitsplatz eliminieren, den Zeitaufwand sowie Übertragungsfehler reduzieren. Eine weitere Entwicklungsmöglichkeit liegt in einer kollaborativen Nutzung der Anwendung. Dadurch können mehrere Planer gleichzeitig die AR-basierte Planung überprüfen. In diesem Zusammenhang ist eine remote-Unterstützung ebenso denkbar.

Auf Basis der durchgeführten Literaturanalyse konnte aufgezeigt werden, dass sich die zugrundeliegenden Trackingmethoden sowie Technologien im Zeitverlauf kontinuierlich entwickelt haben. Bei der Erweiterung von Funktionsumfängen vorhandener SDKs würde die Möglichkeit in der Entwicklung eines rein SLAM-basierter Prototypen mit der HoloLens 2 bestehen. Dadurch würde der Wegfall eines zusätzlichen Markers, welcher als Schnittstelle zwischen dem vorliegenden CAD-Planungstool und der augmentierten Realität benötigt wird, ermöglicht werden.

Basierend auf dem durchgeführten Experiment wurde aufgezeigt, dass durch den Einsatz von AR die Intralogistikplanung verbessert wird. In diesem Zusammenhang besteht der Bedarf eines messbaren Nachweises der Effizienzsteigerung der intralogistischen Planungsprozesse. Eine Möglichkeit für den Nachweis ist der Einsatz der Data Envelopment Analysis. Dabei handelt es sich um ein nicht-parametrisches Verfahren, welches die Effizienz einzelner Einheiten, basierend auf den gleichen In- und Outputs, berechnet. In diesem Kontext können die einzelnen Szenarien des durchgeführten Experiments als Einheiten betrachtet werden. Ferner können die gemessene Zeit und die Ergebnisse des NASA-Task Load Indexes als Inputfaktoren des linearen Programms betrachtet werden. Dahingehen können die Variablen Flexibilität und Fehlerreduktion aufgrund des positiven Effekts auf die Nutzung als Outputfaktoren eingesetzt werden [CSZ2004]. Auf Basis der messbaren Nachweise können abschließend Aussagen getroffen werden, um wieviel Prozent die Effizienz durch den Einsatz mobiler Assistenzsysteme im Vergleich zur klassischen Planung ohne Systeme steigt oder sinkt.

Darüber hinaus kann durch eine erneute Durchführung des Experiments sowie durch die Durchführung von Langzeiteinsätzen aufgezeigt werden, ob mit zunehmender AR-Erfahrung eine Reduktion der benötigten Zeit während der Nutzung des mobilen Assistenzsystems nachgewiesen werden kann. In diesem Zusammenhang kann ebenso die vorhandene Komplexität während der Nutzung überprüft werden. Hier ist von Interesse, ob sich durch eine zunehmende AR-Erfahrung die Dimensionen Leistungsbeurteilung sowie Frustrationslevel des NASA-Task Load Indexes reduzieren lassen. Für einen möglichen

Nachweis beider Punkte eignet sich eine multiple Regressionsanalyse. Ferner soll das Experiment an weiteren Standorten durchgeführt werden, um die Reliabilität sicherzustellen.

Des Weiteren können weitere Forschungen unter Einbeziehung des TAMs durchgeführt werden. Wie bereits aufgezeigt, wurden in dieser Arbeit keine weiteren externen Variablen zur Beeinflussung der unabhängigen Variablen miteinbezogen. Um dies zu umgehen, kann in einem weiteren Schritt auf das TAM2, das TAM3 sowie auf weitere Modelle der Akzeptanzforschung aufgesetzt werden. Dazu zählt z. B. die Unified Theory of Acceptance and Use of Technology 1 und 2. Weitere zu untersuchende Faktoren können die Leistungs- und Aufwandserwartung sein, welche wiederum einen Einfluss auf die Nutzungsabsicht haben. Darüber hinaus werden in diesem Modell die Faktoren Geschlecht, Alter oder vorhandene Erfahrungen bei der Auswertung miteinbezogen [VMD2003].

Ferner konnte aufgezeigt werden, dass AR in der Intralogistikplanung vermehrt eingesetzt wird, wenn eine einfache und leicht verständliche Anwendung vorliegt. Basierend auf dem Begriffsverständnis von MMS und der dazugehörigen Interaktion ist die benutzerfreundliche Gestaltung des User Interfaces und der Usability unabdingbar. Für die nutzerorentierte Gestaltung des User Interfaces können u. a. verschiedene Methoden eingesetzt werden. Zunächst können Personas erstellt werden, um die Zielgruppe der Intralogistikplaner näher zu beschreiben. Darauf aufbauend erfolgt das Prototyping. Beispielhaft können hier Papierprototypen oder Klickdummys entwickelt und eingesetzt werden. Nach einer umfassenden Testphase durch die Intralogistikplaner können iterativ die Optimierungen umgesetzt werden.

Literaturverzeichnis

[AG2015] Amin, D.; Govilkar, S.: *Comparative Study of Augmented Reality Sdk's*. In: International Journal on Computational Science & Applications. 5(1), 2015, S. 11–26.

[Ap2020a] Apple Inc.: *Understanding World Tracking. Abruf am* 11.10.2020, https://developer.apple.com/documentation/arkit/world_tracking/understanding_world_tracking.

[Ap2020b] Apple Inc.: *ARWorldMap. Abruf am* 11.10.2020, https://developer.apple.com/documentation/arkit/arworldmap.

[Ap2020c] Apple Inc.: *iPhone Modelle vergleichen. Abruf am* 10.10.2020, https://www.apple.com/de/iphone/compare/.

[Ar+2015] Arth, C.; Pirchheim, C.; Ventura, J.; Schmalstieg, D.; Lepetit, V.: *Instant outdoor localization and SLAM initialization from 2.5D maps*. In: IEEE transactions on visualization and computer graphics. 21(11), 2015, S. 1309–1318.

[Ar2006] Arnold, D.: *Intralogistik.* Springer, Berlin u.a., 2006.

[Ar2008] Arnold, D.: *Handbuch Logistik.* Springer, Berlin Heidelberg, 2008.

[As+2018] Aschenbrenner, D.; Li, M.; Dukalski, R.; Verlinden, J.; Lukosch, S.: *Collaborative Production Line Planning with Augmented Fabrication*. In: 2018 IEEE Conference on Virtual Reality and 3D User Interfaces (VR). 2018, S. 509–510.

[Az+2001] Azuma, R.; Baillot, Y.; Behringer, R.; Feiner, S.; Julier, S.; MacIntyre, B.: *Recent advances in augmented reality*. In: IEEE Computer Graphics and Applications. 21(6), 2001, S. 34–47.

[Az1997] Azuma, R. T.: *A Survey of Augmented Reality*. In: Teleoperators and Virtual Environments. 6(4), 1997, S. 355–385.

[Ba2019] Barthel, K.: *Entwicklung eines Bewertungsmodells intralogistischer Planungsprozesse zum Nachweis der Effizienzsteigerung durch den Einsatz von Augmented Reality— am Beispiel der Daimler AG.* Technische Hochschule Achen, 2019.

[BCL2015] Billinghurst, M.; Clark, A.; Lee, G.: *A Survey of Augmented Reality*. In: Foundations and Trends in Human–Computer Interaction. 8(2-3), 2015, S. 73–272.

[BD2006] Bailey, T.; Durrant-Whyte, H.: *Simultaneous localization and mapping (SLAM): part II*. In: IEEE Robotics & Automation Magazine. 13(3), 2006, S. 108–117.

[Bl+2009] Blutner, D.; Cramer, S.; Krause, S.; Mönks, T.; Nagel, L.; Reinholz, A.; Witthaut, M.: *Assistenzsysteme für die Entscheidungsunterstützung*. In (Buchholz, P.; Clausen, U. Hrsg.): Große Netze der Logistik. Springer, Berlin, Heidelberg, 2009, S. 241–270.

[Bl2019] Bliese, B.: *Ein gebrauchstaugliches Augmented Reality-System für geometrische Analysen in der Produktentstehung.* Universität Stuttgart, 2019.

[Bo2015] Botthof, A.: *Zukunft der Arbeit im Kontext von Autonomik und Industrie 4.0*. In (Botthof, A.; Hartmann, E. A. Hrsg.): Zukunft der Arbeit in Industrie 4.0. Springer, Berlin, Heidelberg, 2015, S. 3–8.

[Br+2019a] Broll, W.; Weidner, F.; Schwandt, T.; Weber, K.; Dörner, R.: *Authoring von VR/AR-Anwendungen*. In (Dörner, R.; Broll, W.; Grimm, P.; Jung, B. Hrsg.): Virtual und Augmented Reality (VR/AR). Springer, Berlin, Heidelberg, 2019, S. 393–423.

[Br2019b] Broll, W.: *Augmentierte Realität*. In (Dörner, R.; Broll, W.; Grimm, P.; Jung, B. Hrsg.): Virtual und Augmented Reality (VR/AR). Springer, Berlin, Heidelberg, 2019, S. 315–356.

[BSG2007] Boppert, J.; Schedlbauer, M.; Günthner, W. A.: *Planung - adaptiv und nachhaltig*. In (Günthner, W. A. Hrsg.): Neue Wege in der Automobillogistik: *Zukunftsorientierte Logistik durch adaptive Planung.* Springer, Berlin, Heidelberg, 2007, S. 345–358.

[Bü+2017] Büttner, S.; Mucha, H.; Funk, M.; Kosch, T.; Aehnelt, M.; Robert, S.; Röcker, C.: *The Design Space of Augmented and Virtual Reality Applications for Assistive Environments in Manufacturing*. In: PETRA '17: Proceedings of the 10th International Conference on PErvasive Technologies Related to Assistive Environments. 2017, S. 433–440.

[Bu2020] Bundesministerium für Wirtschaft und Energie: *Wirtschaftsbranchen, Abruf am* 15.04.2020, https://www.bmwi.de/Redaktion/DE/Textsammlungen/Branchenfokus/Industrie/branchenfokus-automobilindustrie.html.

[CKW2013] Chi, H.-L.; Kang, S.-C.; Wang, X.: *Research trends and opportunities of augmented reality applications in architecture, engineering, and construction*. In: Automation in Construction. 33, 2013, S. 116–122.

[Co+2006] Comport, A. I.; Marchand, E.; Pressigout, M.; Chaumette, F.: *Real-time markerless tracking for augmented reality*. In: IEEE transactions on visualization and computer graphics. 12(4), 2006, S. 615–628.

[Co1988] Cooper, H. M.: *Organizing knowledge syntheses: A taxonomy of literature reviews*. In: Knowledge in Society. 1(1), 1988, S. 104–126.

[CSZ2004] Cooper, W. W.; Seiford, L. M.; Zhu, J.: *Data Envelopment Analysis*. In (Cooper, W. W.; Seiford, L. M.; Zhu, J. Hrsg.): Handbook on Data Envelopment Analysis: *History, Models and Interpretations.* Kluwer Academic Publishers, Boston, MA, 2004, S. 1-39.

[Da1986] Davis, F. D.: *A Technology Acceptance Model for Empirically Testing New End-User In-formation Systems - Theory and Results.* Univ.-Verl. Massachusetts, Massachusetts, 1986.

[Da1989] Davis, F. D.: *Perceived Usefulness, Perceived Ease of Use, and User Acceptance of Information Technology*. In: MIS Quarterly. 13(3), 1989, S. 319.

[DBW1989] Davis, F. D.; Bagozzi, R. P.; Warshaw, P. R.: *User Acceptance of Computer Technology: A Comparison of Two Theoretical Models*. In: Management Science. 35(8), 1989, S. 982–1003.

[De+2015] Deuse, J.; Weisner, K.; Hengstebeck, A.; Busch, F.: *Gestaltung von Produktionssystemen im Kontext von Industrie 4.0*. In (Botthof, A.; Hartmann, E. A. Hrsg.): Zukunft der Arbeit in Industrie 4.0. Springer, Berlin, Heidelberg, 2015, S. 99–109.

[De2017] Defranceski, M.: *Verkürzte Entscheidungsfindung in der Produktion*. In (Vogel-Heuser, B.; Bauernhansl, T.; Hompel, M. ten Hrsg.): Handbuch Industrie 4.0 Bd. 1: *Erweiterte Remote-Unterstüzung mit Hilfe mobiler Endgeräte.* Springer Vieweg, Berlin, 2017, S. 139–151.

[Dö+2019] Dörner, R.; Broll, W.; Grimm, P.; Jung, B.: *Virtual und Augmented Reality (VR/AR).* Springer, Berlin, Heidelberg, 2019.

[Ed+2020] Eder, M.; Hulla, M.; Mast, F.; Ramsauer, C.: *On the application of Augmented Reality in a learning factory working environment*. In: Procedia Manufacturing: 10th Conference on Learning Factories CLF2020. 45, 2020, S. 7–12.

[FA1975] Fishbein, M.; Ajzen, I.: *Belief, attitude, intention and behavior: An introduction to theory and research.* Addison-Wesley, Reading, Mass., 1975.

[Fi2005] Fiala, M.: *ARTag, a Fiducial Marker System Using Digital Techniques*. In: 2005 IEEE Computer Society Conference 20-26 June 2005(2), 2005, S. 590–596.

[Fu+2020] Fuste, A.; Reynolds, B.; Hobin, J.; Braga, A.; Heun, V.: *Kinetic AR: Robotic Motion Planning and Programming using Augmented Reality Interfaces*. In: HRI '20: Companion of the 2020 ACM/IEEE International Conference on Human-Robot Interaction. 2020, S. 641.

[Gä2018] Gärtner, C.: *Der Fall der Automobilindustrie*. In (Gärtner, C.; Heinrich, C. Hrsg.): Fallstudien zur Digitalen Transformation. Springer Fachmedien Wiesbaden, Wiesbaden, 2018, S. 1–35.

[GKT2014] Günther, W.; Klenk, E.; Tenerowicz-Wirth, P.: *Adaptive Logistiksysteme als Wegbereiter der Industrie 4.0*. In (Bauernhansl, T.; Hompel, M. ten; Vogel-Heuser, B. Hrsg.): Industrie 4.0 in Produktion, Automatisierung und Logistik. Springer Vieweg, Wiesbaden, 2014, S. 297–323.

[Go2020] Google: *Discover Glass Enteprise Edition. Abruf am* 05.07.2020, https://www.google.com/glass/start/.

[Gr+2019a] Grimm, P.; Broll, W.; herold, R.; Hummel, J.: *VR/AR-Eingabegeräte und Tracking*. In (Dörner, R.; Broll, W.; Grimm, P.; Jung, B. Hrsg.): Virtual und Augmented Reality (VR/AR). Springer, Berlin, Heidelberg, 2019, S. 117–162.

[Gr+2019b] Grimm, P.; Broll, W.; herold, R.; Reiners, D.; Cruz-Neira, C.: *VR/AR-Ausgabegeräte*. In (Dörner, R.; Broll, W.; Grimm, P.; Jung, B. Hrsg.): Virtual und Augmented Reality (VR/AR). Springer, Berlin, Heidelberg, 2019, S. 163–217.

[Gr2018] Grundig, C.-G.: *Fabrikplanung: Planungssystematik - Methoden - Anwendungen.* Hanser, München, 2018.

[GSL2014] Gorecky, D.; Schmitt, M.; Loskyll, M.: *Mensch-Maschine-Interaktion im Industrie 4.0-Zeitalter.* In (Bauernhansl, T.; Hompel, M. ten; Vogel-Heuser, B. Hrsg.): Industrie 4.0 in Produktion, Automatisierung und Logistik. Springer Vieweg, Wiesbaden, 2014, S. 525–542.

[GSW2017] Göpfert, I.; Schulz, M.; Wellbrock, W.: *Trends in der Autmobillogistik*. In (Göpfert, I.; Braun, D.; Schulz, M. Hrsg.): Automobillogistik. Springer Fachmedien Wiesbaden, Wiesbaden, 2017, S. 1–26.

[He+2018] Herr, D.; Reinhardt, J.; Reina, G.; Krüger, R.; Ferrari, R. V.; Ertl, T.: *Immersive Modular Factory Layout Planning using Augmented Reality*. In: Procedia CIRP. 72, 2018, S. 1112–1117.

[He1999] Herrmann, T.: *Methoden als Problemlösungsmittel*. In (Roth, E.; Holling, H. Hrsg.): Sozialwissenschaftliche Methoden: Lehr- und Handbuch für Forschung und Praxis. Oldenbourg, München u. a., 1999, S. 20–48.

[HF2020] Hellmuth, R.; Frohnmayer, J.: *Requirements Engineering for Stakeholders of Factory Conversion: LoD Visualization of a Research Factory via AR Application*. In: Procedia Manufacturing. 45, 2020, S. 25–30.

[Ho+2013] Hou, L.; Wang, X.; Bernold, L.; Love, P. E. D.: *Using Animated Augmented Reality to Cognitively Guide Assembly*. In: Journal of Computing in Civil Engineering. 27(5), 2013, S. 439–451.

[HS2002] Heinrich, L. J.; Sinz, E. J.: *Wirtschaftsinformatik*. In (Rechenberg, P.; Pomberger, G. Hrsg.): Informatik-Handbuch. Hanser, München, 2002, S. 1037–1100.

[HT2002] Hauss, Y.; Timpe, K.-P.: *Automatisierung und Unterstützung im Mensch-Maschine-System*. In (Timpe, K.-P.; Kolrep, H. Hrsg.): Mensch-Maschine-Systemtechnik. Symposion Publ, Düsseldorf, 2002, S. 41–62.

[Hu2016] Huber, W.: *Industrie 4.0 in der Automobilproduktion: Ein Praxisbuch.* Springer Vieweg, Wiesbaden, 2016.

[Ih2006] Ihme, J.: *Logistik im Automobilbau: Logistikkomponenten und Logistiksysteme im Fahrzeugbau ; Tabellen.* Hanser, München, Wien, 2006.

[JER2018] Jetter, J.; Eimecke, J.; Rese, A.: *Augmented reality tools for industrial applications: What are potential key performance indicators and who benefits?* In: Computers in Human Behavior. 87, 2018, S. 18–33.

[JKM2017] Jost, J.; Kirks, T.; Mattig, B.: *Multi-agent systems for decentralized control and adaptive interaction between humans and machines for industrial environments.* In: 2017 7th IEEE International Conference on System Engineering and Technology (ICSET). 2017, S. 95–100.

[JN2013] Jiang, S.; Nee, A.: *A novel facility layout planning and optimization methodology*. In: CIRP Annals. 62(1), 2013, S. 483–486.

[Jo+2017] Jost, J.; Kirks, T.; Mättig, B.; Sinsel, A.; Trapp, T. U.: *Der Mensch in der Industrie – Innovative Unterstützung durch Augmented Reality*. In (Vogel-Heuser, B.; Bauernhansl, T.; Hompel, M. ten Hrsg.): Handbuch Industrie 4.0 Bd. 1. Springer Vieweg, Berlin, 2017, S. 153–173.

[Jo1993] Johannsen, G.: *Mensch-Maschine-Systeme.* Springer, Berlin, Heidelberg, 1993.

[JP1989] Jünemann, R.; Pfohl, H.-C.: *Materialfluß und Logistik.* Springer, Berlin, Heidelberg, 1989.

[KB1999] Kato, H.; Billinghurst, M.: *Marker tracking and HMD calibration for a video-based augmented reality conferencing system*. In: Proceedings 2nd IEEE and ACM International Workshop on Augmented Reality (IWAR'99). 1999, S. 85–94.

[Kl2015] Kletti, J.: *MES - Manufacturing Execution System.* Springer, Berlin, Heidelberg, 2015.

[Kl2018] Klug, F.: *Logistikmanagement in der Automobilindustrie.* Springer Vieweg, Berlin, Heidelberg, 2018.

[KM2007] Klein, G.; Murray, D.: *Parallel Tracking and Mapping for Small AR Workspaces*. In: 2007 6th IEEE and ACM International Symposium on Mixed and Augmented Reality. 2007, S. 1–10.

[KV2019] Kutej, D.; Vorraber, W.: *Fostering Additive Manufacturing of Special Parts with Augmented-Reality On-Site Visualization*. In: Procedia Manufacturing: 25th International Conference on Production Research Manufacturing Innovation. 39, 2019, S. 13–21.

[La+2019] Lang, S.; Dastagir Kota, M. S. S.; Weigert, D.; Behrendt, F.: *Mixed reality in production and logistics: Discussing the application potentials of Microsoft HoloLensTM*. In: Procedia Computer Science: ICTE in Transportation and Logistics 2018. 149, 2019, S. 118–129.

[Lu2015] Ludwig, B.: *Planbasierte Mensch-Maschine-Interaktion in multimodalen Assistenzsystemen.* Springer, Berlin, Heidelberg, 2015.

[Ma+2014a] Martin, P.; Marchand, E.; Houlier, P.; Marchal, I.: *Decoupled mapping and localization for Augmented Reality on a mobile phone*. In: 2014 IEEE Virtual Reality (VR), Minneapolis, MN, USA. 2014, S. 97–98.

[Ma+2014b] Martin, P.; Marchand, E.; Houlier, P.; Marchal, I.: *Mapping and re-localization for mobile augmented reality*. In: 2014 IEEE International Conference on Image Processing (ICIP). 2014, S. 3352–3356.

[Ma2020] Magic Leap: *A Thousand Breakthroughs in one,* Abruf am 10.10.2020*,* https://www.magicleap.com/en-us/magic-leap-1.

[MC1999] Milgram, P.; Colquhoun, H.: *A Taxonomy of Real and Virtual World Display Integration*. In (Ohta, Y.; Tamura, H. Hrsg.): Mixed Reality. Springer, Berlin, Heidelberg, 1999, S. 5–30.

[Me2020a] Mercedes-Benz AG: *Unsere Fahrzeuge,* Abruf am 10.04.2020, https://www.mercedes-benz.de/passengercars.html.

[Me2020b] Mercedes-Benz AG: *Head-Up Displays,* Abruf am 20.05.2020, https://www.mercedes-benz.de/passengercars/mercedes-benz-cars/models/glb/glb-suv/pad/functionality-comfort/head-up-display.html.

[Mi+1994] Milgram, P.; Takemura, H.; Utsumi, A.; Kishino, F.: *Augmented Reality: A Class of Displays on the Reality-Virtuality Continuum*. In: Telemanipulator and Telepresence Technologies. 2351, 1994, S. 282–292.

[Mi2020] Microsoft: *HoloLens 2,* https://www.microsoft.com/de-de/hololens/hardware.

[MK1994] Milgram, P.; Kishino, F.: *A Taxonomy of Mixed Reality Visual Displays*. In: IEICE TRANSACTIONS on Information and Systems, 12, 1994, S. 1321–1329.

[Ml+2018] Mladenov, B.; Damiani, L.; Giribone, P.; Revetria; Roberto: *A Short Review of the SDKs and Wearable Devices to be Used for AR Application for Industrial Working Environment*. In: Proceedings of the World Congress on Engineering and Computer Science. 1, 2018.

[MM2006] Miebach, J.; Müller, P. P.: *Intralogistik als wichtigstes Glied von umfassenden Lieferketten.* In (Arnold, D. Hrsg.): Intralogistik. Springer, Berlin u.a., 2006, S. 20–30.

[Mo+2016] Moteki, A.; Yamaguchi, N.; Karasudani, A.; Yoshitake, T.: *Fast and accurate relocalization for keyframe-based SLAM using geometric model selection.* In: 2016 IEEE Virtual Reality (VR). 2016, S. 235–236.

[MSR2014] Mehler-Bicher, A.; Steiger, L.; Reiß, M.: *Augmented Reality: Theorie und Praxis.* Oldenbourg Verlag, München, 2014.

[MT2017] Mur-Artal, R.; Tardos, J. D.: *ORB-SLAM2.* In: IEEE Transactions on Robotics. 33(5), 2017, S. 1255–1262.

[Mu+2013] Mulloni, A.; Ramachandran, M.; Reitmayr, G.; Wagner, D.; Grasset, R.; Diaz, S.: *User friendly SLAM initialization.* In: 2013 IEEE International Symposium on Mixed and Augmented Reality (ISMAR). 2013, S. 153–162.

[Mu+2019] Munoz-Montoya, F.; Juan, M.-C.; Mendez-Lopez, M.; Fidalgo, C.: *Augmented Reality Based on SLAM to Assess Spatial Short-Term Memory.* In: IEEE Access. 7, 2019, S. 2453–2466.

[Mü2013] Müller-Sommer, H.: *Wirtschaftliche Generierung von Belieferungssimulationen unter Verwendung rechnerunterstützter Plausibilisierungsmethoden für die Bewertung der Eingangsdaten.* Univ.-Verl. Ilmenau, Ilmenau, 2013.

[NA1986] NASA Ames Research Center: *Nasa Task Load Index (TLX) v. 1.0 Manual,* California, 1986.

[Ni2017] Niehaus, J.: *Mobile Assistenzsysteme für Industrie 4.0.* In: Forschungsinstitut für gesellschaftliche Weiterentwicklung. 2017.

[NO2013] Nee, A.; Ong, S. K.: *Virtual and Augmented Reality Applications in Manufacturing.* In: 7th IFAC Conference on Manufacturing Modelling, Management and Control, International Federation of Automatic Control. 2013.

[Ös+2010] Österle, H.; Becker, J.; Frank, U.; Hess, T.; Karagiannis, D.; Krcmar, H.: *Memorandum zur gestaltungsorientierten Wirtschaftsinformatik.* In: Zeitschrift für betriebswirtschaftliche Forschung. 62(2), 2010, S. 664–672.

[OXM2002] Owen, C. B.; Xiao, F.; Middlin, P.: *What is the best fiducial?* In: The First IEEE International Workshop Agumented Reality Toolkit. 2002.

[Pe+2007] Pentenrieder, K.; Bade, C.; Doil, F.; Meier, P.: *Augmented reality-based factory planning - An application tailored to industrial needs.* In: 2007 6th IEEE and ACM International Symposium on Mixed and Augmented Reality. 2007.

[Pf2010] Pfohl, H.-C.: *Logistiksysteme: Betriebswirtschaftliche Grundlagen.* Springer, Berlin, 2010.

[Pl2020] Placenote SDK: *Spatial Capture Toolkit. Abruf am* 11.10.2020, https://docs.placenote.com/v/master/unity/introduction/spatial-capture-toolkit.

[PN2004] Pomberger, G.; Narzt, W.: *Augmented Reality basierte Informationssysteme.* In (Riedl, R. Auinger, T. Hrsg.): Herausforderungen der Wirtschaftsinformatik. Deutscher Universitätsverlag, Wiesbaden, 2004, S. 193–206.

[Po2014] Porst, R.: *Fragebogen: Ein Arbeitsbuch.* Springer VS, Wiesbaden, 2014.

[Qu+2018] Quandt, M.; Knoke, B.; Gorldt, C.; Freitag, M.; Thoben, K.-D.: *General Requirements for Industrial Augmented Reality Applications*. In: Procedia CIRP. 72, 2018, S. 1130–1135.

[RB2007] Rinza, T.; Boppert, J.: *Herausforderungen der Automobilwirtschaft*. In (Günthner, W. A. Hrsg.): Neue Wege in der Automobillogistik: *Logistik im Zeichen zunehmender Entropie.* Springer, Berlin, Heidelberg, 2007, S. 17–28.

[RDB2001] Rolland, J.; Davis, L.; Baillot, Y.: *A Survey of Tracking Technologies for Virtual Environments*. In (Barfield, W.; Caudell, T. Hrsg.): Fundamentals of Wearable Computers and Augmented Reality. CRC Press. 2001, S. 67–112.

[Re+2009a] Reif, R.; Günthner, W. A.; Schwerdtfeger, B.; Klinker, G.: *Pick-by-Vision comes on age*. In: Proceedings of the 6th International Conference on Computer Graphics, Virtual Reality, Visualisation and Interaction in Africa - AFRIGRAPH '09. 2009, S. 23–32.

[Re+2010] Reitmayr, G.; Langlotz, T.; Wagner, D.; Mulloni, A.; Schall, G.; Schmalstieg, D.; Pan, Q.: *Simultaneous Localization and Mapping for Augmented Reality*. In: 2010 International Symposium on Ubiquitous Virtual Reality. 2010, S. 5–8.

[Re2009b] Reif, R.: *Entwicklung und Evaluierung eines Augmented Reality unterstützten Kommissioniersystems.* Lehrstuhl für Fördertechnik Materialfluß Logistik (fml) Techn. Univ. München, Garching b. München, 2009.

[Ri+2018] Riexinger, G.; Kluth, A.; Olbrich, M.; Braun, J.-D.; Bauernhansl, T.: *Mixed Reality for On-Site Self-Instruction and Self-Inspection with Building Information Models*. In: Procedia CIRP. 72, 2018, S. 1124–1129.

[RW2008] Reif, R.; Walch, D.: *Augmented & Virtual Reality applications in the field of logistics*. In: The Visual Computer. 24(11), 2008, S. 987–994.

[Sc2013] Schulte, C.: *Logistik: Wege zur Optimierung der Supply Chain.* Vahlen, München, 2013.

[SH2018] Schuhmacher, J.; Hummel, V.: *Development of a descriptive model for intralogistics as a foundation for an autonomous control method for intralogistics systems*. In: Procedia Manufacturing. 23, 2018, S. 225–230.

[SHE2014] Schnell, R.; Hill, P. B.; Esser, E.: *Methoden der empirischen Sozialforschung.* Oldenbourg, München, 2014.

[SJH2010] Shan, W.; Jian-feng, L.; Hao, Z.: *The application of augmented reality technologies for factory layout*. In: 2010 International Conference on Audio, Language and Image Processing (ICALIP). 2010, S. 873–876.

[SKH2016] Schieweck, S.; Kern-Isberner, G.; Hompel, M. ten: *Intralogistik als Anwendungsgebiet der Antwortmengenprogrammierung*. In: Logistics Journal: Proceedings. 2016.

[SMZ2020] Souza Cardoso, L. F. de; Mariano, F. C. M. Q.; Zorzal, E. R.: *A survey of industrial augmented reality*. In: Computers & Industrial Engineering. 139, 2020, S. 1–11.

[SPS2019] Sochenkova, A.; Podzharaya, N.; Samouylov, K.: *Augmented Reality Application to Emergency Systems with Usage of SLAM*. In: 8th Mediterranean Conference on Embedded Computing (MECO). 2019, S. 1–4.

[SR2019] Samtleben, S.; Rose, D.: *Die kleine Helfer in der Produktion*. In (Garrel, J. von Hrsg.): Digitalisierung der Produktionsarbeit: *ein Assistenzsystem wird konzipiert.* Springer Fachmedien Wiesbaden, Wiesbaden, 2019, S. 197–214.

[SS2007] Schedlbauer, M.; Scheuchl, M.: *Planung – adaptiv und nachhaltig*. In (Günthner, W. A. Hrsg.): Neue Wege in der Automobillogistik: *Einflussfaktoren auf die Logistikplanung im automobilen Netzwerk.* Springer, Berlin, Heidelberg, 2007, S. 319–332.

[Su1968] Sutherland, I. E.: *A head-mounted three dimensional display*. In: AFIPS '68 (Fall, part I): Proceedings of the December 9-11, 1968, fall joint computer conference, part I. 1968, S. 757–764.

[SW1997] Slater, M.; Wilbur, S.: *A Framework for Immersive Virtual Environments (FIVE): Speculations on the Role of Presence in Virtual Environments*. In: Presence: Teleoperators and Virtual Environments. 6(6), 1997, S. 603–616.

[SWG2007] Schedlbauer, M.; Wulz, J.; Günthner, W. A.: *Adaptivität der Planung –Methoden und Werkzeuge*. In (Günthner, W. A. Hrsg.): Neue Wege in der Automobillogistik: *Adaptive Logistikplanung durch digitale Werkzeuge.* Springer, Berlin, Heidelberg, 2007, S. 359–372.

[Ta+2003] Tang, A.; Owen, C.; Biocca, F.; Mou, W.: *Comparative effectiveness of augmented reality in object assembly*. In (Cockton, G.; Korhonen, P. Hrsg.): Proceedings of the conference on Human factors in computing systems - CHI '03. 2003, S. 73-80.

[Te+2017] Teucke, M.; Werthmann, D.; Lewandowski, M.; Thoben, K.-D.: *Einsatz mobiler Computersysteme im Rahmen von Industrie 4.0 zur Bewätigung des demografischen Wandels*. In (Vogel-Heuser, B.; Bauernhansl, T.; Hompel, M. ten Hrsg.): Handbuch Industrie

4.0 Bd.2. Springer, Berlin, Heidelberg, 2017, S. 575–603.

[Th2006] Thomas, F.: *Informationstechnologie als Treiber der Intralogistik.* In (Arnold, D. Hrsg.): Intralogistik. Springer, Berlin u.a., 2006, S. 193–237.

[TJ2002] Timpe, K.-P.; Jürgensohn, T.: *Perspektiven der Mensch-Maschine-Systemtechnik*. In (Timpe, K.-P.; Kolrep, H. Hrsg.): Mensch-Maschine-Systemtechnik. Symposion Publ, Düsseldorf, 2002, S. 337–347.

[Tö2010] Tönnis, M.: *Augmented Reality: Einblicke in die Erweiterte Realität.* Springer, Berlin, Heidelberg, 2010.

[Tü2009] Tümler, J.: *Untersuchungen zu nutzerbezogenen und technischen Aspekten beim Langzeiteinsatz mobiler Augmented Reality Systeme in industriellen Anwendungen.* Otto von Guericke Universität Magdeburg, 2009.

[Un2021] Universität Zürich: *Methodenberatung -Datenanalyse mit SPSS. Abruf am* 11.05.2021, https://www.methodenberatung.uzh.ch/de/datenanalyse_spss/unterschiede/zentral/wilkoxon.html.

[VD2000] Venkatesh, V.; Davis, F. D.: *A Theoretical Extension of the Technology Acceptance Model: Four Longitudinal Field Studies*. In: Management Science. 46(2), 2000, S. 186–204.

[VMD2003] Venkatesh; Morris; Davis: *User Acceptance of Information Technology: Toward a Unified View*. In: MIS Quarterly. 27(3), 2003, S. 425.

[Vo+2009] Vom Brocke, J.; Simons, A.; Niehaves, B.; Niehaves, B.; Reimer, K.; Plattfaut, R.; Cleven, A.: *Reconstructing the Giant: On the Importance of Rigour in Documenting the Literature Search Process*. In: 17th European Conference on Information Systems. 161, 2009, S. 2206–2217.

[Vu2020] Vuzix: *Vuzix Products. Abruf am* 05.07.2020, https://www.vuzix.com/products.

[Wa2005] Wandke, H.: *Assistance in human–machine interaction: a conceptual framework and a proposal for a taxonomy*. In: Theoretical Issues in Ergonomics Science. 6(2), 2005, S. 129–155.

[WA2015] Weidig, C.; Aurich, J. C.: *Systematic Development of Mobile AR-applications, Special Focus on User Participation*. In: Procedia CIRP Gloab Web Conference. 28, 2015, S. 155–160.

[WB2016] Wächter, M.; Bullinger, A. C.: *Gestaltung gebrauchstauglicher tangibler MMS für Industrie 4.0 – ein Leitfaden für Planer und Entwickler von mobilen Produktionsassistenzsystemen*. In: Zeitschrift für Arbeitswissenschaft. 70(2), 2016, S. 82–88.

[We2020] Weißenfels, S.: *Augmented Reality-gestützte Layoutplanung in der Intralogistik am Beispiel der Automobilindustrie – Identifikation und Evaluation einer geeigneten Trackingmethode,* Technische Universität Dortmund Fakultät Maschinenbau, 2020.

[WH2006] Wilde, T.; Hess, T.: *Methodenspektrum der Wirtschaftsinformatik Überblick und Portfoliobildung.* München, 2006.

[WH2007] Wilde, T.; Hess, T.: *Forschungsmethoden der Wirtschaftsinformatik*. In: Wirtschaftsinformatik. 49(4), 2007, S. 280–287.

[Wi2019] Winkelhake, U.: *Herausforderungen bei der digitalen Transformation der Automobilindustrie*. In: ATZ - Automobiltechnische Zeitschrift. 121(7-8), 2019, S. 36–43.

[WKB2018] Weber, W.; Kabst, R.; Baum, M.: *Einführung in die Betriebswirtschaftslehre.* Springer Gabler, Wiesbaden, 2018.

[WS2007] Wagner, D.; Schmalstieg, D.: *ARToolKitPlus for Pose Tracking on Mobile Devices*. In: Proceedings of 12th Computer Vision Winter Workshop. 2007, S. 8–15.

[WW2002] Webster, J.; Watson, R.: *Analyzing the past to prepare for the future: Writing a literature review*. In: MIS Quarterly, 26 (2), 2002, S. 13–23.

[YL2018] Yeh, Y.-J.; Lin, H.-Y.: *3D Reconstruction and Visual SLAM of Indoor Scenes for Augmented Reality Application*. In: 2018 IEEE 14th International Conference on Control and Automation (ICCA). 2018, S. 94–99.

Anhang

A. Bestimmung möglicher Schwachstellen in der Intralogistikplanung (Interviews)

Für die Erhebung intralogistischer Planungsprozesse wurden zwei Experteninterviews mit den Mitarbeitern der Mercedes-Benz AG durchgeführt. Dabei wurden folgende Fragen erhoben:

- Wie lange arbeiten Sie schon in der Intralogistikplanung und was sind Ihre Aufgaben?
- Bitte beschreiben Sie den aktuellen Prozess der Layoutplanung in Ihrem Bereich?
- Welche digitalen oder nicht digitalen Tools verwenden Sie für die Planung?
- Haben Sie bereits Erfahrungen mit virtuellen Technologien wie AR oder VR?
- Wie sehen Sie die Einsatzmöglichkeiten von AR in den verschiedenen Planungsschritten der Intralogistik?

Die folgende Tabelle fasst die anonymisierte Zusammenfassung der Grundlagen zusammen:

Experte	**Tätigkeit**	**Eingesetzte Planungssysteme**	**Berufs-erfah-rung**	**AR-Erfahrung**
1	Logistik-planung mit Fo-kus Wa-ren-korbzo-nen in der End-montage	• Mercedes-Benz AG Planungs-tool • PowerPoint • Abschließende Übertragung in das CAD-Planungstool	12,5 Jahre	Nein
2	Logistik-planung mit Fo-kus WE-Zone in der End-montage	• PowerPoint • Abschließende Übertragung in das CAD-Planungstool	8 Jahre	Nein

Folgende Tabelle fasst die erhobenen Aussagen des Experteninterviews pro Planungsphase zusammen:

Experte	**Planungsphase**	**Aussage**
1	Groblayout	Das heißt zum Abgleich des Layoutstandes mit dem Ist-Stand? Das macht schon Sinn. Wenn das CAD-Planungstool immer aktuell wäre, bräuchte man es natürlich nicht. Das Problem ist, dass es natürlich an bestimmten Stellen nicht aktuell gehalten wird. Deswegen ist das in bestimmten Bereichen sinnvoll, erstmal noch einen Abgleich zu haben, bevor man startet. Gerade auch beim Warenkorb. Da wäre auch eine Schnittstelle zwischen CAD-Layoutplanung und AR wichtig. Also zum einen, dass man es recht einfach entdecken kann, wo die Abweichungen vom Layout sind, dass dann direkt angezeigt wird: Hier gibt es einen Unterschied. Auch messen wäre sinnvoll, sodass man es gleich übertragen kann.
1	Vor-Ort-Begehungen	AR ist eher als Überprüfungstool wahrscheinlich geeignet. Oder wenn man das Layout fertig hat und dann nochmal zu überprüfen und zu schauen, wie es in der Realität aussieht. Da würden dann grobe Fehler in der Planung direkt auffallen. Gerade für die Anfangskonturen würde es Sinn machen, wo sind Fahrstraßen, die wir dann schon mal markieren können, dann für den Pickzonenaufbau. Man könnte effizienter sein und wahrscheinlich Fehler vermeiden. Dafür bräuchten wir aber auch wieder eine Schnittstelle zu Microstation.
2	Vor-Ort-Begehungen	Denn es passiert ja des Öfteren, dass man etwas ausplant im Layout und dann vor Ort geht und sieht: auf meinem Layout sieht es ganz anders aus. In solchen Fällen wäre AR sinnvoll, weil direkt auffallen würde, dass Änderungen vorgenommen wurden.

		Da müsste es dann aber eine Schnittstelle zum CAD geben, damit die Fahrstraßen an der richtigen Stelle in der Halle angezeigt werden.
2	Vor-Ort-Begehungen	Die Planung kommt dann irgendwann 4 Jahre später und sagt so jetzt machen wir das nächste Auto da rein und sieht, die Puffer sind zu 50 % belegt. Nur welche? Und da muss ich bislang dann mein Layout anhand der Ist-Situation aktualisieren. Und da hat das AR System viel Potential. Da könnte ich direkt in die bestehenden Regale aus dem Ist-Stand neue Ladungsträger verplanen und neue Regale zu verplanen. Dann sieht man auch direkt, ich habe keine Kollisionen, ich habe keine Störkonturen, ich kann es umsetzen. Da braucht man dann aber eigentlich eine Schnittstelle zum Microstation.
2	Vor-Ort-Begehungen	Und dass dann jeder sieht, was ist schon verplant worden. Damit der Gesamtüberblick ermöglicht wird. Das müsste dann wieder zurück an die Planungssysteme gespielt werden, dass ich sehe, wo welches Teil verplant ist. Eigentlich braucht man eine Schnittstelle zum Mengengerüst, um zu sagen: ich stehe jetzt in einem Bereich x und das MBAG Planungstool sagt für den Bereich sind die folgenden Sachnummern mit den LT Höhe, Länge, Breite, Stapelfaktor verplant. Die Anwendung sagt dann, guck dir das an, da passt es. Da steht ein Pfeiler im Weg, da geht es nicht. Das kannst du jetzt nicht machen. Heute wäre es so, ich mache es trotz allem, weil ich es vor Ort gar nicht bemerke und gar nicht sehen kann. Jemand vor Ort sagt mir dann irgendwann, ich kann es ja gar nicht so machen, denn da steht ein Pfeiler. Und dann ist da der Rattenschwanz hinten dran, weil ich alles wieder neu planen muss.

B. Auswertungen Experiment

Im folgenden Teil sind alle Ergebnisse des Experiments aus Kapitel 6 hinterlegt. Folgende Tabelle fasst die demografischen Fragen der Teilnehmer zusammen:

Teilnehmer	**Geschlecht**	**Alter**	**Abschluss**	**AR-Erfahrung**	**Planungserfahrung**
1	m	24	Bachelor	1	3
2	m	28	Bachelor	2	3
3	m	23	Bachelor	1	3
4	m	26	Abitur	1	1
5	w	29	Master	3	2
6	m	27	Bachelor	3	2
7	m	28	Bachelor	1	2
8	m	30	Master	5	2
9	w	25	Bachelor	3	2
10	m	21	Abitur	2	3
11	w	27	Bachelor	1	3
12	m	25	Bachelor	2	4
13	w	24	Master	5	5
14	w	28	Abitur	1	3
15	m	43	Bachelor	2	5
16	m	35	Master	1	5
17	m	28	Bachelor	2	5
18	m	30	Bachelor	5	1
19	m	28	Master	1	2
20	w	22	Abitur	1	1

21	m	31	Master	1	3
22	m	24	Bachelor	2	4
23	w	21	Abitur	1	4
24	w	27	Master	1	3
25	m	25	Master	1	4
26	m	23	Abitur	2	2
27	m	21	Abitur	1	2
28	w	26	Master	2	4
29	m	30	Master	2	4
30	m	31	Bachelor	3	3
31	w	26	Bachelor	3	3
32	m	29	Master	5	3
33	w	20	Abitur	2	3
34	w	24	Abitur	2	3
35	m	35	Bachelor	2	4
36	m	26	Bachelor	2	5

Mit Hilfe der nächsten Tabelle werden die gemessen Zeiten (in Minuten) pro Szenario zusammengefasst:

Teilnehmer	Szenario 1	Szenario 2	Szenario 3	Szenario 4
1	02:55	01:45	02:48	04:07
2	02:29	01:06	02:52	06:10
3	02:48	00:47	07:00	05:30
4	02:48	02:43	02:20	05:20
5	02:27	02:51	04:58	05:09
6	02:22	02:40	02:25	09:30
7	03:23	01:33	02:53	06:23
8	01:45	00:35	02:22	04:15
9	05:49	01:10	05:04	07:01
10	05:15	03:41	04:52	03:28
11	03:50	02:00	07:04	04:00
12	02:50	02:35	01:35	03:00
13	02:00	05:00	05:00	02:50
14	04:51	01:40	04:30	08:05
15	02:31	02:18	01:08	04:01
16	02:30	00:55	01:30	08:18
17	02:39	01:27	01:08	09:00
18	04:25	01:39	02:42	05:08
19	02:28	04:42	02:01	02:35

20	03:14	04:26	04:57	05:18
21	04:41	01:20	05:06	06:50
22	03:51	01:03	00:52	04:27
23	04:58	03:15	02:23	06:45
24	08:19	01:36	04:37	05:04
25	07:05	03:43	02:18	03:05
26	03:36	02:05	03:24	03:50
27	05:00	02:50	03:00	03:35
28	02:13	02:23	02:13	05:10
29	04:26	03:49	05:06	04:37
30	06:00	01:00	01:20	04:30
31	06:00	01:00	01:20	04:30
32	02:57	02:15	01:40	02:54
33	04:38	01:32	02:52	04:30
34	04:15	02:21	01:24	04:03
35	04:01	02:18	02:30	08:00
36	05:40	03:27	05:18	07:56

Folgende Tabelle fasst die Ergebnisse des NASA-Task Load Indexes sowie zu der Frage Flexibilität für das Szenario 1 (S1) und Szenario 2 (S2) zusammen. Wobei die Nummern für folgende Frage stehen:

1. Wie viel geistige Anforderung war bei der Informationsaufnahme und bei der Informationsverarbeitung erforderlich?
2. Wie viel körperliche Aktivität war erforderlich?
3. Wie empfanden Sie den Umgang mit den Anwendungen?
4. Wie erfolgreich haben Sie Ihrer Meinung nach die vom Versuchsleiter gesetzten Ziele erreicht?
5. Wie hart mussten Sie arbeiten, um Ihren Grad an Aufgabenerfüllung zu erreichen?
6. Wie unsicher, entmutigt, irritiert, gestresst und verärgert (versus sicher, bestätigt, zufrieden, entspannt und zufrieden mit sich selbst) fühlten Sie sich während der Aufgabe?
7. Wie flexible empfanden Sie die Planung mit der eingesetzten Technik?

TN	S1.1	S1.2	S1.3	S1.4	S1.5	S1.6	S1.7	S2.1	S2.2	S2.3	S2.4	S2.5	S2.6	S2.7
1	5	3	5	5	3	18	20	1	1	1	3	1	14	20
2	3	3	7	4	3	19	18	2	5	11	4	2	17	18
3	16	13	1	1	11	6	1	1	2	10	1	2	20	15
4	10	6	9	5	6	18	15	5	1	4	3	2	16	15
5	3	17	17	16	16	13	1	13	10	6	7	11	10	8
6	3	10	3	13	8	15	13	5	2	9	13	6	8	16
7	3	7	13	5	8	14	17	5	3	14	9	5	4	3
8	1	5	6	2	6	19	20	11	10	13	5	7	8	14
9	19	18	14	20	18	3	3	2	2	6	6	2	13	11
10	6	1	2	2	3	18	3	1	1	4	2	1	7	16
11	6	6	7	8	9	14	9	12	13	10	5	13	13	16
12	1	2	1	4	4	20	20	11	1	15	14	10	6	15
13	15	9	15	5	14	10	7	14	14	15	11	13	7	13
14	12	15	9	7	12	12	5	15	3	8	5	3	18	15
15	3	3	15	5	3	8	6	6	2	6	18	5	6	8
16	5	3	6	6	5	5	8	2	2	15	2	2	17	16
17	10	12	10	16	7	7	7	3	7	10	2	2	19	14
18	11	7	9	4	5	18	12	16	4	5	3	4	11	9

19	11	13	9	10	12	15	5	14	3	9	8	15	9	17
20	11	11	6	9	7	8	7	1	1	6	17	3	6	5
21	5	9	9	6	5	13	17	4	6	9	7	7	10	14
22	9	6	6	3	8	16	20	6	2	13	1	1	19	12
23	11	7	15	2	2	19	15	15	13	10	14	12	7	16
24	8	8	11	13	5	18	11	1	10	5	12	4	10	6
25	7	8	7	5	7	13	5	3	3	11	4	3	7	15
26	1	6	2	6	5	16	10	3	3	6	9	4	5	13
27	4	4	9	8	1	20	6	6	2	16	15	4	16	16
28	10	14	8	3	11	15	12	12	5	11	6	4	14	15
29	8	20	7	3	17	19	9	6	12	14	13	7	4	10
30	5	10	4	5	6	14	9	3	2	5	4	4	16	4
31	7	6	5	6	4	16	10	4	3	10	3	6	16	7
32	3	11	5	2	5	17	4	1	1	8	1	1	17	13
33	10	18	5	16	9	10	2	4	4	2	4	3	19	17
34	8	12	10	8	10	9	15	13	13	2	16	12	5	6

35	2	17	15	3	17	17	11	5	4	4	5	3	16	17
36	1	4	1	1	6	20	16	10	6	14	15	11	6	1

Folgende Tabelle fasst die Ergebnisse des NASA-Task Load Indexes sowie zu der Frage Flexibilität für das Szenario 3 (S3) und Szenario 4 (S4) zusammen.

TN	**S3.1**	**S3.2**	**S3.3**	**S3.4**	**S3.5**	**S3.6**	**S3.7**	**S4.1**	**S4.2**	**S4.3**	**S4.4**	**S4.5**	**S4.6**	**S4.7**
1	17	1	2	3	2	8	20	20	1	20	14	20	5	18
2	10	3	8	4	4	16	17	7	2	5	7	3	17	17
3	3	6	14	20	20	1	11	5	7	10	17	13	4	13
4	7	1	15	13	7	4	17	5	3	6	4	6	14	8
5	16	4	3	18	17	2	17	11	10	4	12	15	3	18
6	9	2	18	11	15	5	16	13	2	5	11	10	4	12
7	6	3	14	17	4	4	17	3	5	8	10	7	6	18
8	16	7	16	19	15	2	11	17	7	10	14	6	6	8
9	12	13	16	18	13	4	6	14	12	16	19	17	1	7
10	4	1	1	7	2	4	18	2	1	1	2	1	12	19
11	11	10	10	12	11	14	17	18	5	11	3	12	10	19
12	6	3	11	7	6	15	19	12	5	3	1	4	17	20
13	10	4	10	3	3	18	19	13	1	11	8	6	15	19

14	15	14	11	14	17	7	4	17	4	4	7	14	13	6
15	4	1	8	4	3	16	18	5	9	11	9	11	8	12
16	3	2	13	11	2	11	14	12	5	5	10	5	10	5
17	3	2	10	3	2	19	19	13	5	12	17	15	4	19
18	15	2	11	4	8	13	9	18	4	2	8	17	5	4
19	15	4	8	18	16	8	16	18	3	16	20	19	3	5
20	5	1	10	5	4	11	8	1	4	1	15	1	2	10
21	4	13	15	11	14	9	13	10	13	13	7	11	11	9
22	5	7	16	8	11	12	7	7	9	6	8	14	8	14
23	14	5	6	9	8	4	17	16	12	8	17	17	2	8
24	2	5	3	12	4	8	7	2	6	10	8	3	8	1
25	11	1	14	3	3	14	17	9	1	14	10	3	7	13
26	8	14	10	5	13	11	14	2	3	4	4	3	16	19
27	7	2	16	4	6	18	17	4	3	5	5	5	12	18
28	6	3	12	13	4	14	16	12	6	9	14	12	8	13
29	15	15	8	16	19	3	14	10	15	17	7	17	6	15

Anhang

30	4	3	3	6	5	16	11	17	4	4	17	17	8	6
31	9	5	12	3	5	15	16	17	4	4	14	11	6	9
32	5	1	2	1	3	20	20	3	7	10	1	1	20	20
33	8	3	6	14	7	15	14	7	20	17	17	13	5	16
34	6	13	15	6	8	13	11	5	2	7	15	7	5	18
35	4	2	2	3	2	18	18	6	3	6	16	13	9	11
36	6	1	12	20	8	7	10	7	7	14	18	10	6	5

Bewertungsmaßstab inklusive Punktebewertung für das Szenario 1 in Meter:

Bewer-tung	Fläche Länge	Fläche Breite	Regal Länge und Breite	Abstand links	Abstand rechts
1	<5,82	<2,34	<1,25	<1,92	<2,60
2	5,79-5,81	2,32-2,34	1,49-1,51	1,89-1,91	2,59-2,61
3	5,76-5,78	2,29-2,31	1,46-1,48	1,86-1,88	2,56-2,58
4	5,73-5,75	2,26-2,28	1,43-1,45	1,83-1,85	2,53-2,55
5	5,68-5,72	2,21-2,25	1,38-1,42	1,78-1,82	2,48-2,52
4	5,65-5,67	2,18-2,20	1,35-1,37	1,75-1,77	2,45-2,47
3	5,62-5,64	2,15-2,17	1,32-1,34	1,72-1,74	2,42-2,44
2	5,59-5,61	2,12-2,14	1,29-1,31	1,69-1,71	2,39-2,41
1	>5,58	>2,11	>1,28	>1,68	>2,38

Zusammenfassung der Messergebnisse inklusive Bewertung (BW) für das Szenario 1:

TN	F-Länge	BW	F-Breite	BW	R-Länge	BW	R-Breite	BW	rechts	BW	links	BW
1	5,68	5	1,22	1	1,38	5	1,39	5	2,53	4	3,15	1
2	5,68	5	2,23	5	1,40	5	1,38	5	0,00	1	0,00	1
3	5,68	5	2,23	5	0,00	1	0,00	1	2,54	4	1,81	5
4	5,67	4	2,23	5	1,40	5	1,35	4	2,53	4	1,80	5
5	5,66	4	2,92	1	1,38	5	1,38	5	0,00	1	0,00	1
6	3,69	1	2,24	5	1,34	3	1,40	5	1,55	1	0,00	1
7	5,68	5	2,23	5	1,40	5	1,48	3	0,00	1	0,00	1
8	4,70	1	2,20	4	1,40	5	1,50	1	2,66	2	0,00	1
9	5,70	5	2,24	5	1,39	5	1,43	4	2,54	4	1,80	5
10	5,83	1	2,23	5	1,39	5	1,39	5	2,54	4	1,80	5
11	6,10	1	2,20	4	1,40	5	1,40	5	0,00	1	0,00	1
12	0,00	1	0,00	1	0,00	1	0,00	1	0,00	1	0,00	1
13	5,69	5	2,24	5	1,38	5	1,38	5	0,00	1	0,00	1

14	5,77	3	2,23	5	1,44	4	1,40	5	0,00	1	1,84	4
15	5,70	5	2,20	4	1,40	5	1,40	5	2,50	5	0,00	1
16	5,65	4	2,25	5	0,00	1	1,50	1	2,50	5	1,80	5
17	5,80	2	2,25	5	1,35	4	1,40	5	2,55	4	1,30	1
18	5,80	2	2,20	4	1,40	5	1,40	5	2,60	2	1,80	5
19	5,70	5	2,22	5	1,40	5	1,40	5	2,50	5	1,82	5
20	4,73	1	2,23	5	1,34	3	1,39	5	2,54	4	0,00	1
21	5,78	3	2,22	5	1,43	4	1,38	5	2,55	4	1,83	4
22	6,74	1	2,15	3	1,40	5	1,40	5	2,54	4	1,80	5
23	5,74	4	2,23	5	1,40	5	1,30	2	2,23	1	1,83	4
24	5,69	5	2,24	5	1,39	5	1,40	5	2,53	4	1,80	5
25	5,67	4	2,23	5	1,39	5	1,41	5	2,53	4	1,80	5
26	5,69	5	2,23	5	1,39	5	1,42	5	2,56	3	1,83	4
27	5,70	5	2,23	5	1,37	5	1,39	5	2,25	1	0,00	1
28	0,00	1	2,24	5	1,38	5	1,43	4	2,52	5	1,80	5
29	5,69	5	2,22	5	1,39	5	1,41	5	2,51	5	0,00	1

30	5,74	4	2,03	1	1,39	5	1,39	5	2,15	1	1,80	5
31	5,24	1	2,03	1	1,39	5	1,39	5	2,15	1	1,74	3
32	0,00	1	0,00	1	0,00	1	0,00	1	0,00	1	0,00	1
33	6,39	1	2,23	5	1,39	5	1,39	5	2,50	5	2,50	1
34	5,70	5	2,23	5	1,39	5	1,37	4	2,50	5	2,50	1
35	5,68	5	2,21	5	1,40	5	1,43	4	2,46	4	1,82	5
36	5,70	5	2,20	4	1,40	5	1,42	5	2,50	5	1,80	5

Folgender Teil umfasst die Checkliste zur Bewertung der Screenshots von Szenario 2 und Szenario 3. Dabei erhielt jede Frage die dazugehörigen Bewertungspunkte (1= Anforderung nicht erfüllt und 5= Ausführung optimal durchgeführt).

Genauigkeit	Passt das virtuelle Objekt in das Bild?
	Gibt es abweichende Stellen?
	Sind die virtuellen Objekte schief oder gerade?
	Ist das Bild scharf/ klar?
	Schweben die virtuellen Objekte?
	Wie echt wirken die virtuellen Objekte in der Realität?
Richtigkeit	Sind die Objekte innerhalb der Zone platziert?
	Sind die Objekte ohne Kollusion mit realen Objekten?
	Sind die Objekte ohne Kollusion mit virtuellen Objekten?
	Sind alle Objekte aus der Aufgabe in dem Bild zu sehen?
Sichtbarkeit	Ist die gesamte Station zu sehen?
	Sind die Regale zu erkennen?
	Sind die Regale/ LT schief oder verdeckt?
	Ist der Markerwürfel richtig platziert?

Zusammenfassung der Bewertungsergebnisse für das Szenario 2 und Szenario 3 im Hinblick auf Genauigkeit, Richtigkeit und Sichtbarkeit:

TN	**Szenario 2 Sichtbarkeit**	**Szenario 2 Genauigkeit**	**Szenario 3 Richtigkeit**	**Szenario 3 Genauigkeit**
1	1	2	2	1
2	3	3	3	4
3	5	5	3	4
4	1	3	5	4
5	2	3	4	4
6	4	3	4	4
7	3	4	2	4
8	5	3	2	1
9	5	4	1	1
10	5	5	3	3
11	3	3	4	3
12	5	5	5	5
13	5	4	3	3
14	1	5	3	4
15	1	4	3	2
16	3	3	3	2
17	3	2	5	4
18	5	4	5	5
19	2	5	5	4

20	4	5	4	3
21	2	4	3	3
22	4	4	5	5
23	5	5	5	5
24	4	4	4	5
25	4	3	1	2
26	5	4	1	3
27	4	4	1	2
28	4	3	3	4
29	3	4	4	4
30	5	4	3	3
31	5	4	3	4
32	5	5	4	4
33	5	5	1	3
34	5	4	1	2
35	4	4	3	4
36	4	4	4	4

C. Ergebnisse Technology Acceptance Model

Im folgenden Teil sind alle Ergebnisse der TAM –Erhebung hinterlegt. Die Tabelle enthält lediglich die Ergebnisse der vollständig ausgefüllten Fragebogen. Die Werte der folgenden Tabelle basierend auf folgender Punkteverteilung:

Geschlecht m/w.

1= weiblich

2= männlich

3= neutral

Einzelne Variablen der Regressionsanalyse PEU, PU, BI

1 = Trifft nicht zu

2 = Trifft eher nicht zu

3 = Unentschieden

4 = Trifft eher zu

5 = Trifft zu

Einzelne Variablen der Regressionsanalyse ASU:

1= ja

2= nein

ID	m/w	Alter	PEU1	PEU2	PEU3	PEU4	PU1	PU2	PU3	PU4	BI	ASU
1	1	26-30	5	5	5	5	5	5	5	5	5	1
2	2	26-30	5	4	4	5	3	3	3	2	5	1
3	2	41-45	3	4	3	1	5	5	3	4	1	1
5	2	20-25	5	4	3	5	4	4	3	4	5	1
6	2	41-45	3	3	4	3	3	3	3	3	2	1
7	2	26-30	4	3	1	5	4	4	4	4	5	1
8	1	26-30	4	4	2	3	4	2	2	4	2	1
9	3	36-40	3	3	3	4	3	3	3	3	4	1
10	1	26-30	3	3	2	3	4	3	3	3	4	1
11	2	51-55	1	1	1	2	1	1	1	1	1	1
13	3	20-25	5	4	4	5	5	5	5	5	5	1
15	3	36-40	5	4	4	4	4	4	4	4	4	1
16	3	36-40	4	5	2	5	4	3	3	3	5	1
17	2	20-25	3	2	2	4	2	3	2	3	4	1
19	2	26-30	4	4	3	4	5	4	4	4	4	1

20	1	20-25	3	4	3	4	4	4	4	3	4	2
21	2	41-45	4	5	5	5	5	5	4	5	5	1
22	2	26-30	3	4	4	4	4	4	4	3	3	1
23	2	31-35	3	4	2	5	4	4	3	3	3	2
25	2	36-40	5	5	3	5	5	4	4	5	5	1
26	2	31-35	5	4	3	5	5	5	4	4	5	1
28	1	20-25	2	3	3	5	2	2	2	2	2	2
29	3	31-35	3	3	2	2	3	2	3	2	3	1
30	2	20-25	5	4	4	5	5	3	4	3	5	2
31	2	26-30	5	4	3	5	4	4	4	4	4	1
32	1	20-25	5	4	3	4	3	4	4	4	4	1
33	1	31-35	5	5	4	4	4	3	4	4	5	2
35	3	41-45	2	2	1	2	2	2	2	2	2	2
36	3	26-30	5	5	5	5	5	5	5	5	5	1
37	1	26-30	4	3	2	4	4	4	4	4	4	1
38	3	26-30	3	3	3	4	2	2	4	4	3	2

39	3	36-40	3	2	2	3	2	2	2	2	3	2
40	2	31-35	3	3	2	5	4	4	4	4	4	2
41	2	41-45	1	3	3	4	2	3	2	2	3	2
42	2	26-30	5	5	2	4	5	5	5	5	5	1
43	1	20-25	2	1	2	4	3	3	3	3	4	2
45	2	36-40	4	3	2	4	3	2	2	2	4	2
46	3	56-60	3	3	4	4	3	3	2	3	3	1
48	1	31-35	4	3	2	3	3	3	4	2	2	1
49	1	31-35	3	3	3	4	3	3	3	3	4	2
52	2	36-40	5	5	2	3	3	3	3	3	3	1
53	2	31-35	4	5	5	5	3	3	2	3	4	1
54	2	56-60	5	5	3	5	4	4	4	4	4	2
55	2	46-50	5	5	3	4	5	5	5	5	4	2
56	3	26-30	4	3	2	4	4	4	3	4	5	2
58	2	26-30	4	4	2	3	4	4	4	4	4	1
59	3	31-35	5	5	3	4	5	4	4	4	4	2

60	2	26-30	4	3	3	5	5	5	5	5	5	1
61	3	20-25	5	3	2	5	3	3	3	3	5	1
63	1	31-35	3	3	2	1	3	3	3	3	4	1
65	2	51-55	2	2	2	4	2	2	1	1	2	2
66	2	41-45	3	3	3	4	3	3	3	3	4	1
67	1	31-35	3	2	2	3	3	3	3	3	4	2
69	2	31-35	5	1	1	3	3	2	2	3	4	1
70	3	36-40	4	3	3	4	4	4	3	4	5	2
72	3	41-45	3	3	2	3	2	2	2	2	2	2
73	2	31-35	4	4	2	2	4	4	4	4	4	2
74	3	46-50	4	4	2	5	2	3	3	3	5	1
75	3	36-40	4	3	2	4	3	3	3	3	4	1
78	3	51-55	3	3	3	4	3	3	3	3	3	2
79	3	51-55	2	2	2	3	2	2	2	2	3	1
80	2	31-35	3	4	2	5	2	2	2	2	4	2
81	1	31-35	5	3	1	4	4	4	4	3	4	2

82	3	31-35	5	4	2	5	4	5	5	5	5	1
83	3	51-55	5	5	4	5	5	4	4	5	4	2
84	3	31-35	5	5	5	5	5	4	5	4	5	1
85	1	26-30	4	5	4	5	4	5	4	4	5	1
86	3	31-35	4	4	3	5	4	4	4	3	4	1
87	1	31-35	5	5	2	4	5	5	4	4	5	1
88	3	31-35	4	5	4	5	5	4	4	5	5	1
89	3	31-35	5	4	4	5	4	5	5	5	5	1
90	3	36-40	4	4	3	4	3	3	3	3	3	2
91	3	31-35	4	4	2	4	5	5	5	5	4	2
92	1	31-35	5	4	4	4	5	4	4	5	5	1
93	2	56-60	3	3	3	4	3	2	2	3	2	1
94	2	31-35	3	3	2	3	3	2	3	3	3	2
95	1	26-30	5	5	4	4	5	4	4	4	5	1
96	3	46-50	5	4	3	3	3	3	4	4	5	1
98	3	26-30	4	3	2	3	3	4	4	4	4	1

99	2	26-30	5	4	2	4	4	5	4	5	4	2
100	3	31-35	5	4	5	4	4	5	4	5	4	1
101	3	26-30	4	3	2	4	4	5	4	3	4	1
102	3	36-40	2	2	2	3	2	2	2	2	2	1
104	2	41-45	4	2	2	4	4	4	4	4	5	2
105	1	31-35	5	5	3	5	5	5	5	4	5	1
106	2	36-40	5	4	4	4	5	4	4	4	5	1
107	2	31-35	5	5	4	4	4	5	4	4	4	1
108	2	41-45	4	3	1	4	4	4	4	4	4	1
109	2	26-30	5	4	3	5	5	4	3	3	4	1
111	1	31-35	5	4	3	5	4	5	5	4	5	1

Koeffizient SPSS Output für Hypothese 1 und Hypothese 2 - Multikollinerarität

Modell		Kollinearitätsstatistik Toleranz	VIF
1	Konstante		
	PU Ergebnisse	,492	2,033
	PEU Ergebnisse	,492	2,033

ANOVA[a] Varianzanalyse SPSS Output für Hypothese 3

Modell		Quadrat-summe	df	Mittel der Quadrate	F	Sig.
1	Regression	0,708	1	,708	3,179	,078[b]
	Nicht standardisierte Residuen	19,614	88	,223		
	Gesamt	20,322	89			

a. Abhängige Variable: ASU

b. Einflussvariable: (Konstante), BI

Koeffizient SPSS Output für Hypothese 3

		Nicht std. Koeffizienten		Std. Koeffizienten		
Modell		Regressionskoeffizient B	Std.-Fehler	Beta	T	Sig.
1	Konstante	1,682	,196		8,591	,000
	BI Ergebnisse	-,086	,048	-,187	-1,783	,078